山東大學中文專刊

曾繁仁学术文集

文艺杂论集

第十四卷

人民出版社

2021年3月，与山东大学文学院院长杜泽逊、本书主编祁海文教授，及本书责任编辑侯俊智商议编辑相关事宜。

地址：中国·济南市山大南路27号　邮编：250100　电话传真（0531）8564252
Address: No.27 Shanda Nanlu, Jinan, China　P.C.250100　Tel/FAX（0531）8564252

作者手稿

本卷编辑说明

本卷收录《文艺杂论集》一部著作,系首次出版。

《文艺杂论集》收录了作者从 1977 年至 2020 年撰写的文章,这些文章在本文集此前各卷中均未曾收录,多数文章此前未公开发表。其中,第一编收录了作者为其主编的学术论著所撰写的序言、前言、导言和后记;第二编收录了作者为他人学术论著所撰写的序言,以及若干书评;第三编收录了作者担任高校领导期间就教育政策、高校管理、人才培养、学术发展等问题所撰写的论文、发表的讲话,以及若干关于学术人生的思考;第四编收录了作者怀念亲故、纪念师友、游学记述、学术生涯忆往等方面的散文;最后的附录,是一篇对作者 21 世纪以来探讨生态美学的学术人生的评传。

编者对所有收入本卷的文章,均做了认真校订,修订了一些错误,订正了引文和出处,也对若干论述和原文段落做了调整。

目　录

第一编　文　集　序　跋

第二编　书序与书评

第三编　教　育　杂　论

第四编　人　生　忆　往

第 一 编

文 集 序 跋

《现代西方美学思潮》前言①

现在,我们奉献给读者的这本书题为《现代西方美学思潮》,共计八章,涉及十五位理论家。当然,这远不是西方现代美学的全部,甚至不能说已经完全包括了它的主要代表,但这些理论家及其所属的流派都在西方现代美学中占据重要地位,这却是没有疑义的。

我们的水平和所掌握的资料,同本书所涵盖的内容之间尚有差距,但我们却愿勉力完成,其重要原因就在于:我们试图通过本书的撰写,比较全面地介绍和评价西方现代美学的主要学派的主要观点,借以做到"洋为中用",为我国的思想文化建设与马克思主义美学体系的完善和发展做出贡献。

我们认为,介绍与研究西方现代美学本身并不是目的,我们应该运用马克思主义美学观点批判地分析西方现代美学思潮,借以丰富我国具有民族特色的马克思主义美学体系。这是我们研究西方现代美学的基本出发点。离开了这一出发点,就有可能走上"全盘西化"的歧途。事实上,由古至今,产生于各自不同的政治、经济、文化土壤上的东西方文化,形成了各自的特色,真如两珠争辉、双水分流、各有千秋。我国美学的发展,不仅在古代有着

---

① 《现代西方美学思潮》,曾繁仁主编,山东文艺出版社 1990 年 6 月版。

辉煌的历史,而且在现当代,在马克思主义的理论指导下,先后产生了鲁迅、毛泽东、郭沫若等理论大家,取得了令人瞩目的成就。我们首先应该继承与发扬自己的理论传统,开掘传统文化中的宝藏,同时,从西方现代美学思潮中吸取营养,经过我们的消化分解,变成我国文化肌体内的成分。在研究西方现代美学时,我们应持"拿来主义"的态度,结合我国具体国情,有批判地取舍和接收,决不能生搬硬套,避免食"洋"不化。例如,西方现代美学中普遍存在的与现实敌对的情绪,就是资本主义制度下特有的"异化"倾向,明显地不适合我国社会主义社会的具体国情。

对待西方现代美学,我们仍应坚持马克思主义实事求是地分析批判的态度。列宁早就提出了著名的关于两种文化的观点,毛泽东同志也认为,对古代文化与外国文化应该批判地继承,剔除其糟粕,吸收其精华。但我国长期以来,对西方文化,包括西方现代美学却未能真正做到这一点,或者是全盘否定,或者是全盘肯定。最近一个时期以来,全盘肯定的倾向更为突出。其实,西方现代美学由于政治的、文化的、历史的原因,其内在弊端也是十分明显的。首先,从哲学基础来看,西方现代美学思潮从总体上来看都是唯心主义、非理性主义,甚至是官能主义的。如果说西方古典美学还产生了亚里士多德、狄德罗、车尔尼雪夫斯基这样一些唯物主义美学大家的话,那么在西方现代美学中,其主要代表人物则几乎全是以唯心主义为其哲学根据的。其次,从政治上来看,西方现代美学中的许多流派都具有反马克思主义倾向。有的流派甚至公开打出同马克思主义抗衡的旗帜,其实是一种反马克思主义的思潮。最后,从理论形态上来看,西方现代美学理论大多是对传统现实主义理论的反动,崇尚变形、扭曲、荒诞。这当然在某种程度上反映了艺术风尚的流变,但也的确是资本主义金钱社会中冰冷而淡漠的现实生活的曲折映现。对于以上诸种弊端，难道我们也应一味地加以肯定吗?! 当然，对西方现代美学持全盘否定的态度也是不科学的。一切现实的固然未必全是合理的，但也不可否认，在现实事物中的确有其合理的因素。西方现代美学产生于 19 世纪与 20 世纪的崭新时代，吸取了现代科技的许多重要的方法与观念，诸如系统科学、信息科学、实验心理学、现代物理学等都对西方现代美学有着重要的影响，使其呈现出同古典美学迥异的面貌，也使其具有某种程度的时代性、先进性。同时，西方现代美学产生于西方现代艺术的基础之上，是西方现代艺术的理论总结，从而形成了一系列全新观念，在艺术的本质、艺术与现实的关系、时间与空间等一系列基本问题上都有着独特的见解。这些见解肯定不尽完善、不尽科学，甚至荒谬，但却从另一个角度给我们以启发和思考。

从方法论上来看，对于西方现代美学的研究可以有历史的、美学的、文化的等各种方法，但马克思主义的阶级分析方法仍然是最重要的方法。列宁认为，马克思主义给我们指出了一条指导性的线索，使我们能在看来迷离混沌的状态中发现规律性，这条线索就是阶级斗争的理论。西方现代美学生长在阶级尖锐对立的资本主义社会中，不可避免地打上了各种阶级的烙印。而且，西方现代美学作为一种文化思潮，具有鲜明的意识形态性质，而任何意识形态都具有为其赖以产生的经济基础服务的功能。西方现代美学思潮从其主导方面看，就是为资本主义的经济基础服务的，不管具体的理论家承认与否，其实际的社会作用都是维护资本主义的生产关系。尼采的超人说、克罗齐的直觉说、萨特的存在主义等，或者维护占据统治地位的大资产阶级的利益，为其统治辩护，或者反映了小资产阶级知识分子的消极心态，具有麻痹人民的作用。

西方现代美学纷纭复杂、丰富多彩，也因而难理头绪，仅本书涉及的八个流派、十五大家就呈现出气象万千的景况。我想抓住以下三个特点谈谈看法，也许有利于对西方现代美学的把握。

其一，在方法上，西方现代美学摈弃了古典美学的自上而下的方法而取自下而上的方法。早在 19 世纪下半叶，德国实验心理学的创始人费希纳就提出了以自下而上的科学方法代替自上而下的哲学方法的主张。这样的转折在康德有关审美的反思判断的理论中就已蕴含，但康德并不彻底，只是通过二律背反搞了一个折中。西方现代美学中的大多数流派却较彻底地实现了这样一个转变。这是一种由演绎到归纳的重大转变。西方古典美学偏重于演绎的方法，由美的概念出发，再进而探索美学的其他规律。这是一种哲学研究的方法，侧重于对美的本质与共性进行客观的探讨。但"美"却属于情感的领域，具有强烈的主观性与个性的色彩，因而哲学的演绎方法并不是唯一的方法，科学的归纳法也具有很大的适应性。这种方法从审美个体出发，揭示其内在机制，探寻其共同规律，应该更符合美学作为情感学的特点，易于突破目前从概念出发所形成的美学研究的困境。

其二，美学研究的对象由美的本质转移到了审美经验与艺术。西方古典美学在美学研究的对象上大多倾向于美的本体论的研究，着重探讨美的本质，由此旁及审美论与艺术论。黑格尔虽然将美学归结为艺术哲学，其实是将美等同于艺术，而其理论的逻辑起点则为"美是理念的感性显现"，仍是着眼于本体论的研究。但西方现代美学则旗帜鲜明地以审美作为其主要对象，有的涉及到美的本体论问题，有的则扩展到艺术论即止。因而，在西方古典美学中多为以哲学家面目出现的美学家，美学本身也附庸于哲学,是其哲学的一个组成部分;但在现代西方美学中则出现了许多非哲学家的美学家,有的是心理学家,有的则是艺术家,而美学作为"知、情、意"的独立组成部分之一,也终于脱离哲学有了自己的独立地位。有人说,这样的美学没有回答美的本质问题,因而缺乏科学的体系。这不能说没有道理,但只要在审美的内在机制的探讨上有其独到之处,为什么一定要对美的本质做出毫无新意的学院式的解答呢?我们认为,这种关于美学研究对象的转移是一种根本的转变,是现代西方美学的最根本的特点,似乎更符合美学的特性。"美"本身的确同哲学与科学不同,它具有强烈的主体性。如果说,哲学与科学的对象可以脱离主体而客观存在的话,那么"美"的对象则无法脱离主体。可以这样断言,没有人也就没有美,而从总体上说,没有审美主体也就没有审美客体。美的发生与发展同其它领域相比与主体的联系更为紧密。因此,处于知与意之间,占据中介地位的"美"就成为主客体统一的产物了。正是从这种发生学意义上说,以研究审美为出发点和重点,再进而探讨美的其他问题,也不失为一种科学研究的途径。

其三,西方现代美学建立了自己的一整套崭新的范畴体系。西方古典美学有着自己稳定的范畴体系:美、丑、崇高、滑稽、悲剧、喜剧、诗、戏剧、绘画……而西方现代美学则一反常规建立了自己特有的范畴体系。这些范畴具有鲜明的现代色彩,在情感表现这一基调之下呈现出多元发展的趋势,几乎每一种美学理论都有自己独特的范畴。例如,精神分析美学的"升华""昼梦""补偿"等;完形心理学美学的"完形""知觉概念""知觉场""异质同构"等;符号论美学的"表象符号""虚幻的时间""虚幻的空间"等;表现论美学的"直觉""无形式的物质""表现"等;真是千变万化,丰富多彩。即使是在同一理论流派之中,不同的理论家又有着自己鲜明的学术个性,从而建立起自己的独立的范畴体系。比如,同为精神分析美学,荣格则又独创了"集体无意识""原型""神话"等范畴体系。

　　本书是集体合作的结晶,其中的精神分析美学、表现论美学与完形心理学美学本人曾在教学中涉及。精神分析美学与表现论美学由我指导的三名研究生吕德潭、丁绍敏、姜秀生完成,完形心理学美学由本人执笔完成。各章节的具体执笔者是:陈炎(第一章、第七章第一节),吕德潭(第二章第一节),丁绍敏(第二章第二节),姜秀生(第三章),丁少伦(第四章),谭好哲(第五章、第八章),曾繁仁(第六章),贺立华(第七章第二节)。尽管我们采取分头执笔的方式,但对西方现代美学都有大致相同的认识,在力求以马克思主义为指导准确地介绍这一点上也有共同之处,在写法上也都采取评述的格式,但各人在文风上的差异仍难统一。在整个编辑过程中,姜秀生、吕德潭、丁绍敏帮我做了许多具体工作,而本书的出版则得助于山东文艺出版社的支持。对于山东文艺出版社及本书的各位合作者,在此谨致谢忱。由于水平的限制,本书的错误与不足在所难免,竭诚欢迎各位专家与广大读者不吝赐教。

(1989 年 3 月 22 日于山东大学南院)

《走向二十一世纪的
审美教育》前言①

  这本《走向 21 世纪的审美教育》代表了我对未来千年的衷心祝愿。我们相信并期盼在未来的世纪,人类的精神与情感生活将更加美好。我想,在这本书即将完稿之时,我还有一些没有说完的话需要再说几句。

  关于美育学科。我们曾说它是介于美学、教育学、心理学之间的一门交叉边缘学科,但归根结底它是教育学的一个分支。现在看来这句话也对也不对。对就对在它的确是一个交叉边缘学科,而不对就在于它是众多学科的交叉但又都没有将其放到重要地位。即便作为教育学的分支,中国的教育学界并没有给予重视,外国的教育学界所研究的情感教育与艺术教育问题,我们大都将其作为技能和手段。这就不免使美育变味。有鉴于此,我想说,我们不仅要认识到美育学科的交叉与边缘特点,而更要强调它的相对独立性。为此就要真正地从事美育学科的学科建设。我认为在美育学科之内,还应包括美育学、美育心理学、美育社会学、美育实践学、美育史、比较美育学等。所谓美育学,无疑是对

①曾繁仁:《走向二十一世纪的审美教育》,陕西师范大学出版社 2000 年 10月版。

美育的基本理论进行研究，阐述美育的基本范畴及其体系。所谓美育心理学，则是从美育的心理机制，包括从脑科学的角度对美育进行研究探讨。所谓美育社会学，则专门研究美育的社会属性，即它同政治、经济、文化的关系。所谓美育实践学，则是运用现代教育方法与手段，对美育的实施进行全方位的探讨。所谓美育史，则包括中外美育发展的历史及其规律。所谓比较美育学，则主要对中外和各国之间的美育运用比较的方法进行研究，探索其异同，着眼于交流对话与借鉴。

关于美育学的理论体系。既然美育是一门相对独立的学科，那么作为其基本理论研究的美育学就应有其独自的理论体系，也就是范畴体系。我认为，美育学的基本范畴，或者说逻辑起点，是审美力。因为，美育是以培养审美力作为其出发点与落脚点的，以审美力这一范畴为基点生发开去，建立美育学的理论体系。审美力的内涵就是康德在《判断力批判》中所说的情感判断力。康德将其界定为无目的与合目的，席勒则将其归纳为自然与自由。而从当代的发展来说，审美力的内在矛盾还包含情感与思维、原始本能与理性精神等等。由审美力出发，派生出审美力的培养、审美力与其他能力的关系等等。所谓审美力的培养，主要解决审美感受力与审美理解力的关系，审美力既要以审美感受力作为基础，又不能离开审美理解力的指导。而审美力与其他能力的关系，包括审美力与智力、意志力、体力的关系等。

关于美育研究的方法。当代自然科学与社会科学的发展都非常迅速，因此在美育的研究方法上要尽量拓宽。特别是本书中介绍的戈尔曼与加德纳的教育理论，运用了脑科学、教育学、心理学、统计学、社会学等多种研究方法，显得思路开阔，资料丰富，启人思考。而相比之下，我国美育研究的方法比较单一，大多还是哲学的纯理论的研究方法，从理论到理论，显得比较单调贫乏，难以继续深入。实际上，在方法上，我们可以更多地借鉴国外，采取多角度多侧面的研究。方法的拓展必将带来美育研究的进一步深化。

关于美育的当代发展。美育的概念于1793年由席勒在《美育书简》中提出，其内涵为情感教育。这也可看作是对美育的古典表述。这一古典表述一直延续到21世纪。从21世纪开始由于哲学思潮的巨变，各种哲学与美学流派纷纷出现，特别是20世纪50年代以来更加明显。美育也受到存在主义、现象学、科学主义、语言学、哲学、生命哲学等理论流派的影响。特别是后工业时代，知识经济已现端倪，美育本身也必须适应时代的需要。因此，美育在当代呈现普泛化、实践化与科学化的倾向。所谓普泛化，就是美育走出传统的美学的象牙之塔，同社会人生问题紧密结合。例如存在主义美学、解释学美学，主要就是研究人的存在及如何摆脱焦虑、烦、畏等困境而改善现实存在，追求天、地、神、人的和谐统一。从这个角度说，存在主义和解释学美学本身也就是美育学。所谓实践化，就是众多教育家、心理学家，如本书中介绍的加德纳的"多元智能理论"和戈尔曼的"情商"理论，都从教育和心理学实践的角度探讨人的内在精神，特别是内在情感问题。他们所说的情感教育与艺术教育都不完全属于美育学科范围，但又的确同美育相通，并包含美育的内容。因此，这种实践性也带有普泛性的特点。而所谓科学性，就是信息科学的发展，给社会带来巨变，而生命科学，包括脑科学的发展，也使人对自身包括脑的活动的认识有了极大进展。这种情况就要求美育研究中注入信息科学、生命科学、思维科学、脑科学的内容，使美育研究在定性与定量、宏观与微观、理论与实践、主体与对象等多方面有新的突破。

关于知识经济时代美育的功能与地位。知识经济已初现端倪，我们应研究知识经济时代不同于通常的工业经济时代的特征，以及美育在知识经济时代所具有的崭新意义。特别是知识创新作为知识经济时代的重要特征，信息产业作为这一时代的标志性的产业，将创新意识以及与此相关的想象力更加突出出来，从而使美育在知识经济时代具有了新的内涵和更加重要的功能与地位。

关于创建具有中国特色的美育理论。创建具有中国特色的社会主义美育理论包含两个方面的含义。一是要处理好中外、古今的关系，既要吸收西方有关美育理论的精华，更要从我国传统文化中有关诗教、乐教及建立整体的"中和之美"的理论体系为出发点；既要从古代传统中吸取营养，又要扎根于我国现实社会的土壤之中。二是要从美育作为综合性、交叉性学科的特点出发，从美学心理学、社会学、教育学、脑科学与思维科学的最新成就中吸取营养，并从多学科的综合攻关中使新时期的美育研究在各有关学科成就的整合中取得新的突破与进展。

当前我们处于世纪之交，正值承前启后之际，历史赋予我们广大美育工作者的一个重要任务就是，回顾过去的百年，展望未来的百年。回顾是为了更好的展望，而展望又以回顾为基础。过去的百年是十分曲折复杂而又多姿多彩的，历经数次社会转型，美育也面临中西文化冲突、交融，价值取向多元撞击的新情势，而未来的百年则是中华民族走向伟大复兴、美育作为素质教育之一走向时代前沿的崭新时代。因此，回顾与展望都显得更加紧迫与重要。我们要以崭新的理论指导美育实践，推动美育工作进一步发展。

　　美育既具有浓郁的理论性，又具有强烈的现实性。它是一个实践性、应用性很强的学科。因此，必须以新的理论指导美育实践，再从实践中总结提炼出更深刻的内容，丰富、推动美育理论的发展。这就要依靠广大美育工作者从理论与实际结合的高度开展美育工作，也要求以理论工作为主的同志更加关注实践，而以实践工作为主的同志更加重视理论。

　　本书的写作历时 17 年之久。20 世纪 80 年代初，我作为美学工作者深感美学与文艺学的生命力在于将其运用于造就一代具有健康的审美力的新人，而作为教育工作者又深感审美力在人的培养及完美人格形成中的重要作用，因此，开始断断续续地研究美育问题，写了一些论著。20 世纪 90 年代以后，对美育感兴趣的朋友越来越多，本人又参加了全国高教学会美育研究会的工作，深感美育在我国跨世纪发展中的巨大作用。自己先后参加了研究会的三次会议，收获甚丰，不仅交了朋友，而且获得许多新的信息与启发。这次应钱中文、童庆炳两位先生的邀请，下决心将自己在美育方面的成果结集付印。需要说明的是，自己从 1986 年以来一直在高教管理的第一线，事务繁杂，难以集中精力研究问题。因此，对许多问题的论述肯定极不完善，亦恐有错讹，希望得到广大读者的批评。同时，因为是历时 17 年之久的文稿，又是就一个专题写的文稿，难免水平参差不齐，并有某些历史的痕迹，也不可避免地有些重复。这次成书时，虽曾予以必要修改，但迫于时间太紧不能做得很好。本书共分三编。第一编为美育十论，是本人 1985 年所写有关美育 10 个基本问题的看法。第二编为美育理论现代意义论，主要是 1990 年以来，本人就美育的现代意义包括其跨世纪发展的研究成果。其中包括评述加德纳"多元智能理论"和戈尔曼"情商"理论的两篇，意在介绍西方近年在美育相关领域的成果，并试图借鉴其新的视角和方法。第三编为美育专论，主要是自己以前发表的有关美育的专论，有的篇章曾引起同行专家的重视。例如《论美育的本质》一文曾被多次引用与介绍。因其论述比较集中并有所伸展，或带有概要提纲的性质，所以虽然其中有些内容与前文重复，但仍予收入。

美育本身是一个十分重要的论题，但美育学科在我国还不很成熟，因此，系统而又有创见的理论著作并不很多。而我本人虽有志于美育研究，但水平所限，自己对收入本书的篇章也并不满意。但它们毕竟反映了自己的一些见解和看法，因此不揣浅陋，拿出来作为一种意见参加到当前美育研究的行列之中，以期起到抛砖引玉的作用。相信不久的将来定会有更多更高水平的论著问世。

本书的出版得到钱中文、童庆炳两位先生的支持，同时也得到陕西师范大学出版社的支持。整理过程中，得到我校中文系文艺理论教研室几位青年同志的帮助，在此一并致谢。

（1999 年 12 月 31 日于济南山东大学新校南院宿舍）

《中外美育思想家评传》后记①

美育是社会主义精神文明建设的一个重要方面。对中外美育思想的概括总结与借鉴吸收，是我们今天进行美育研究及建构新美育观的基础和前提。然而，迄今为止，国内学术界仅从 20 世纪 80 年代中期以来出版了几部美育理论方面的书，对中外美育思想史的系统研究，尤其是有分量、有深度的研究还较少见。这与全社会对美育工作的日益重视程度和对美育研究的更高要求是不相适应的。为此，我们组织力量编撰了这部评传，意在弥补这方面的缺憾，并以此作为我们进行中外美育思想史研究的先导性和基础性工作。

该书是对中外著名政治家、思想家、美学家、文学家及教育家美育思想的研究，共选取 20 余位中外著名美育思想家为评述和研究对象，分中国卷、外国卷予以编排，选取标准以有相对系统的美育思想和在历史上有较大影响为依据。该书的编著方式虽是对单个的美育思想家的专题性研究，但人选编排上及著述内涵、倾向上都力求构成史的线索。对每个研究对象，既联系其政治倾向、哲学观念、教育理念、社会与人生理想对其美育思想作系统、

---

① 《中外美育思想家评传》，曾繁仁主编，广西师范大学出版社 2002 年版。本《后记》由曾繁仁、谭好哲共同署名。

全面的概括总结和分析评价，又注意其与前后时代和同时代人美育观念的关联，以求通过个例研究使读者对中外美育思想的嬗变有一个历史的认识和把握；同时，对不同美育思想家，尤其是中外美育思想各自不同的内涵与特色有一个相互映照和比较。而对每一位传主，都要求把对其美育思想的阐述与评价有机统一起来，在阐述的系统性、评价的准确性、分析的深刻性上见出编著者的独特识见。

　　该书由曾繁仁、谭好哲、宫承波共同提出策划方案，并获得广西师范大学出版社的大力支持。在编撰过程中，谭好哲协助主编确定了人选规划和编写体例，并对全书做了初审和最后统稿。这期间，各位撰稿人都以认真负责的态度投入工作为最后的成书付出了各自的努力。所以，本书是集体智慧和心血的结晶。在此，我们对广西师范大学出版社的领导、编辑，也对本书撰稿的各位同人表示由衷的谢意！

（2001 年 3 月 20 日）

《20世纪欧美文学
热点问题》导言①

一

20世纪是人类社会突飞猛进的世纪,也是政治、经济、思想文化发生巨变的世纪;是人类取得辉煌成就的世纪,也是人类蒙受空前灾难的世纪。政治上,资本主义由自由竞争发展到垄断,进而成为扩张侵略的帝国主义。帝国主义的殖民政策在20世纪经历了由明显到隐蔽的过程。帝国主义之间矛盾不断激化的结果导致在20世纪发生两次世界大战,给人类造成深重灾难。而社会主义在20世纪也经历了由萌芽、兴盛到曲折发展的历程。随着1917年俄国"十月革命"的胜利和1949年新中国的建立,出现了一个同资本主义抗衡的社会主义阵营。1991年的苏联东欧剧变,又使社会主义走上曲折的道路,世界格局由冷战走向多极。20世纪,科学技术日新月异,经历了由电气和原子能时代到自动化和电子技术时代,再到信息技术和生物技术时代的巨变。正是在科学技术的推动下,许多发达国家完成了工业化,从20世纪50

①本文原题《试论20世纪欧美文学》,收入本文集时改为现名。《20世纪欧美文学热点问题》,曾繁仁主编,高等教育出版社2002年7月版。

年代开始随着信息产业的兴起发展逐步进入知识经济时代,即后工业时代。但资本主义的固有矛盾并没有解决,而是以新的形态呈现,从而导致一百年内出现多次经济危机。

与社会的动荡不安、政治经济的多元发展相伴相生,20世纪的欧美哲学、社会科学呈现出复杂多变、新潮迭出的状态,出现了数量众多、蔚为壮观的哲学、社会思潮。诸如唯意志论、生命哲学、现象学、存在主义哲学、实证主义、实用主义、法兰克福学派、分析哲学、结构主义、解构主义等等。以尼采"上帝死了"的宣告为开端,20世纪的欧美文化精神发生了裂变,完成了以批判基督教文化、反抗传统理性主义为前提和突出特征的现代转型。

巨大的历史变迁和活跃的社会思潮,为文学艺术的发展变化提供了契机和丰厚的土壤。20世纪的欧美文学和艺术经历了从传统到现代主义再到后现代主义的裂变,文学和艺术变得似乎面目全非,无法界说了。后现代主义在解构了深度、历史、主体性的同时,把哲学与非哲学、艺术与非艺术、小说与非小说、高雅与通俗之间的距离也消解了。然而,无论怎样裂变,无论人们对这种裂变有多少种复杂、矛盾的评价,有一点是可以肯定的,即不论是用语言写成的"变异"的文字,用色彩、线条、几何图形构成的"变异"的画面,还是用泥土、石头、废钢烂铁塑就的"变异"的雕塑,用噪音作材料、以"随机"的方法打破调性原则而创作的"变异"的音乐,都是社会与时代的产物,它蕴含着20世纪人类独特的文化精神和生命意识,亦昭示着艺术家们艰难跋涉的心路历程。

二

20世纪特有的政治、经济、思想文化,赋予欧美文学复杂深厚的思想内涵和独特新奇的艺术风貌。20世纪欧美文学的一个重要特点是哲学、社会思潮对文学的影响十分深刻而巨大，以叔本华和尼采的唯意志论、柏格森的直觉主义、弗洛伊德的精神分析学说为代表的非理性主义思潮直接导致了现代主义文学的兴起和发展。非理性主义思潮使艺术家们认识到，像传统文学那样，在"模仿说"的基础上反映、再现的现实，不可能是一个真实的世界，因为真实不是"外于我"而是"我本身"的问题。这就决定了现代主义文学的内向转移。所谓"内向转移"，就是由传统文学的向外（对外部世界的观察、摹写）转到向内（对心理世界的描述），由传统文学的再现（客体）转到表现（主体）。同时，柏格森的"绵延"，弗洛伊德的"潜意识""梦幻"，给人们展示了一个全新的主体世界，从而使许多艺术家接受了心理学家威廉·詹姆斯关于"意识像一条流动的河流"的观点并力图在创作中加以表现。正是为了用有形的语言描述无形的真实（主观感受），为了在有限的按序排列的时空中显示无限的、流动的、杂乱无序的心理流程与直觉，艺术家们掀起了对文学传统表现形态的变革：情节的淡化和时空错置，叙述视角、场景的迅速转换，语言的变异（语义、语法）等。现代主义文学的兴起和发展可以说是一场针对文学传统的革命。这场革命是深刻的，涉及价值观念、美学原则、文艺观和文学表现形态；这场革命亦是全面的，在意象主义、超现实主义诗歌中，在表现主义、未来主义戏剧中，在意识流小说中，乃至所有艺术领域，人们都可以看到这场革命的标记。

二战以后，以海德格尔、萨特、加缪为代表的存在主义，以福柯、德里达为代表的解构主义对欧美文学产生了巨大影响，促成了后现代主义文学的出现。"后现代主义"可以看作是对二战后欧美文化现象的总体描述，它是探索的、多元的。后现代主义作为后工业时代(知识经济时代)的产物,是对现代主义的超越。后现代主义文学不像传统文学和现代主义文学那样寻求深度模式,它不承认意义,因而也不承认深度,一切都不确定,因而不可解释也无须解释。人们可以在莎士比亚、歌德、巴尔扎克提供的符号系统中寻求内在意义;可以在卡夫卡关于"城堡"、关于人变甲虫的寓言中,在艾略特的"荒原"上感悟生命的本质;却无法也不必在罗布一格里耶、约翰·巴思的小说世界中追寻什么,因为在他们看来,世界就在那里存在着,没有意义、没有中心、没有历史,零散而断裂,如此而已。二战以后,在电影、电视带动下大众文化的铺天盖地,又使艺术家们,包括后现代主义者,不得不为自己选择的艺术的生存再次选择。有人继续探索新结构、新形式,以表现适合大众的通俗形式不易或不能表现的,如克劳德·西蒙的小说创作;有人则强调高雅艺术与通俗艺术、商业化艺术的融合,如约翰·巴思、让·埃什诺兹等。

20世纪是一个意识形态斗争十分尖锐、社会革命十分激烈的时代,而这些都影响了文学的发展和对文学的评价。一战以后,在资本主义世界秩序中出现了一个社会主义的苏联。二战以后,形成了社会主义阵营,与以美、英、法、日等为中心的资本主义阵营长期处于"冷战"。以苏联为中心的社会主义国家内部也发生着翻天覆地的历史变革。1991年以后,苏联东欧剧变,改变了世界格局。这一切都使20世纪欧美文坛出现了一些特有的文学现象,对一些作家作品的评价也产生了巨大差异和变化,如苏联的"解冻文学""回归文学",再如对罗曼·罗兰、高尔基、帕斯捷尔纳克、索尔仁尼琴、米兰·昆德拉的不同评价和争论等等。

20世纪特有的政治、经济、思想文化背景决定了在这一百年中文学的热点问题特别多。几乎每一个文学现象的出现都会有不同的评价和反应,甚至引起长期争论。当我们深入了解作家们的思想和创作后,就会发现他们是如此多样和矛盾,意象主义、表现主义、黑色幽默等派别的划分难以说明他们的丰富与复杂。整个20世纪围绕着现实主义和现代主义的争论从未间断,而人们对后现代主义的看法更是充满了矛盾和变数。但是,从整体上看,我们可以对20世纪欧美文学作这样一个描述:整个20世纪的欧美文学与此前的文学相比,称得上是剧烈多变、多元共生、异彩纷呈。以浪漫主义、现实主义为标志的传统文学以及继承这个传统而创作的文学,在20世纪仍然广为流传,而且由于它易于与大众文化(商业化文化)结合,其"市场"不断扩展。当然,它也发生了或多或少、这样那样的变化(包括对传统文学重新诠释所带来的变化)。以全面反传统为基本前提的现代主义和后现代主义文学,虽然它的创造者尤其是其接受者,始终囿于相对狭小的范围,但是,作为这个时代最前沿的文学,社会由拒斥到接受,再到奉为经典,最终使之成为这个时代的标志和象征。20世纪的最后20年,又有不少艺术家试图消解这种前沿性,这在理论上和创作实践中又会促成一种新的景观。

三

　　面对20世纪欧美文坛纷纭复杂的文学现象,我们应如何看待、持何种态度呢?在这里如果提出一个固定的衡量标准,既不可能,也没有必要,我只想提供一点方法论,仅供参考。
　　首先,应持一种系统的方法。任何文学现象,包括文学发展中的热点问题,其产生都不是偶然的,而是处于相互联系的系统之中;其产生与发展都有一定的必然性。例如,20世纪欧美文坛围绕卡夫卡的《变形记》、奥尼尔的《毛猿》、萨特的《禁闭》等文学作品,展开过激烈争论。我们认为,应将这些文学创作放到20世纪欧美社会文化的大系统中加以考察。表面上看,人变成大甲虫,人同猩猩联盟,以及人变成幽灵而囚禁于地狱等等,十分荒诞无稽,但却是对社会阶级压迫、金钱拜物、工具理性膨胀所导致的人的"异化"现实的曲折而生动的反映,因而在荒诞中有其合理性,在"非人化"中寄寓着作者人道主义的关怀。再如,苏联"解冻文学"与"回归文学"的出现,是苏联社会主义制度不完善及政策失误的产物,无论是"解冻",还是"回归",都有其合理性的一面,但又毋庸讳言,这两种文学现象的出现同社会主义与资本主义两种制度的斗争有关。

其次,应持一种历史的方法。20世纪是一个剧变的时代,在这样的时代,人们的观念应与时俱进,随时代的发展而发展。例如,20世纪欧美文学中争论不休的现代主义问题,如果从传统的现实主义与浪漫主义的观点看,的确难以接受,现代主义文学无论在观念上还是在方法上,都迥异于传统文学。因此,长期以来,国内外对其褒贬不一。但我们应当用一种历史的发展的眼光,看到时代的剧变、人类的生活与精神世界的剧变,传统的客观摹写的方法难以完全适应人类审美的需要,甚至难以深刻地给复杂多变的现实生活以艺术的表现。对现代主义持完全拒斥的观点,似难成立。历史的观点还指对任何一种文学现象,包括作家、作品、流派等,不应孤立地观察,而要将其放在文学发展的历史长河中,看其对文学的发展增添了什么新的内容。长期争论不休的艾略特的《荒原》、乔伊斯的《尤利西斯》、劳伦斯的《虹》等文学作品中,有大量人的潜意识与本能欲望的内容,这些作品显然受到弗洛伊德精神分析理论的影响。孤立地看，表现"潜意识"与"本能欲望"会导致文学离开人类理性的大道，但放到文学的历史发展中来看，这种对"潜意识"与"本能欲望"的表现，不仅是对理性社会压抑正常人性的控诉，从而促进人们追求人格的全面发展，而且丰富了文学的表现范围，开拓了文学表现的新视野。

其三，应持一种求实的方法。这应该是最重要的方法。一切从实际出发，还事实以本来面目。就拿 20 世纪欧美文学中现实主义与现代主义之争来说，就应持实事求是的态度。既要看到现代主义吸收时代新内容的一面，又要看到它的荒诞怪异的确具有背离逻辑、大众难以接受的一面；而现实主义创作方法，虽有其局限，但在 20 世纪漫长的历史发展中，在同现代主义文学的比较、竞争中，也吸取了现代主义的一系列有价值的成分，有了很大变化和发展。

第四，应持美学的方法。文学是人类审美的物化形态，最终又应通过人的审美享受而起作用。因此，美学的方法应该是一个十分重要的视角。毋庸讳言，20 世纪与以前相比，人类的审美观发生了巨大变化，因此美学的方法也应有所变化，不应固守传统。但有一点必须肯定，美与丑的根本分界应以能否对人产生美感为标准，所谓"美感"即是对人产生"肯定性的情感评价"。20 世纪欧美文学中，美丑之争十分激烈，象征主义、意象主义、意识流小说、超现实主义等等，常以丑替美，展现死尸、蛆虫、吸毒、纵欲等等丑恶现象，这是现代主义文学迥异于传统之处，也是其拓宽视野的一种探索。其中许多著名作家的著名作品尽管描写了社会人生的丑恶现象，但却通过作者的生花之笔最后使读者产生一种弃丑趋美的高尚感情，这正是这些作家作品的成功之处；如果最后不能产生这样的效果,仍是以丑为丑,使读者为之恶心,也许这类作品有其另外的社会意义,但作为文学作品的美学意义则不复存在。

最后,应持"立足中国,为我所用"的方法。这就是通常所说的"洋为中用"。这是我国进行外国文学研究的出发点和落脚点。面对20世纪欧美文学热点问题,对其进行审视、评价、取舍都应从建设具有中国特色的社会主义新文化,特别是建设具有中国特色的社会主义新文学为出发点,这样,我们的外国文学研究才会沿着健康而正确的方向前进。

四

关于20世纪欧美文学目前已有多种教材,但都是从史的角度,结合作家作品进行论述。我们是从一个新的视角,即从引起分歧争论的热点的角度来观照20世纪欧美文学。首先,这种写法反映了20世纪欧美文学的特点。20世纪欧美文学的发展过程中几乎没有一种文学现象未曾引起过争论,因此,这种写法只能大体包括20世纪欧美文学重要的文学流派、作家、作品。有些重要的文学现象还未能进行深入探讨。更为重要的是,我们试图从接受美学的视角来考察20世纪欧美文学,所谓热点就是论题的重要引起普遍的关注和讨论,这就形成对同一文学现象从读者的接受角度进行的不同解读,而这不同的解读实际上是对文学作品的一种再创造,应该成为文学史不可或缺的重要组成部分。为此,我们围绕某个特定的文学现象,包括流派、作家、作品,将争论的各方面意见一一列出,并表明我们的看法,而我们的看法也是一种解读。这实际上为广大读者的接受与解读提供了丰富的资料,开辟了广阔的空间。这是一种新的文学史研究方法,这样的方法在我国极少有人运用。我们愿作这样的尝试,作为教学,同时也是科研的一种探索。

（2001 年 7 月 20 日于济南六里山下）

《美学之思》自序①

　　2001年下半年，山东大学出版社负责同志就向我表示，打算为我出一本文集。当时我欣然接受，主要是希望借此对我三十多年学术工作做一个小结，同时也意味着我人生的一个新的开始。我从1959年离开上海到山东大学求学，倏忽间已四十二年。这四十二年大体分四段：1959年至1964年为大学学习的五年；1964年至1986年主要从事教学科研工作；1986年至2000年先后承担了一系列行政工作，同时坚持研究生培养和科研工作；2000年至今又以教学科研工作为主。当我离开繁忙的行政岗位，终于有更多的时间和精力投入业务工作之时，我想对自己三十多年的学术工作做一个回顾还是必要的。于是，我开始整理三十多年来的学术成果，在已经发表和尚未发表而又有价值的文章中选取。主要选取具有一定学术价值，又能反映本人一个时期学术见解的文章。这样共计选择五十三篇，分基本理论、西方美学、美育研究、生态美学四编，基本上反映了我三十多年来美学研究的四个主要领域。另有一篇为我近期有关我国人文学科地位与价值的思考，虽与美学无直接关系，但因有现实意义故而收入附录。

　　文集取名"美学之思"，其意表明三十多年来我的美学探索。

---

①曾繁仁：《美学之思》，山东大学出版社2003年1月版。

这个探索经历了由认识论到存在论的过渡。全书就以这个"过渡"作为中心线索加以贯穿。前期的理论探索着重在认识论范围，表现在自己对美与艺术本质的认识、对西方古典美学的研究，主要将美与艺术界定在对现实的艺术形象的反映的层面。但我从20世纪80年代初开始的美育研究则已涉及到美育的"情感教育"本质和"培养生活的艺术家"的指归，因而在某种程度上已不自觉地将美与艺术同人的生存状态相联系。20世纪90年代后期，由于对美育现代意义研究的深入和对西方存在主义与解释学美学的研究，以及受到我国许多中青年学者对"后实践美学"探索的启发，使我认识到美学研究应该同人的现实生存状态紧密联系。尤其是2001年我开始接触生态美学，更使我坚定了审美同人的生存联系的理论方向。这就是我在本书中提出的以马克思主义实践观为指导的当代存在论美学。这一理论观点的提出首先是美学学科自身发展的需要。回顾历史，无论是"美是感性认识的完善""美是理念的感性显现""美是典型""美是人的本质力量的对象化"等等，都没有真正划清美与真、善的界限。我想还是采取回到原初的途径，也就是回到人的原初状态和最基本的问题。这就是人的存在问题，解决为什么存在、怎样存在和存在得怎样等基本问题。所谓为什么存在，属于哲学和宗教学的范围，怎样存在则是科学和道德的范围，而存在得怎样则是美学的范围，也就是人对自身存在状态的情感体验，反映了人与对象双向建构的情感关系。一方面，对象（包括自然与社会）反作用于主体，在生理与心理方面产生正面或负面的情感效应；另一方面，主体也应抱持一种特有的亲和态度对待对象，创造一种主体与对象中和协调、浑然一体、物我难分的情感关系。这就是一种人的审美的过程，同时也是创造美的过程，正是审美的生存状态。在当前现代化深入,物质富裕与精神焦虑二律背反的现实情况之下,使美学同人的现实生存状态紧密联系,正是现实生活对美学的呼唤。但我的这些思考的确很不成熟。因此,我将本书的基点定为探索,决不是自谦,而是确有向同行专家与广大读者求教之意。

本书自身也有几点要特别说明之处。一是本书作为一本文集,其跨度从1979年至2002年,历时二十三年,许多文章写于20世纪70年代末、80年代初,有些观点难免存在缺陷以及明显的时代印记,现保留原貌,意在说明自己学术发展的历史轨迹。另外,最近写的有关美育与生态美学的两组文章,写作的时间很近,因而,观点与材料的使用难免重复,本想删除一些,但因均有不同的角度,故而保留。

在编辑这本文集的过程中,我不免产生一种沧桑之感,在不知不觉之中自己已经度过了六十多个春秋。孔子说,六十而耳顺,但我对自己的学术工作仍不满意。不仅有许多该读的书没读、该做的事没做,而且对一些美学的基本问题也不敢说已有定见,真是人生有限、学术无涯。但愿在以后的岁月里,我能尽量做得更好一些,以不辜负培养教育我的师辈与热情鼓励我的朋友。最后我要衷心地感谢三十多年来与我风雨相伴的家人,以及对本书给予支持和贡献的山东大学出版社的同志。

(2002年9月6日于济南山东大学南院寓所)

《美学之思》后记①

　　三十多年来,我先后在教研室、中文系、教务处和学校担任一系列行政工作。同时兼有教学科研任务,先后为本科生和研究生开设多门课程,出版专著四部,发表文章约一百余篇。本书就主要从这些已经发表的文章中选出,少数篇目为未刊稿。这本书的编选实际上是我对自己业务工作的一个回顾,不免使我又一次感受到我长期学习、生活、工作的山东大学文科浓郁的人文传统和求实创新的科学精神,这种可贵的传统与精神给我们无数学子以无形的熏陶与终生的启迪。面对这种优良传统,自己的业务工作不免显出种种差距。这就使我进一步明确前进方向,获得激励与支持。自己的许多文章,特别是初期的一些文章也大都发表在学校的刊物之上,不仅使之得以面世,而且给自己增添了前进的信心。同时,在编选的过程中得到卢政、夏冬红、王德胜、王祖哲、王晓鹏、赵奎英、王汶成、祁海文等青年同志的具体帮助,特别是得到学校出版社的领导和编辑同志的支持与帮助,在此也应致以谢意。

　　当这本书编定之际,我想起一位美学家十分感叹地向我讲过的一句话:"一位美学工作者一生能真正留下的东西其实是不多

---

① 曾繁仁:《美学之思》,山东大学出版社 2003 年 1 月版。

的。"这一方面说明美学工作本身艰难，所谓"生活之树常青，而理论总是贫乏"，同时也说明美学工作受外部因素的影响很大，不免制约了认识的广度与深度。但继承和发扬新时代的人文精神却是我们美学工作者终身为之奋斗的目标。我想只要为这一目标真诚而努力地工作过了，只要为美学发展的长河增添了哪怕是一滴水，就应感到欣慰，至于自己能留下多少东西其实并不重要。这就是我编选这本书的主旨。

（2002 年 9 月 28 日）

《中西交流对话中的审美 与艺术教育》序①

山东大学文艺美学研究中心于 2002 年 8 月 22 日至 8 月 25 日在青岛举办"审美与艺术教育国际学术研讨会"。这次会议得了教育部社政司、教育部体卫艺司、山东省教育厅和青岛市的大力支持，同时也得到了国内外同行学者的热烈响应。参加会议的代表 130 多名，其中海外代表 30 多名。这是新世纪开始之后在我国召开的第一次高层次的有关审美与艺术教育的国际学术研讨会，它取得了圆满的成功，得到各方面的充分肯定。为了使这次会议的成果发挥更大的作用，特编选了这本文集。该文集共 39 篇，其中海外学者 9 篇（另有佛克马等海外学者的论文 7 篇和国内学者论文 5 篇，其论题在"审美与艺术教育"之外，故收入山东大学文艺美学研究中心主编的《文艺美学研究》第二辑）。

这次研讨会之所以选择"审美与艺术教育"这样一个论题，主要是审美与艺术教育已成为世界各国文化教育界所共同关注的一个重大课题。那就是，面向新的世纪，人类应该有审美的生存。我们应该将我们的后代培养成审美的生存的一代新人。众所周

---

①《中西交流对话中的审美与艺术教育》，曾繁仁主编，谭好哲、陈炎、马龙潜副主编，山东大学出版社 2003 年 10 月版。

知,面对未来,摆在人类面前的是机遇与挑战共存。所谓机遇,那就是未来的岁月,人类将会取得更多的繁荣发展;而所谓挑战,那就是与繁荣发展相伴,人类也将面临自然生态恶化、工具理性膨胀、市场拜物盛行、精神疾患蔓延等严重问题。这就是物质生活富裕与人的生存状态非美化两极发展的悖论。而要解决这个悖论,就必须坚持物质文明与精神文明同时发展。而美育就是精神文明的重要组成部分,也就是通过艺术教育的手段培养审美的生存的一代新人。这样的新人,应该以审美的世界观作为生存的根本原则,摆脱传统的"人类中心主义"和工具理性的束缚,以亲和系统、普遍共生的态度,同自然、社会、他人和人自身处于一种协调一致的审美状态,改变人的非美的生存状态,走向审美的生存。中国早在先秦时期就有"诗教""乐教"的古典形态的美育传统。20世纪初期,王国维、蔡元培又从启蒙的角度介绍了西方现代美育观念。新中国成立后,特别是新时期,国家对美育发展采取了一系列重要措施,特别是从素质教育的高度将其列入国家教育方针,在原有十分薄弱的基础上,取得非常明显的成绩。这次会议的重要目的,就是借此机会同国内外有关同行就审美教育与审美文化发展的重要问题进行学术的交流与对话,以达到理解共识、促进发展的目的。

这次会议从美育的自身规律、外部关系、中西比较和审美文化等多个层面探讨美育问题,具有较大的学术含量、前沿性、理论性和实践意义,其广度与深度达到了一个新的水平。会议集中讨论了审美教育的极端重要性。大家共同认识到,人类社会已经迈入21世纪,新的世纪,对于人类来说既预示着新的繁荣发展,也预示着将会出现许多新的问题和挑战。但美好未来的创造却是我们的共同愿望。这就要依靠一代高素质的新人。这一代新人应该做到科学与人文的和谐统一、理论观念与艺术精神的和谐统一、人与自然的和谐统一、身体健康与心理健康的和谐统一。这就是一种审美的生存。因此,我们的共识是,在新的世纪,我们不仅要教育我们的青年学会生存,而且要教育他们学会审美的生存。这就是审美教育所肩负的光荣而艰巨的任务。

这次会议,中外学者还交流了各自国家和学校开展审美教育的情况,起到了交流经验、交换看法、取长补短的作用。国外学者介绍了开展通识教育、进行以学科为基础的艺术教育以及运用高科技手段开展艺术教育的情况和经验,给中国学者以深刻的启发。中国学者也介绍了从 1995 年开始的作为文化素质教育组成部分的艺术教育的情况,以及 1999 年 6 月全国第三次教育工作会议之后,在政府的有力支持下,从素质教育的高度所开展的艺术教育的情况。会议再次证明,世界各国、各地由于文化背景的不同、经济水平的差异,审美教育开展的情况会有所不同。但对审美教育的共同重视我们是一致的,而且中国由于尚属发展中国家,在审美教育方面还有许多欠缺。我们一直认为,审美教育是所有教育环节中最为薄弱的环节。我们需要很好地向国外的高校学习,不断加强我们的审美教育工作。

这次会议还比较深入地讨论了审美教育中一些有待解决的问题。一是审美教育的普及问题。审美教育的真正普及同整个教育体制密切相关,必须改变现有的应试教育体制,逐步实行素质教育。二是审美教育的评价问题。审美教育本质上是一种情感教育,对它的评价不能采取同其他理论化课程类似的统一的标准化评价标准和方式,而应采取个性化的评价标准和方式。但难度大、实施不易。三是审美教育的目的问题。这就涉及到审美教育过程中知识、技能与素养的关系。我们认为,知识是前提,技能是基础,而目的则是提高素养。三者之间应该有机地统一在一起。四是审美教育如何面对当前社会与文化的诸多挑战问题。例如,市场经济、大众文化、先锋派艺术、信息时代传媒等等。许多学者认为,审美教育不仅具有理论性的品格,更加具有实践性的品格,应该面对现实、应对挑战,使我们的学生通过审美教育,具有在新的复杂环境中审美地生存的能力。

关于审美教育的科研问题。许多学者认为,科研是提高今后审美教育水平的重要支撑。目前在审美教育的科研上首先要加强学科意识。美育是介于美学、教育学、心理学之间的一门交叉边缘学科,它归根到底是教育学的一个分支,但又具有相对的独立性,并随着时代的发展愈显其重要。因此,作为一个相对独立的学科,就应拥有一个有机的知识主体、各种独特的研究方法,以及对本研究领域的基本思想有着共识的学者群体。我们应该更自觉地朝着这个方向去建设与发展美育学科。同时,正因为美育是一个交叉边缘学科,就有赖于美学、教育学、心理学、社会学以及脑科学等各有关学者的共同关注和联合攻关,这样才有可能取得新的突破。前面已谈到,美育作为教育学的分支具有强烈的实践性品格,因此,美育的科研应紧密联系育人实际,从育人第一线发现问题,提到理论高度展开研究,这样才会使美育研究充满动力与活力。

许多代表还就审美文化问题发表了宝贵意见。大家认识到,优秀的文化是人类文明的结晶,是指导人类前行的精神力量,也是一个民族之根。在经济全球化的时代背景之下,我们一方面要促进文化的交流互补,同时更要坚持文化的多元共存,大力发展民族文化,使之更具生命力与活力。尤为可贵的是,不少西方学者对东方文化的特殊价值给予了充分肯定,表现出他们宏阔的学术视野。大家共同认为,不同地区和民族的学者应共同创造争奇斗艳、百花齐放的崭新局面。而学术领域的交流与对话就是促进各种文化发展的动力和重要途径。这次国际学术研讨会就是一种很好的尝试,并取得了明显的成效。

最后,我要对给予这次国际学术研讨会以大力支持的各有关单位、国内外学者以及本文集的作者表示衷心的感谢。

在本文集的编选过程中,王祖哲、祁海文同志做了大量实际工作,在此也特别予以说明。

(2003 年 3 月 5 日)

《人文博物馆》总序①

从人类自我发展自我完善的意义上说,人文意指人类文化、人类文明。在此,人文的内涵可以在社会群体和独立个体的层面上表现出来:就社会层面而言,人文负载了文化传承的重任,充当了文明进步的先锋;就个体层面而言,人文侧重于个人心智的历练,个人情操的提升。

人文还是一类学科的专名,它与自然科学、社会科学并驾齐驱,是关于人的本性、特质、才能和未来状况的知识和学问。在此,人的存在和活动、人的精神和价值、人格的培养、人性的健全成为中心话题。在人文学科的麾下,聚集了文学、历史、哲学、教育、艺术、语言、法律、宗教、民俗等诸多分支学科。与自然科学、社会科学相比,人文学科更加贴近人的感受和体验,更能表现人的情感与理想。

对于普通读者来说,人文精神直接关乎其实际生活状态。科学技术的进步、现代化进程的发展,无疑给社会和个人带来富足、现代的生活条件;但同时,商品拜物抬头、工具理性膨胀、自然生态恶化与精神疾患蔓延,也如阳光下的阴影一般尾随而至。如此

①《人文博物馆》,曾繁仁主编,含《文学卷》(王汶成著)、《哲学卷》(常晋芳著)、《艺术卷》(凌晨光著),山东教育出版社 2005、2008、2011 年版。

说来，人文精神的弘扬与普及就成为保障现代人类社会和谐健康发展的必要条件。

立足个体层面，提高人文素质，面向社会群体，传播人文知识，可以采取的方式应该是多种多样的。就广大读者而言，朋友交谈般的娓娓道来比起完备严谨的论著讲章更具亲近感，更易接受，也更能激发其感受与思考的意愿与情趣。因此，我们希望能够做一个合格的导引者，带领读者朋友进入那负载了丰富的精神内涵和人类文化经验、标示着人性发展的轨迹、显现着人格教养的"人文博物馆"。

无论是哲学、历史、文学、语言、教育、艺术、民俗，每一种文化传承，都是我们今日社会进步及个体精神成长的基石。对于深受日常事务困扰的现代人来说，在紧张的生活节奏之间，特意寻找和营造一段"休止"，让自己身心放松，为将来聚集精力，这一切，越来越显得重要和必需。我们不妨设想，在此期间，若有人性智慧编织的音符与你相伴，那将是多么美妙的时光。《人文博物馆》正是为读者提供精神徜徉的地方。在这用文字和画面构筑的"博物馆"里，阅读、体会进而领悟那些博大睿智的精神遗产，亦是本书希望做到的。

《文艺美学教程》导言①

文艺美学是 20 世纪 70 年代以后在我国兴起的一门新学科,充分反映了新时期文艺学、美学的发展趋势,揭示了文学艺术自身的审美规律,引起学术界的广泛重视。下面我们着重阐释文艺美学学科的产生与定位、研究对象、研究方法以及本教材的内在结构。

一、文艺美学学科的产生与定位

文艺美学这个学科的名称首先由我国台湾学者王梦鸥在台湾新风出版社 1971 年 11 月出版的《文艺美学》一书中提出,但文艺美学学科的发展及产生重大影响却是在改革开放之后的中国内地。1980 年春,大陆学者胡经之在昆明召开的首届中华美学学会上提出:高等学校的文学、艺术学科的美学教学,不能只停留在讲授美学原理,而应开拓与发展文艺美学。学会的《简报》中摘登了胡经之有关建设文艺美学学科的建议。从此,由北京大学作为学术引领,文艺美学学科在我国蓬勃发展。历经二十多年的历史,目前文艺美学已经成为被广泛认同的文艺学、艺术学和美学的高层次人才培养和科学研究方向。

———————

① 《文艺美学教程》,曾繁仁主编,高等教育出版社 2005 年 10 月版。

文艺美学学科的产生绝不是偶然的,而是长期以来特别是20世纪70代以来,中国和世界思想文化与美学、文艺学学科发展的必然结果。

首先,它是在我国改革开放新形势下,美学与文艺学领域"拨乱反正"的必然结果。从20世纪70年代后期以来,我国美学与文艺学领域受极左思潮影响日益严重,被极端化了的"文艺从属于政治"的口号占据绝对统治地位。发展到1966年以后开始的"文化大革命",更是走向践踏一切优秀文化的地步,以所谓"政治"取代一切,几乎将一切美与艺术都宣布为"封、资、修"而予以扫荡。1976年以后,特别是1978年改革开放之后,随着政治领域的"拨乱反正",美学与文艺学领域也相应地"拨乱反正"。这就是对"文化大革命"极左美学与文艺学思想的批判,对美与艺术应有地位的恢复。"文艺美学"是对美与文艺这一人类文明表征的应有尊重。如果说,20世纪50年代以来,我国美学与文艺学领域在研究方法上是对美学与艺术应有地位的严重偏离,那么,新时期之初"文艺美学"的提出则是对其应有地位的回归。

其次,文艺美学学科的产生也是中国学者长期思考如何总结中国古典美学经验,将其运用于现代并介绍到世界的一个重要成果。宗白华在20世纪60年代初就曾指出:"研究中国美学史的人应当打破过去的一些成见,而从中国极为丰富的艺术成就和艺人的艺术思想里,去考察中国美学思想的特点。这不仅是为了理解我们自己的文学艺术遗产,同时也将对世界的美学探讨做出贡献。现在,有许多人开始从多方面进行探索和整理,运用了集体和个人结合的力量,这一定会使中国的美学大放光彩。"[1]宗白华

---

[1]《宗白华全集》第3卷,安徽教育出版社2008年版,第393页。

还谈到,在西方,美学是大哲学家思想体系的一部分,属于哲学史的内容,是哲学家的美学,但中国美学思想却是对艺术实践的总结,反过来影响艺术的发展,如公孙尼子的《乐记》、嵇康的《声无哀乐论》、谢赫的"六法"等。当然,还有他没有谈到的大量的文论、诗论、乐论、画论、园林建筑论等。因此,可以这样说,中国古代的确极少有西方那样的哲学美学,但却有着极为丰富的文艺美学遗产。对于这些遗产的发掘、整理和当代运用一直是诸多美学家与文艺学家的强烈愿望。在新时期之初,在冲破各种藩篱的良好学术氛围中,文艺美学学科的提出恰恰反映了宗白华等广大中国美学家总结、弘扬中国古代特有的美学传统的强烈愿望,因而得到广泛的认同。

再次,文艺美学学科的产生也是我国美学与文艺学领域经历的由"外"到"内"转向的反映。20世纪40年代以来,我国美学与文艺学领域在研究方法上侧重于政治的社会的分析,出现政治标准高于艺术标准这样的明显倾向,后来干脆以政治标准取代艺术标准。1978年新时期以来,美学与文艺学领域开始纠正偏颇的美学与文艺学思想。随着不再继续提"文艺从属于政治"的口号,学术领域出现了明显地由"外"向"内"转向的趋势。这就是美学与文艺学的研究由侧重社会政治的外部研究转向侧重艺术与形式的内部研究。于是,20世纪50年代以来盛行于西方的新批评理论家韦勒克和沃伦的《文学理论》开始流行,学术界对文学艺术的内在的审美特性及其规律重新重视。这也成为文艺美学得以产生的重要学术背景。

最后,从更宽广的世界思想文化与哲学背景来看,文艺美学的产生则同世界范围内由抽象的思辨哲学—美学到具体的人生美学的转变有关。众所周知,整个西方古典美学从柏拉图开始都侧重于"美本身"即美的本质的探讨,发展到德国古典哲学与美学更演化成脱离生活实际的有关美的本质(美的理念)的抽象逻辑探讨。1830年黑格尔的逝世,宣告了德国古典哲学与美学的终结。从叔本华开始,直到20世纪初期的克罗齐、尼采,乃至此后的诸多美学家开始了对抽象思辨哲学美学及与其相关的主客二分思维模式的突破,从抽象的本质主义逐渐走向具体的艺术与人生。因此,整个西方20世纪的美学与文艺学主潮,抽象的美与艺术之本质主义探讨式微,而对于具体的审美与艺术的探讨成为不可阻挡的趋势。李泽厚在概括这一世界美学与艺术学趋势时指出:"他们很少研究'美的本质'这种所谓'形而上学'的问题,而主要集中在对艺术和审美的研究上,而审美的研究主要通过艺术(艺术品、艺术史)来验证和进行。"①文艺美学恰是对我国长期以来美学领域局限于本质研究的一种反拨。从20世纪五六十年代到20世纪七八十年代我国两次大的美学讨论,都存在脱离生活与艺术的严重缺陷,无论是客观派、主观派、主客观统一派,还是社会学派,都将自己的理论支点放到抽象的美与艺术本质的探讨之上,而对鲜活生动的文艺事实与实际生活较少顾及。文艺美学恰是对这种偏向的纠正。正如胡经之所说,"从我自己的体验出发,如果美学只停留在争论美是客观的还是主观的这样抽象的水平上,这并不能解决艺术实践中的复杂问题。审美现象,乃是一种特殊的社会现象。美学,要研究审美现象,实乃审美之学,必须揭示审美活动的奥妙。人类的审美活动产生于实践活动(生产、交往、生活等实践),这审美活动又生发为艺术活动"②。

---

① 李泽厚:《美学三书》,安徽文艺出版社1999年版,第547页。
② 胡经之:《胡经之文丛》,作家出版社2001年版,第41—42页。

关于文艺美学的学科定位,目前有(1)文艺美学是美学的分支学科,(2)是美学与文艺学的中介学科,(3)是艺术哲学,(4)是美学文艺学与艺术学之边缘学科,(5)是美学学科的一个理论问题等多种界定,有七八种之多。当然,也有的学者完全否定文艺美学学科存在的合理性与必要性。但我们认为,文艺美学学科是20世纪70年代以来产生的一个新兴学科。它既不是美学与文艺学的分支,也不是两者之间的中介,更不同于传统的艺术哲学,而是既同文艺学、美学、艺术学密切相关,但又同它们有着质的区别的新兴学科。主要表现在,文艺美学学科同以上学科相比拥有一系列崭新的内涵。

第一,文艺美学学科具有一种新的视角。传统的美学、文艺学与艺术学一般主要取哲学的视角,将美、文艺与艺术的哲学与社会学本质作为研究的出发点。而文艺美学学科则以马克思主义哲学与社会学作为学科发展的前提,将其放到学科基础的层面之上。作为学科本身则取美学的视角,对文学、艺术进行全方位的美学研究。这种视角的调整关系到文艺美学学科的发展方向,使其有别于我国传统的美学、文艺学和艺术学的纯理论研究,而主要面对鲜活生动的文学、艺术现实。首先应该立足于具体文艺作品,立足于对文艺作品的审美解读,从中提炼出极富价值的美学思想,犹如莱辛之读《拉奥孔》、王国维之读《红楼梦》。再就是以重要的审美艺术范畴为切入点,诸如西方的"艺术的审美经验"、中国的"意境说"等。这就为文艺美学学科注入了无穷的生命力与活力。

第二,文艺美学学科包含一种新的时代精神。文艺美学作为一门新兴学科,激荡着一种新的时代精神。这种时代精神就是人文主义、科学主义、实践精神和中华民族精神的高度统一。人类已经跨入新的世纪,社会取得巨大进步,和平与发展已是重大课题,而战争、贫穷、环境恶化、精神疾患蔓延仍对人类命运提出严重挑战。因此,对人类的人文关怀是新世纪的永恒主题,应成为文艺美学的思想基石。而信息时代的迅速到来,科技的快速发展,使得求实创新的科学精神成为人类前行的宝贵财富,理应贯穿于文艺美学学科。文艺美学产生于改革开放的新时期,以"实践是检验真理的标准"为其理论的动力。因此,它应该富有实践精神,摆脱传统的美学、文艺学和艺术学"经院式研究"的束缚,更多地关注现实生活,回应现实的要求,将丰富生动的文艺现实与正在勃兴的影视文化、大众文化纳入自己的视野。十分重要的是,21世纪中华民族面临伟大复兴的时代课题,这是炎黄子孙一百多年来的理想。文艺美学学科作为人文学科应该激荡着这种民族振兴的精神。在科学研究的扎实基础上,力求将更多的中国古代优秀美学与文艺学遗产经过改造,吸收到文艺美学学科之中,并介绍到全世界。

第三,文艺美学学科的发展凭借着新的资源。我国当代的美学文艺学和艺术学从研究资源上各有其特点。美学主要借助西方的理论资源与近百年我国美学的研究成果。文艺学除了借助西方的理论资源,主要是以文学作品为其研究对象。艺术学的理论资源来源于西方理论,同时兼及各类部门艺术。而文艺美学学科在资源的利用上应包含以上三个学科的所有范围,因而更加宽泛,更加具有其独特性。也就是说,文艺美学学科所使用的资源包括西方理论成果、中国现当代理论成果、中国古代美学与文艺学优秀遗产以及各类部门艺术成果,特别是当前具有广泛影响的影视文艺与网络文艺的理论总结等。

第四,文艺美学学科的建设发展运用新的方法。文艺美学学科的发展有保留地突破思辨研究的方法。在马克思主义辩证唯物主义与历史唯物主义哲学方法的指导下,以美学的、特别是审美经验现象学的研究方法为基点,广泛吸收各种新的研究方法的有价值成分,使之呈现新的面貌。

第五,文艺美学学科将努力建立不同于传统美学、文艺学与艺术学的新的体系。文艺美学在理论体系上不同于以上三个学科,它不是以上三个学科的分支学科。例如,它不是传统美学学科的艺术部分,当然也不是传统的艺术哲学。关键在于文艺美学学科具有不同于以上三个学科的理论内涵。它的理论出发点不是艺术美的本质或者文艺的审美本质,而是艺术的审美经验,以此构建其特有的理论体系。

华勒斯坦认为,任何学科,"必须拥有一个有机的知识主体,各种独特的研究方法,一个对本研究领域的基本思想有着共识的学者群体"①。参照这样一个标准,文艺美学学科具有了上述五个方面新的要素,基本具备华勒斯坦对一个学科所提出的要求。因此,我们完全可以将其称为一个新兴的学科。

二、文艺美学学科的研究对象

文艺美学学科之所以能够成立,最重要的是因为它具有自己特有的研究对象,由此构成自己特有的理论体系。这个理论体系的重要表征就是它具有自己特有的理论出发点。这一点是非常重要的,因为否定文艺美学学科具有独立存在价值的最重要根据

---

① [美]华勒斯坦等:《学科·知识·权力》,刘健芝等编译,生活·读书·新知三联书店1999年版,第13页。

就是认为它没有自己特有的研究对象，因而构不成自己的理论体系。前苏联美学家鲍列夫就明确提出不赞成"文艺美学"这一提法，其理由之一就是认为文艺美学没有自己特定的独有的研究对象，就没有存在的必要。这种看法颇具代表性。由此可见探索文艺美学特有研究对象的必要。

目前，在文艺美学学科的研究对象上可谓众说纷纭、异彩纷呈。有的将其仍然归结为文学、艺术审美本质的研究；有的从分析审美活动着手，剖析其艺术把握世界的方式；有的着重探索文艺主客体具体关系的存在方式，双重主客体的组合；有的从人类学这个视角考察和揭示文艺的审美性质和审美规律；有的从文艺本质入手，着重论证文艺的结构之"再理解—表现—媒介场"三个层次；等等。以上只是举其代表者介绍，不可能一一涉及。应该说这些探索均有其道理和价值。但我们认为最重要的是要符合文艺美学这一新兴学科提出的主旨，符合其产生的时代特征，要具有鲜明的时代感。

如前所述，文艺美学学科是在改革开放的新形势下，在世界和中国哲学—美学转型的背景下，突破极左思潮和主客二分思维模式，充分反映中国传统美学特点的产物。因此，文艺美学学科的研究对象就应放到这样的背景与前提下来思考。由此，我们将文艺美学学科的研究对象确定为文学艺术的审美经验。这个审美经验包含这样两个方面的内容：一个是直接经验，就是审美者对文学艺术作品直接的审美经验，也可以说就是英国美学史家鲍桑葵所说的"审美意识"；另一方面的内容是间接经验，就是其他美学家和文艺鉴赏家对各种文学艺术作品的审美经验，这是属于他人的经验，特别是众多美学家的经验，具有很高的水平，也是非常重要的。但以往的美学、文艺学和艺术学只重视以理论形态出现的美学成果,忽视这些具有浓厚实践性的审美与鉴赏的经验。文艺美学学科理所当然地将这些长期不受重视的重要美学资源作为其研究对象之一。当然,它也同样重视历史上的美学理论成果。文艺美学学科的这种极其重视直接审美经验的特点,就使美学研究直接面对作品,从中提炼出美学思想与审美意识,而不再是隔靴搔痒,从而使文艺美学学科具有了强烈的时代感、当代性与个性。这就要求美学工作者努力提高自己的理论水平与审美素养,从而使美学工作者的审美经验具有更多的社会历史内涵与时代意义。

我们之所以将文学艺术的审美经验作为文艺美学学科的研究对象,十分重要的原因是同当代哲学与美学的转型密切相关。前已说到,从19世纪以来,哲学与美学领域发生巨大的变化,即由思辨哲学到人生哲学,由对美的本质主义探讨到具体的审美经验研究的转型。诚如李斯托威尔在《近代美学史评述》中所说,"整个近代思想界,不管有多少派别,多少分歧,都至少有一点是共同的。这一点也使得近代的思想界鲜明地不同于它在上一个世纪的前驱。这一点就是近代思想界所采用的方法,因为这种方法不是从关于存在的最后本性的那种模糊的臆测出发,不是从形而上学的那种脆弱而又争论不休的某些假设出发,不是从任何种类的先天信仰出发,而是从人类实际的美感经验出发的,而美感经验又是从人类对艺术和自然的普遍欣赏中,从艺术家生动的创作活动中,以及从各种美的艺术和实用艺术长期而又变化多端的历史演变中表现出来"①。V.C.奥尔德里奇也认为,审美经验已

————————————

① [美]李斯托威尔:《近代美学史评述》,蒋孔阳译,上海译文出版社1980年版,第1页。

成为当代"讨论艺术哲学诸基本要领的良好出发点"①。托马斯·门罗更明确地指出,"美学作为一门经验科学",应该打破单一的哲学美学格局,使之走向实证化、经验化。② 可以说,西方现当代的主要美学流派都以审美经验作为其主要研究对象,只不过各种流派所说"经验"的内涵不同而已。

众所周知,审美经验论之发端是英国的经验主义美学。他们以审美经验作为其美学研究的出发点,以培根、休谟、柏克等为其代表,均将审美经验归结为以主体的体验为基础。即使是柏克对审美经验客观性的探求也是立足于人的主体感官的共同性。康德在《判断力批判》中将审美判断力作为"主观的合目的性",也是一种对于具有共通感的审美快感(经验)的判断。但黑格尔的"美是理念的感性显现"的命题,尽管考虑到审美的感性体验内容,但总体上却将审美界定在客观理念发展的一个阶段,从而由康德倒退到本质主义的美学探讨。黑格尔之后,叔本华的"生命意志",尼采的"酒神精神",尽管其审美内涵中包含着形而上的内容,但仍是以审美经验为其基础。从 20 世纪开始,绝大多数西方当代美学流派都立足于审美经验。克罗齐的直觉表现说可以说是开了将经验与情感表现相联系的当代美学之先河。此后,克莱夫·贝尔的审美是"有意味的形式"更同经验密切相关。而真正打出艺术的审美经验旗帜的则是杜威。1934 年,杜威出版《艺术即经验》一书,明确提出他的经验论,是一场哲学的改造,其艺术哲学

①[美]V.C.奥尔德里奇:《艺术哲学》,程孟辉译,中国社会科学出版社 1987 年版,第 22 页。
②蒋孔阳、朱立元:《西方美学通史》第 6 卷,上海文艺出版社 1999 年版,第 687 页。

的任务是恢复艺术经验与日常经验的延续关系。这标志着经验派美学逐步走向成熟。但只有法国现象学美学家杜夫海纳使经验论美学真正具有浓郁的哲学色彩与深刻的内涵。他于1953年出版了具有深远影响的重要论著《审美经验现象学》,将其研究的中心确定在"审美对象和审美知觉相互关联的情况"①。此后,经验论美学即渗透于存在论、符号论与阐释学美学等各种新兴的美学理论形态之中。

　　我们以文艺的审美经验作为文艺美学学科的研究对象的另一个十分重要的理由是,这一点十分切合中国古代的文艺美学传统。中国古代有着悠久而丰厚的文艺美学遗产和传统,但中国的文艺美学传统同西方传统迥异。中国没有西方那样的有关美与艺术之本质的思辨性思考,大量的美学遗产都是体悟式的艺术审美经验的阐发。著名的"意境说"就是对作者之情景交融、物我一致的审美经验的阐发。正如王昌龄在《诗格》中所说,"意境"的创造,"张之于意而思之于心,则得其真矣"。而所谓"妙悟",则是对审美经验的主体艺术想象特性所作的深刻描述。陆机在著名的《文赋》中对"妙悟"之艺术想象作了生动的描述:"其始也,皆收视反听,耽思傍讯,精骛八极,心游万仞。其致也,情瞳昽而弥鲜,物昭晰而互进,倾群言之沥液,漱六艺之芳润,浮天渊以安流,耀下泉而潜浸。"这里,对于审美经验中艺术想象之描述可谓生动具体,绘声绘色。我国古代著名的"趣味"说则着重从审美欣赏的独特视角阐述审美经验。司空图在《与李生论诗书》一文中说道:"文之难,而诗之难尤难。古今之喻多矣,而愚以为,辨于味而后

────────────

①〔法〕米·杜夫海纳:《审美经验现象学》,韩树站译,文化艺术出版社1996年版,第22页。

可以言诗也。"并提出"近而不浮,远而不尽,然后可以言韵外之致"的基本观点,都是对审美欣赏中经验的深刻体悟。我们认为,要想建设具有中国特色的文艺美学学科应该很好地总结中国传统美学这一丰厚的美学遗产。

关于文学艺术审美经验之具体内涵,我们想从九个关系的角度加以具体阐述。

第一,个人感悟性与社会共通性。这就是指文学艺术审美经验不是一种实体性内涵,而是一种关系性内涵,构成康德所说不凭借概念的个人感悟性与趋向于概念的社会共通性的二律背反。正如黑格尔所说,这是康德讲的"关于美的第一个合理的字眼"①。正因为审美经验具有这种独特的"二律背反",才使其具有一种特殊的张力、魅力、模糊性和情感性。

第二,经验与社会实践。在西方美学理论中,文艺的审美经验完全是主体的产物,因而是唯心主义的。但我们却将文艺的审美经验奠定在马克思主义唯物实践观的基础之上。我们认为,从具体的审美过程来看,不一定能明确看出社会实践之基础作用,但从总体上看,从社会存在决定社会意识的角度看,审美经验的基础只能是社会实践。当今西方哲学美学在突破思辨哲学主客二分思维模式、突出主体作用之时,为了避免陷入唯我主义,也曾试图回归"生活世界"。但这种"回归"未免虚弱,而从哲学的彻底性来看,还是马克思主义的唯物实践论之社会实践观更能从根本上说清经验的来源与内涵。但唯物实践观的理论指导与社会实践的基础地位仍是在理论前提的位置之上,而不能代替具体的审美经验。只有这样才能避免过去以哲学代美学,以普遍代

①［英］鲍桑葵:《美学史》,张今译,商务印书馆1985年版,第344页。

特殊的弊端。

第三,经验与主体。当代经验论美学的经验当然是以主体为主的,但又不是英国经验主义纯主体的经验,而是包含着消融了主客二分,包含着客体的经验。有的是通过行动(生活)来消解主客二分,如杜威实用主义的艺术经验论;有的是通过"意向性"来消融主客二分,如现象学美学;有的是通过主体的接受或阐释来消解主客二分,如阐释学美学。

第四,经验与想象。文艺的审美经验之发生是必须通过艺术想象之途径的。艺术想象犹如一个大熔炉,能将感性、知性、情感等熔于一炉,最后形成完整的审美经验,并使审美者进入一种特有的审美生存的境界。这是审美经验区别于日常经验的最重要途径。

第五,经验与表现。当代经验论美学的最重要特点是认为经验同情感之表现密切相关。例如,克罗齐的"直觉表现说"、阿恩海姆的"同形同构说",杜威也强调审美经验之"情感特质",杜夫海纳将"反思和情感阶段"作为审美知觉的重要过程之一。

第六,经验与快感。经验论在某种程度上是对鲍姆嘉通有关美学是"感性学"(Aestheticae)的一种恢复。因而,在相当程度上肯定感觉、快感,并以其为基础。但当代经验论美学又不仅仅局限于快感、感觉。如果仅仅局限于快感,那就会脱离审美的轨道。康德曾在《判断力批判》中提出"判断先于快感"的命题,我们认为判断虽然重要但实际的审美经验应该是"判断与快感相伴"。许多美学家在承认快感的同时,也是强调对快感的超越的。例如,杜威提出审美经验的"完整性"与"理想性",也是试图超越其生物性。杜夫海纳运用现象学"悬搁"的方法,更是强调通过对"此在"的超越走向形而上的审美存在。

第七，经验与接受。当代经验论美学同当代阐释学相结合，强调阐释的本体性。这样，所有的"经验"都是此时此地的，都是当下视域与历史视域、阐释者视域与文本视域的融合。这样，我们就将当代经验论美学与接受美学、新历史主义等结合了起来。

第八，经验论与心理学。经验论肯定有许多心理学内容，如感觉、想象、意向、情感等。但审美的经验论又不等同于心理学，如果等同的话，文艺美学就将走向纯粹的科学主义，从而完全抹杀了文艺美学特有的而且是十分重要的人文主义内涵，这是包括现象学美学在内的许多美学家特别忌讳的事情。所以在承认审美经验所必须包含的心理学内容时，还更应承认其具有拓展到社会学、哲学与伦理学的深广层面。

第九，经验与真理。这是当代经验论美学同存在论美学紧密相连所必具的内容。当代存在论美学将审美活动同认识活动相分离，由此审美经验并不导向理性的提升，而是通过艺术想象实现对遮蔽之解蔽，走向真理敞开的澄明之境，从而获得人的"审美的生存""诗意地栖居"。所以，审美经验、艺术想象、真理的敞开、诗意地栖居都是同格的，这正是当代文艺美学所追求的目标。

以文学艺术的审美经验作为文艺美学学科的出发点，实际上是对当代美学与文艺学学科的一种改造。长期以来，我国美学与文艺学学科都在一种传统认识论哲学的指导之下，将美学与文艺学的任务确定为对美与文艺本质的认识。这就在一定程度上忽视了审美与文艺的情感与生命体验的特性，将其同科学相混淆，而且忽视其作为人的存在的重要方式，将其降低为浅层次的认识。以文学、艺术的审美经验作为理论出发点就既包含了审美和文艺的情感与生命体验的特点，同时又包含了它的由"此在"走向"存在"之生命与历史之深意。这是对传统的本质主义与认识论美学的一种反拨,也是对审美与文艺真正本源的一种回归,必将引起美学与文艺学学科的重要变革。

而且,以文学艺术的审美经验作为文艺美学学科的出发点也是对当代社会文化转型中正在蓬勃兴起的大众文化的一种理论总结与提升。从20世纪中期以来,以影视文化、大众文艺、文化产业为标志的大众文化方兴未艾,表明一种新的文化转型已经不可避免地来到我们面前。这是一种由纸质文化到电子文化、由精英文化到大众文化、由纯文化到文化产业的巨大转折。在这种大众文化的背景下,审美与文学艺术发生了日常生活审美化的巨大变化。唱片、光盘、广告、模特、网络文学……新的文学艺术生产与存在的样式纷至沓来,令人目不暇接。审美与生活、艺术与商品、文化与文艺、欣赏与快感之间的界限一下子变得模糊起来。于是从新世纪之初就出现了有关文学、艺术的边界,日常生活审美化的评价以及对文学的文化研究等问题的讨论与争辩。我们认为,这种讨论是非常有意义的。我们试图以文学、艺术的审美经验这一文艺美学学科的基本理论问题的探讨作为以上大众文化背景下各种文化现象的一种总结与提升,也以此对这次讨论提供一种也许是不成熟的见解。

我们认为,当代文艺美学的审美经验理论包括两个相关的有机部分。一个是审美的生活化,一个是生活的审美化,这是两个紧密相连、统一于一体的部分,都是对资本主义工业文明以来艺术与生活分裂、走向异化的严重问题的解决。所谓审美的生活化,是解决艺术与生活的脱离,承认并正视审美所必然包含的身体快感内容与文艺所必然包含的生活内容,使艺术走向生活与万千大众,成为人们休息娱乐的方式之一。同时也不可否认某些艺术产品具有商品的属性,并给人们带来某种经济效益。但这只是我们所说的审美经验理论所包含的一个方面的内容，也只是当前大众文化背景下文学艺术的一个方面的属性。另一方面，也是非常重要的方面，就是生活的审美化。也就是我们所说的审美经验不仅包含着原生态的生活，更要包含对这种生活的超越；不仅包含必不可少的快感，更要包含体现人类生存之精髓的意义。如果说审美的生活化是一种回归，那么生活的审美化则是一种提升。没有回归与提升的结合，那么真正的审美与文学艺术都将不复存在，而只有两者的统一才是审美与文学、艺术要旨之所在。因为没有前者，审美与文艺必将脱离大众与当代文化现实，而没有后者，审美与文艺又不免流于低俗与平庸。只有两者的有机结合才是审美与文艺发展的坦途，也才能为文艺美学学科建设奠定坚实的基础。在以上理论指导下面对当前"日常生活审美化"的现实，我们认为这是一种雅与俗、美与丑、健康与落后之间传统概念的消解。应该运用审美的理论支持其有利于人的美好生存、符合社会发展的一面，克服和引导其低俗落后的一面，使其走向健康发展之路。

以文学艺术的审美经验作为文艺美学学科的理论出发点，也是为中国传统美学在当代进一步发挥作用开辟广阔的空间。中国美学发展以 20 世纪初，特别是 1919 年五四运动为界发生了明显的断裂。此前是传统形态的美学，此后受到"西学东渐"的深刻影响，接受了西方美学理论话语。这前后两种美学形态尽管不可避免地有所联系，但在理论内涵、话语范畴和精神实质上均有明显区别，是一种明显的理论断裂。因此，有的学者认为，这两者"不可兼容"，而是"宿命的对立"。中国传统美学的现代价值问题被严峻地提到我们面前。而以文学艺术的审美经验作为理论出发点的文艺美学学科则为中国传统美学进一步发挥当代作用开辟了广阔的天地。因为,我国传统美学的确没有西方美学那样借以反映审美与艺术本质的概念、范畴,而主要以对创作与文本的体悟作为理论的基点,这恰是一种文学艺术的审美经验。从先秦时期的"兴观群怨说",到汉魏时期的"言志说""意象说",到唐宋时期的"意境说""妙悟说""心物说",到清代的"情景说""性灵说""境界说"等,可谓一脉相承,都是对文艺审美经验的独特表现,反映出中国古代美学的特有精神,具有十分丰富的内涵与极其重要的价值。这些美学理论不仅赋予我国美学家以特有的民族精神,而且也给包括海德格尔在内的诸多西方美学家以理论的滋养。我们相信,文艺美学学科的发展,特别是我们以文艺的审美经验为其研究对象,并自觉地以之总结、弘扬中国传统美学理论,将有助于中国传统的美学理论在新时期发挥更加重要的作用。

三、文艺美学学科的研究方法与
本教材的基本内容

列宁在《黑格尔辩证法(逻辑学)的纲要》一文中认为,在马克思的资本论中逻辑、辩证法和唯物主义的认识论是同一个东西。① 由此说明方法论与理论体系及世界观是一致的,从而彰显出方法论的重要作用。我们认为,文艺美学以文学艺术的审美经验作为研究对象,就决定了它必然在马克思主义的指导下采取审美经验现象学的研究方法。这是一种由具体的审美经验出发的

---

① 马克思、恩格斯、列宁、斯大林:《论辩证唯物主义与历史唯物主义》,上海人民出版社1997年版,第207页。

研究方法,迥异于从抽象的本质或定义出发的传统研究方法。从而使研究对象由传统的理论文本扩充到鉴赏文本,进一步扩充到理论家自身对文艺作品的审美经验。这种研究方法更加全面,更加符合文艺美学学科的实际,也会更加彰显出理论家的理论个性。它是自下而上的研究方法与自上而下的研究方法的统一。因为,文学艺术的理论研究既要从具体的审美经验出发,也必须借助一定的具有共通性的理论规范,否则就会完全成为只有个人能够理解的自言自语,从而缺乏应有的理论价值。而且更为重要的是,文艺美学不只是对单个审美经验的研究,更要研究其中所包含的具有人类共通性的对在场的超越,走向人类"诗意地栖居"以及对人类前途命运的终极关怀。这就使审美经验本身包含了深刻的意义与鼓励人类前行的精神的力量。

现象学兴起于德国,其创始人是胡塞尔。他并未建立美学体系,但他的现象学方法和理论对美学产生极大影响。他提出了一个著名的现象学口号:"回到事物本身。"他所谓的"事物"并不是指客观存在的事物,而是指呈现在人的意识中的东西,他称这些东西为"现象",所以"回到事物本身"就是回到现象,回到意识领域。他认为哲学研究以此为对象,就能避免心物分立的二元论。而要"回到事物本身"就要抛弃传统的思维方式,采取现象学的"还原法",也就是将通常的有关客体和主体的判断"悬搁"起来,加上括号,存而不论。他认为通过这种现象学还原就能直觉到纯意识的"意向性"本质。所谓"意向性"即意识总是指向某个对象,因此世界离不开意识,离开人和意识,就没有什么价值和意义。这是一种用"整体性意识"反对传统哲学主客二分思维模式的现代哲学方法,具有重要的影响和意义。当然,这种现象学方法的主观唯心主义色彩是非常浓厚的,所以我们要以马克思主义唯物实践观予以改造,以马克思主义的"实践世界"代替其"生活世界",从而将其奠定在坚实的社会实践基础之上。

将这种现象学方法较好地运用于美学研究的是波兰的罗曼·英伽登和法国的杜夫海纳。特别是杜夫海纳,于1953年所著《审美经验现象学》,成为西方现代审美经验现象学美学理论和方法的奠基之作,具有重要的学术价值。

胡塞尔早就指出,"现象学的直观与'纯粹'艺术中的美学直观是相近的"。他又说,艺术家"对待世界的态度与现象学家对待世界的态度是相似的……当他观察世界时,世界对他来说成为现象,世界的存在对他来说是无关紧要的,正如哲学家(在理性批判中)所作的那样"①。英伽登和杜夫海纳将这种现象学理论和方法创造性地运用于美学领域,开创了审美经验现象学方法。这种方法直接借鉴了现象学方法之"回到事物本身""本质还原""意向性""悬搁"等基本原则,但在审美的运用中又有所发挥。杜夫海纳指出:"我们敢说,审美经验在它是纯粹的一瞬间,完成了现象学的还原。对世界的信念被暂时中止了,同时任何实践的或智力的兴趣都停止了。说得更确切一些,对主体而言,唯一仍然存在的世界并不是围绕对象的或在对象后面的世界,而是……属于审美对象的世界。"②

这种审美经验现象学方法具体说来有以下四个方面特征。

第一,审美态度的改变性。英伽登在论述审美经验时专门阐

---

①《胡塞尔选集》,倪梁康选编,上海三联书店1997年版,第1203—1204页。
②蒋孔阳、朱立元:《西方美学通史》第6卷,上海文艺出版社1999年版,第449页。

述了由日常经验到审美经验的转化过程,也就是审美经验兴起的前提。他认为最重要的是凭借由日常态度到审美态度的转变。他将此称作"预备审美情绪"。他认为,人们在面对一个对象时一开始常会选取一种功利的现实态度,而一旦为对象特有的色彩、节奏、形状等美学特质所打动,从而唤起一种特有的"预备审美情绪",就会中断对于周围物质世界的日常经验活动,进入一种精力空前集中的审美经验状态,这就是由日常态度到审美态度的转变。这种"预备审美情绪"对于由日常经验过渡到审美经验起到决定性的改变作用。英伽登指出:"预备情绪最重要的功能是改变我们的态度,亦即使我们对待日常经验的自然态度变成特殊的审美态度。"①例如,我们面对巴黎罗浮宫美术馆所藏艺术精品雕像《米罗岛的维纳斯》,一开始常常会以日常经验的态度对待,权衡其大理石的特性、质量和价值等。如要转到对其作为艺术品的鉴赏,最重要的环节就是被这一艺术品的艺术特质所打动,产生激动人心的审美态度,忘掉周围世界,进入审美的境界。

第二,审美知觉的构成性,这是对于审美经验兴起的阐述。现象学美学将主体的意向性作用放在非常突出的地位,认为审美对象是主体凭借审美知觉在意向性中构成的结果。杜夫海纳指出:"简言之,审美对象是作为被知觉的艺术作品。这样,我们就必须确定它的本体论地位。审美知觉是审美对象的基础,但那是在公平对待它即在服从它的时候才是这样。"②比如雕像《米罗岛

---

① [美]M.李普曼:《当代美学》,邓鹏译,光明日报出版社1986年版,第293页。
② [法]米·杜夫海纳:《审美经验现象学》,韩树站译,文化艺术出版社1996年版,第8页。

的维纳斯》作为艺术精品是一种举世公认的客观存在，但只有在鉴赏者通过审美的知觉对其进行鉴赏时，维纳斯雕像才能成为审美对象。这就是审美知觉的构成性。杜夫海纳指出，一旦美术馆关门，最后一位参观者离开，那么该艺术品就不会作为审美对象而存在，只能作为作品或可能的审美对象而存在。

第三，审美想象的填补性，这是对于审美经验完善性的论述。英伽登提出了"未定域"和"具体化"两个十分重要的概念。所谓"未定域"即指没有被作品加以确定的方面，如维纳斯的身份、动作等，需要通过鉴赏者加以艺术的补充。而"具体化"是指鉴赏者在鉴赏过程中通过"意向性"对于作品进行再创造的过程，包括对于原作某些缺陷的弥补。这一切都需通过审美的想象进行。面对维纳斯雕像的断臂和大理石本身的污疵，鉴赏者正是通过审美的想象弥补这种断臂和自然的缺陷。英伽登指出："在审美态度中，我们不知不觉地完全忘怀了肢体的残缺、断掉的臂膀。一切都产生了奇妙的变化。在这种方式'观看'下的整个对象完美无缺，甚至因为双臂未曾出现在人们的视野里而更富魅力。"①

第四，审美价值的形上性，这是对于审美经验内涵提升的论述，包含着浓浓的人文精神。审美经验现象学所说的审美经验不同于英国感性派美学的纯感性的体验，而是包含着形而上的超验的内容，是一种追求人的美好生存的价值取向。英伽登和杜夫海纳都不约而同地谈到这一点。杜夫海纳指出："赋予审美经验以本体论的意义，就是承认情感先验的宇宙论方面和存在论方面都是以存在为基础的。也就是说存在具有它赋予现实的和它迫使

————————

① ［美］M.李普曼：《当代美学》，邓鹏译，光明日报出版社1986年版，第293页。

人们说出的那种意义。审美经验之所以阐明现实是因为现实是
作为存在的反面——人是这种存在的见证——而存在的。"①也
就是说,审美经验之所以阐明现实,是为了使现实之后的人的存
在得以显现。这说明审美经验现象学的本体论意义是走向人的
诗意的栖居,已经同当代存在论美学相融。例如,我们从维纳斯
雕像中不仅能够欣赏到精细的雕刻技艺、优美的人体造型,而且
更可以从中体味到一种恬静、高雅和超俗之美,成为"高贵的单
纯,静穆的伟大"之西方古典美的代表。这种古典美具有一种震
撼人心的巨大力量。俄罗斯作家乌斯宾斯基在小说《舒展了》之
中,生动地描写了一个穷愁潦倒的乡村教师特雅普希金在巴黎参
观美术馆时被维纳斯雕像深深感动的情形。主人公是一个精神
萎靡的小人物,但他却被维纳斯雕像的美所打动,从而使其被生
活扭曲的灵魂得以舒展。小说中引用了主人公的一段独自:"我
感到,在语言中找不出一个词汇,可以来说明这尊石像创造奇迹
的奥妙。……打碎她,这等于使世界失去了太阳,如果在人的一
生中连一次都没有感受到维纳斯的温暖,他就不值得生活在这个
世界上……"这一段描写是多么的深刻生动啊!它凸显了对艺术
精品的审美经验对于人性所产生的巨大震撼和提升作用。英伽
登和杜夫海纳都认为,审美经验现象学方法只是美学研究的有效
方法之一,但绝不是唯一方法。我们在本教材中以这一方法为
主,但并不排斥其他方法。诸如外部研究与内部研究结合的方
法、文化研究的方法和交流对话的方法等。

　　文艺美学的产生就是一种由外部研究到内部研究的转向,因

---

① [法]米·杜夫海纳:《审美经验现象学》,韩树站译,文化艺术出版社 1996
　年版,第 581 页。

此文艺美学当然应该以内部的研究为主。也就是以审美经验为核心深入剖析其对象、生成、前见、发展、形态与比较等,从而构成独特的理论体系。但这种内部研究又不完全是独立自主的,它并不排除外部的研究,包括社会的、意识形态的和文化的视角。从社会的角度,我们向来认为文学艺术不仅是审美的现象,而且是一种社会的现象,具有政治的、经济的、时代的等诸多社会属性。从意识形态的角度,我们向来认为,文学艺术作为意识形态的一种,从一个特殊的侧面反映了社会政治与经济,乃至生产关系与生产力的诸多特性。而从文化的视角说,当前文化研究的方法已经成为文艺研究的最重要方法之一。诸如种族的、女权的、后殖民的、生态的、文化身份的崭新角度,的确能给文学艺术以崭新的阐释。但我们向来认为文化研究只不过是文艺研究的重要方法之一而不是全部。因此,我们并不同意当前西方某些研究者以文化研究取代或取消文艺研究的做法。我们认为对文艺的最基本的研究方法还应是审美的研究方法。

19世纪上半叶,黑格尔创立了逻辑与历史统一的研究方法,这是一种思辨哲学的研究方法。这种方法对于经济学、哲学等社会科学是十分适合的,但对于以情感体验为其特征的美学,是否都要运用这一思辨哲学的方法,尚有待于进一步讨论。著名的新黑格尔主义者、美学史家鲍桑葵在其《美学史》研究中就采用了历史突破逻辑的方法,使这本美学史在诸多方面颇具创意。由此,我们认为对于我们所说的以文学艺术的审美经验为其理论出发点的文艺美学学科也不能完全采用思辨的方法,而应采用以历史为主,辅之以逻辑的研究方法。

因此,我们的基本着重点在历史的、当代的文艺的审美经验事实,包括作者自身的审美经验,主要以此为据提炼出理论的观点。当然也要借助当代流行的各种理论的概念和话语，但不为其所束缚，而以审美经验的事实为依据，对其进行必要的补充、充实、发展和突破。

我们的另一个主旨还试图将当代的对话理论作为重要的方法维度。也就是说，我们不想采取传统的教化与灌输的方式，而是采取作者与读者（首先是学生）平等对话的方式。因为，我们的理论出发点是审美经验，经验既具有社会共通性，同时也具有明显的个人感悟性。所以，我们给学生提供的只是我们的一种感悟。期望以此唤起学生的共鸣，甚至产生一种新的不同的体验和感悟。在这一点上，读者（学生）是有着充分的自由度和广阔的空间的。这就是一种新型的互动式的教与学，可能激起学生更大的学习主动性，充分调动其探索新问题的兴趣。同时，我们还试图采用心理学、阐释学以及语言学的方法。方法的多样性也是我们的探索之一。

在基本内容结构上，本教材以艺术的审美经验为基本理论出发点，然后分导言和四个大的部分，共计十章。"导言"主要阐述了文艺美学的产生、学科定位、研究对象与研究方法；第一大部分为艺术审美经验的一般理论，主要包括"艺术审美经验的涵义"和"艺术的审美范畴"；第二大部分是关于艺术审美经验的本体问题，包括"艺术创作的审美特征""艺术文本的审美特征""艺术接受的审美特征""艺术的分类"；第三大部分是关于艺术审美经验的历史形态、民族形态及其传播问题，包括"艺术的发展形态""比较视域中的中西艺术""艺术的传播"；第四部分是最后一章"艺术与人的审美化生存"，将整个论述最后归结到艺术的审美经验的本体论的超越的意义，点出了本教材培养"学会审美地生存的一代新人"的主旨。

　　文艺美学作为一个新兴的学科,仅仅走过了二十余年的历史,需要有更多的学者、老师和学生给予更多的关注和培养,使之健康成长。我们期待文艺美学这一新兴学科在大家的呵护下更加走向成熟,成为中国学者对于世界美学园地的一个新的贡献。

《文艺美学教程》后记①

本教材是普通高等教育"十五"国家级规划教材,得到教育部和高等教育出版社的大力支持。我们之所以要编写这本教材主要是因为现实的教学需要。众所周知,新时期以来文艺美学学科在改革开放的大好形势下得到了长足的发展,多数高校的中文系和部分艺术系都开设了这门课程。专职和兼职从事文艺美学教学科研的人员数以千计,中华美学学会专设有文艺美学分会。文艺美学还被列入教育部颁布的《授予博士硕士和培养研究生的学科专业简介》这一重要文件之中,成为研究生培养的重要方向。这些都决定了对于文艺美学教材的需要。山东大学在国内属于较早开展文艺美学教学科研的高校。早在 1984 年,我们就曾编写出版过有关教材。1986 年 5 月,山东大学中文系等六家单位在山东泰安召开了首届全国文艺美学学术研讨会。2000 年 12月,教育部批准在山东大学成立人文社会科学重点研究基地——山东大学文艺美学研究中心。中心成立后,文艺美学成为基地的主要科研方向之一,不仅设立了有关科研课题,而且先后召开了三次文艺美学的学术研讨会,就文艺美学的学科定位、研究对象、研究方法和当代发展等重要问题展开深入探讨。本

① 曾繁仁:《文艺美学教程》,高等教育出版社 2005 年 10 月版。

教材可以说是本中心的长期学术积累和这些研讨的成果之一。如果说本教材还有一些突破的话,那也是所有参与上述会议学者所作的贡献。因此,我们要对所有参与此项工作的学者表示衷心的感谢。

本教材是集体劳动的成果。其中的分工如下:导言,曾繁仁;第一章,王汶成;第二章,王杰;第三章一、二、三、五节,姚文放;第四章,王德胜、祁海文;第三章第四节和第五章,凌晨光;第六章,马龙潜、马驰;第七章,陈炎;第八章,仪平策;第九章,谭好哲、尤战生;第十章,杜卫。最后由曾繁仁统稿,王汶成协助主编做了许多工作。以上参加教材编写任务的学者都肩负着教学、科研和行政工作的重担。他们积极认真地参与为本教材的学术质量提供了保证。我们中心的有关人员三次参与本教材的统稿会。甚至在春节刚过,爆竹声仍然不断的情况下开会讨论。当然,还有高等教育出版社的徐挥、袁晓波、云慧霞等同志的大力支持。对于以上所有的同志,我们都要表示衷心的感谢。

目前,文艺美学已经出版了多种教材,均有其特色和贡献,成为本教材编写的重要参考。我们试图在现有基础上,结合文艺美学的当代发展和中国传统美学的特点,以文学艺术的审美经验作为基本出发点来编写本教材。这当然是一种新的探索。有探索就难免会有失误。因此,我们热诚期望广大读者,尤其是使用本教材的教师和学生参与到我们的探索行列之中,给我们以批评指正。

由于本教材是多所学校和多个作者参与写作的集体成果,集中了诸多写作者的智慧与经验,但也保留了各自的学术和写作风格,虽经多次讨论与统稿,但也可能存在某些不协调、不平衡之处。当然，在编写过程中，我们也深感水平的限制，因此不完善之处在所难免，也衷心欢迎广大读者批评，以便以后进一步修订。

（2005 年 3 月 18 日）

《人与自然：当代生态文明
视野中的美学与文学》前言①

　　本书是 2005 年 8 月 19 日至 21 日在我国青岛召开的"当代生态文明视野中的美学与文学国际学术研讨会"的论文集。这个研讨会是由山东大学文艺美学研究中心、山东大学东方文化研究院、崂山康成书院与山东理工大学生态文化与科学发展中心联合召开的。共有 170 余位中外学者围绕"当代生态文明视野中的美学与文学"这个中心论题，分"中国当下生态文学与生态美学研究态势""西方生态批评与环境美学""中国生态智慧与生态文化""生态伦理与生态美学"四个论题展开了广泛而深入的研讨。讨论热烈，气氛活跃，反映了与会学者对于这一论题的广泛兴趣。这是在生态美学与生态文学问题上一次高层次的学术交流对话，是对 1994 年以来 10 年间我国生态美学与生态文学研究的一次学术的检阅和总结，也是对未来时期我国生态美学与生态文学研究的一个重要的开启，必将对我国当代美学、文艺学、文学、生态哲学与生态伦理学的发展起到重要的作用。众所周知，从 20 世纪中期以来，由于环境的污染破坏所带来的严重灾难向人类的持

---

①《人与自然：当代生态文明视野中的美学与文学》，曾繁仁主编，河南人民出版社 2006 年 7 月版。

续生存发展敲响了警钟，人类开始对工业文明的利弊进行反思，从而逐渐步入了崭新的生态文明新时代。联合国早在 1972 年就发表了著名的环境宣言，我国也于 20 世纪 90 年代提出可持续发展战略，并于最近提出著名的科学发展观和构建和谐社会的理论原则。我国学者几乎与国际同行同步，早在 20 世纪 70 年代就开始了生态文化的探索，并于 20 世纪 90 年代中期以来开始了生态美学与生态文学的探索，召开了 8 次学术研讨会，出版了数量可观的论著，并已成为多位博士生的博士学位论题。我们深知：生态问题关乎人类的长远生存发展，是人类面临的关系到自身前途命运的重大课题；生态维度是当今自然科学、社会科学与人文学科的不可缺少的维度，在当今缺少了生态维度的科学就是不完整的科学；面对如此严重而严峻的生态问题，美学工作者与文学工作者不应缺席，更不能沉默；生态理论非常重要，但也是非常繁难复杂的理论与现实课题，需要几代学者以科学的态度，紧密结合我国实际，不畏艰难，认真探索。

通过这次研讨会，我们认识到当代生态美学观与文学观的产生是社会的需要和历史的必然。当代生态美学观与文学观的产生是在后现代语境下社会历史发展的必然。我们这里所说的"后现代"是一种对"现代性"进行反思与超越的后现代，从这个角度说后现代性与现代性是相伴而生的。但从社会历史的转型来说，"后现代"则指工业文明之后，特别是 20 世纪 60 年代以后，工业文明对于自然与社会所产生的负面影响日渐严重，人类的生态自觉日渐成熟并将其贯穿于经济社会活动，社会逐步由工业文明进入生态文明。生态美学观与文学观就是这一时代的理论成果。它是社会历史发展的必然，有着明显的世界文化学术背景，但却由中国学者首次明确提出，因而又具有明显的中国特色，是中国理论工作者在国际性学术交流对话中从中国现实和传统出发的一种理论的创新。当代生态美学观与文学观的产生也是当代美学与文艺学学科自身发展的需要，是其适应当代社会文化发展，包含生态维度的一种理论的延伸，反映了学科当代转型的必然趋势。与当代生态美学观与文学观密切相关的"有机整体""共荣共生"等当代生态哲学理念已经成为一种后现代语境下的生态文化，渗透于当代社会领域的各个方面，构成一股强劲的生态文化潮流。当代生态美学观与文学观正因为产生于后现代语境之中，所以具有后现代理论超越现代工具理性的开放性、非中心性和共创性的特点。它不以自身的学术自足性以及能否构成独立的学科为其指归，而以其理论的现实性与突破性品格为其追求。当代生态美学观与文学观的生成发展必将对我国当代美学、文艺学与文学的建设做出自己的贡献。

而当代生态美学观与文学观的发展建设必须依靠中西古今交流对话的途径。当代生态美学观与文学观就是中西古今交流对话的成果。事实证明，当代交往对话理论正是后现代理论超越现代主体性哲学走向"主体间性"与"平等共生"的一种理论转型。正是在当代国际性的有关生态理论交往对话的热潮中，我国理论工作者借鉴西方以蕾切尔·卡逊为代表的生态批评理论、以海德格尔为代表的"生态的形而上学"哲学与美学以及以阿伦·奈斯的"深层生态学"理论为代表的生态哲学与伦理学等，结合我国当代的生态实践与古代的丰富生态智慧，提出生态美学观与生态文学观。而西方当代各种生态理论又在相当大的程度上是对中国古代生态智慧，尤其是道家生态智慧的借鉴。特别是海德格尔与道家的对话成为"老子道论的异乡解释"以及由共同本源涌流出来的歌唱。而我国古代以"儒道佛"为其代表的生态智慧已经为中西当代生态理论建设贡献了极其宝贵的理论财富。当前，我们要继续发展建设当代生态美学观与文学观，仍需坚持中西古今交流对话的重要途径。我们这次会议中，与会的中外学者恰从中西古今不同的视角论述生态美学观与文学观，充分体现了中西古今交流对话的精神。

当代生态美学观与文学观建设所要解决的核心问题是生态观、人文观与审美观的统一。当代生态美学观与文学观等一切生态理论所遭遇的核心问题是生态观与人文观的关系问题，也就是当代生态观对自然的"尊重"和"敬畏"是否导致"反人类"的问题。这也涉及当代生态理论的哲学基础。经过许多生态理论家的充分论证，当代包括生态美学观与文学观在内的各种生态理论的哲学基础是当代生态存在论人学理论。这一理论的源头可以追溯到马克思 1844 年巴黎手稿中所说的未来共产主义，通过对人的本质的真正占有，从而实现自然主义与人道主义的统一。而 20世纪 30 年代后期以来则是海德格尔在荷尔德林诗的阐释中所提到的，在"天地神人四方世界"结构中实现"人的诗意地栖居"。而从历史发展的维度来说，作为人的自觉意识的人文精神则是贯穿于人类历史的始终。但"人类中心"的理论观念则只存在于现代的启蒙主义时期。在前现代时期是自然中心与上帝中心。只是到了现代的工业革命启蒙主义时期，科技高度发展，人类具有了更大改变自然的能力，此时，作为主体性的"人类中心"理论观念才占据主要位置。进入后现代的生态文明时期，由于人类自觉到"人类中心"理论观念的弊端，从而以"主体间性"与"生态整体"理念取而代之。但这绝不是对启蒙主义人文精神的否定，而是对于作为一个历史阶段理论观念的人类中心主义的扬弃。这种"扬弃"否定了唯科技主义理念，但却保留了可贵的科学精神。这是当代后现代语境下包含生态维度的存在论人学理论,是一种新的人文精神,它具有十分丰富的内容。首先是一种由"此在"之"在世"出发的人的生态本性观。包括人类来自自然的人的生态本源性,人与自然须臾难离的生态环链性,人应自觉维护生态平衡的生态自觉性。它还遵循将过度膨胀的工具理性和极度发展的人类私欲加以"悬搁"的生态现象学方法。当然,从根本上说它是一种包含生态维度的新的生态人文精神。这种生态人文精神将人的平等扩大到人与自然的相对平等,将人的生存权扩大到环境权,将人的价值扩大到自然的价值等。它是对于"人类中心主义"的突破,但却不是对于人类的反动,而是新时期包含生态维度的、对于人类更具深度广度和终极意义的关怀。而从当代生态存在论哲学的角度,通过人对自然社会的生态审美观之文化态度的确立,真理由遮蔽走向解蔽得以自行显现,这就是美的本真形态。因此,从根本上说,当代生态存在论美学观是一种生态观、人文观与审美观的有机统一。这就是当代生态美学观与文学观所要着力解决的重要课题,本次研讨会在这一方面取得可喜的进展,但仍需我们进一步丰富发展。

　　当代生态美学观与文学观是一个正在建构和发展中的理论形态,自身有诸多不成熟之处,需要在讨论切磋和批评中发展。而且,我们从来认为它不是一个具有自足性的学科,而是美学与文学理论在新时期的延伸。这种延伸不仅提供了广阔的空间,而且成为所有有兴趣的学者共商的领域。我们相信这次会议只是当代生态美学观与文学观发展的又一个新的起点,今后一定会有更多的学者参与到它的建构之中。我们这次研讨会的主题是"走向生态观、人文观与审美观的结合,实现人的诗意地栖居"。这是一个宏大的主题,表现了中外学者的高度社会责任。让我们共同携起手来继续为这一宏大主题而努力奋斗。

　　本文集是由山东大学文艺美学研究中心集体编辑的，得到与会的诸位学者的大力支持。在这里我向所有为这次学术研讨会和本文集的编辑做出贡献的朋友表示衷心的感谢。

（2005 年 8 月 28 日）

《转型期的中国美学
——曾繁仁美学文集》自序[①]

本书是 2003 年 1 月《美学之思》出版之后我的主要学术研究工作的一个汇集,我将其定名为《转型期的中国美学》,这是因为本书的主题是探讨处于经济、社会、文化重大转型时期中国美学的发展问题。

从 1978 年开始的我国新时期,在短短的 28 年的时间内经济社会文化发生了巨大的变化。变化之快,出乎人们的预料。可以这样说,在短短的 28 年中,我国先后发生了相互交叉的两次经济社会转型。新时期伊始,即已开始"拨乱反正",结束十年"文革",进入经济建设的历史时期,这就是由"文化革命"到经济建设以及由计划经济到市场经济的转型,整个 20 世纪 80 年代主要就是进行这样的转型,实现工业化与市场化。但是 20 世纪 90 年代至今则在工业化的任务还继续进行的过程中,又面临着由工业文明到后工业文明的转型,也就是在实现工业文明的同时,还要对其弊端尽可能地有所克服并进行某种程度的超越。我们现在考虑的不仅仅是经济的指标,而且还有文化的、生态的与各种社会的发

---

①《转型期的中国美学——曾繁仁美学文集》,曾繁仁主编,商务印书馆 2007 年 12 月版。

展指标,力求走向和谐社会的建构。这就说明,我国当前的现代化实际上同时包含相当多的后现代的内容。当然,我们所说的后现代之"后"完全是建设性的,主要是指对现代化弊端的反思与超越。从这个意义上说,目前也正在发生着一场悄悄地向着"后现代"发展的经济社会转型。许多人对于前一次的由"文化革命"到经济建设的转型是充分地看到了,但是对于当前正在发生的由工业文明到后工业文明的转型却不能意识到,因而对于许多社会经济与文化现象难以理解,尤其难以理解这种转型对于包括美学在内的人文社会科学所带来的巨大影响及其对美学等人文社会科学的强烈要求。这就要求美学等人文社会科学与之适应,并对其提供理论的与精神的支持。这样的时代既是对我们美学工作者的挑战,同时也为我们美学理论工作提供了广阔的空间与发展的机遇。所谓挑战,就是说在这一系列经济社会转型之中,我们的美学工作不能原地不动,对于正在发生的和谐社会的构建、生态问题的解决与大众文化的勃兴,我们不能置若罔闻并因而缺席,我们必须面对现实并作出理论的回应。这就要求我们的美学研究也要实现必要的转型,对于既往的理论有所改造和超越,对于落后于时代的理论观念与思维模式进行必要的扬弃。这种学术的转型实际上是伴随着思想领域的某种痛苦的除旧布新,因为包括我在内的许多美学工作者,要适当地乃至整体地改变自己多少年坚持的惯有的理论观念,甚至需要改变曾经以之为荣的某种自创的"体系"。当然,这也给我们的美学工作开辟了广阔的空间,为我们的思考提供了许多新的论题,也为美学理论新的元素的建构提供了极大的可能。这是一个需要理论,同时也适合新的理论诞育的时代。在这样一个崭新的时代,我们美学理论应该而且可能有更多的新的建树。当然,所有的建树都只能是建立在既有的基础之上,我们应该十分珍惜我国近 100 年来,特别是近 50 多年来美学工作的成果,以此为前提结合当今时代新的需要进行新的理论创新。当然,历史告诉我们,所有的突破与创新都是会有风险的,因为有突破、有创新就一定会有失败,而遵循既有轨道倒反而保险。但是,我们的突破与创新即便失败了,也会给后人留下教训,更何况创新者与突破者的勇气也是一种财富。正是秉承着以上的认识与态度,近年来我的美学工作主要着力于对我国新时期美学的转型进行力所能及的研究。这种研究主要在文艺美学、审美教育与生态美学论三个层面上展开。从文艺美学的角度来说,它主要标志着我国当代美学理论由本质论到经验论的转型。长期以来,我国美学研究受到主客二分的思维模式的影响,着力于美与艺术的本质的探讨,提出客观论、主观论、主客观统一论与社会性论等理论观点,自有其时代与历史的贡献与原因。但美学与艺术学作为人文学科是一种"人学",是以"人"作为研究对象的,因而不可能准确地把握其"本质",也不可能有一种论断能够穷尽其"本质",因而只能从审美的经验出发进行某种描述。当然,作为人文学科的描述绝对不可能是"价值中立"的,而必然地包含明确的价值评判,在美与丑的评判中包含着真与假以及善与恶的评判。而从审美教育的角度来说,它主要标志着我国美学由思辨美学到人生美学的转型。长期以来,我国美学研究受西方,特别是德国古典美学的影响很大,美学研究主要局限于思辨研究的范围,着力于概念与范畴的探索,严重地脱离现实社会人生。但 20 世纪以来,世界美学已经发生巨大变化,开始转向现实人生。西方现代的唯意志论美学、表现论美学、现象学美学、存在论美学与阐释学美学等都着力从人的审美的维度探讨现实的人的生存状况,以人的诗意地栖居为其旨归。而教育领域"通识教育"

的开展则将审美力的培养作为必不可少的教育内容，从另一个侧面突出了审美教育的地位。我国当代在现代化的过程中，同样出现美与非美的二律背反现象，因此努力地克服这种现象，追求人的诗意地栖居，培养学会审美的生存的一代新人就成为时代的使命，也必然地成为美学研究的重大课题，这就将审美教育推到当代美学研究的中心地位。从生态美学观的角度来说，它则标志着由传统的"人类中心主义"到生态整体观的重要转型。"人类中心主义"同样是工业革命时代对于人的理性的张扬，但又过分迷信人的理性能力，因而它既具有历史的进步作用，同时又具有明显的历史局限性。反映到美学领域，就是对于自然生态的完全漠视，对于人的力量的过分夸大与张扬。而当代生态与环境问题的日益严重，则使生态美学观必然地走到时代的前沿。可以说，在当代，漠视生态维度的美学是不完善的美学，甚至是缺乏牢固的现实基础的美学。当然，我们所说的生态美学观实际上是一种当代的生态存在论美学观，力主人与自然的审美关系的建立成为人得以审美地生存的基础与前提。而上述这一系列转型，都是当代美学由认识论美学到存在论美学转型的表现，是美学学科与时代同步的必然要求。当然，当代美学的转型有着多重的表现，例如大众文化与视觉艺术的日渐勃兴、日常生活审美化的发展等。但我本人由于工作和视野的限制只在以上三个方面做一些力所能及的工作，这些工作本身自有其局限性，我本人的视野与水平的局限更是十分明显，但我愿意以对这种转型的探索作为自己的一种声音，以求教于美学界的同行，也试图以此表示自己愿意跟上时代步伐的一种态度。同时，我也衷心地期望我国的美学研究能更快地跟上时代的步伐，更好地发挥美学理论自身应有的作用，并在国际上发出更多的自己特有的声音。任何事业的发展都呈长江后浪推前浪的态势,我国美学事业的更大发展寄希望于青年一代。但我们老一代学人仍有自己的历史责任,尽管对镜自览早已华发满头,但我愿以自己的探索作为后继者的一种铺垫,哪怕对他们产生一点点正面或反面的启发,我也就非常满意了。

　　本书所收录的文章绝大多数在国内学术杂志上发表过,此次收录时在文字方面有一些校订。本书在写作过程中得到山东大学文艺美学研究中心的大力支持,"中心"作为一个学术团队是我学术工作的强大后盾。书中文稿的收集、整理、校订得到了我的学生们的帮助,它的出版则是商务印书馆的支持。对于以上单位与同志均在此致以谢忱。最后还要敬请广大读者与同行不吝赐教。

(2006 年 4 月 17 日于济南六里山下)

《转型期的中国美学
——曾繁仁美学文集》后记①

　　利用暑假即将结束的时间,我将《转型期的中国美学》书稿的小样校了一遍。这也是对于自己 4 年多的学术工作的一个回顾,除了感到自己在这 4 年中的确进行了思考与付出劳动外,也对自己的成果不尽满意。这当然与自己的水平有关,但大量的会议也使学术工作的时间显得紧迫,同时也使我对这 4 年的学术工作历程有一个回顾。我应衷心感谢《文学评论》《文艺研究》《文史哲》《陕西师大学报》《学习与探索》《光明日报》理论版以及《人文杂志》等报刊所给予我的支持,没有他们的支持这些成果难以面世。同时,我也要感谢几次学术研讨会所给予我的启发。2003 年冬,我们在黑龙江大学召开文艺美学学术研讨会,正是在会议的启迪下我写作了《试论文艺美学学科建设》一文,并为我们中心以后出版的《文艺美学教程》奠定了基调。2005 年 5 月与北京大学美学与美育研究中心联合召开的纪念席勒逝世 200 周年的研讨会,启发了我对席勒美育理论的更加深入的思考。2005 年 8 月在青岛召开的"当代生态文明视野中的美学与文学"国际学术研讨会,在

①《转型期的中国美学——曾繁仁美学文集》,曾繁仁主编,商务印书馆 2007年 12 月版。

激烈的学术论争中促使我进一步思考生态观、人文观与审美观的关系问题。而在此期间的两次访学则对我集中精力学习思考问题与完成写作任务起到重要作用。2003年1月至4月,在香港汉语基督教文化研究所的3个月,使我有集中的时间阅读学习了基督教文化的经典与论著,略微弥补了自己在古希腊文化之外对于古代希伯来文化的进一步了解,其成果就是《试论基督教文化的神学存在论生态审美观》。2004年1月至2005年2月,在教育部与学校外事处的支持下,我得以作为高访学者在加拿大的维多利亚大学访学3个月。在这难得的3个月中,没有电话,没有会议,只有静静的时间。我基本完成了两部书稿的通稿工作,而且写作了《试论中国新时期西方文论影响下的文艺学发展历程》与《中国古代天人合一思想与现代生态文化建设》两篇文章。在这里还需要说明的是,本文集的3个部分并不平衡,4年来我用力最多的还是生态美学问题,因为我觉得这个问题愈来愈显得重要,历经2001年至今的6年的思考探索虽有前进,但许多问题还需深入。本书的最后加了4篇较短的附录,主要表明自己对于学术工作的态度与看法。力图表明自己向朱光潜先生所说的"以出世的精神做入世的学问"这样的境界靠拢。在本书的写作中得到许多前辈学者、同辈学者以及年轻学者的支持鼓励。没有当前我国美学与文艺学领域各位同人的切磋鼓励,没有中国当前的学术环境,就一定没有我的这些些微的成果。因此,我觉得与我的师长们相比,我还是遇到了一个好的时代,处于一个较好的学术氛围。因此,我要对学术界各位同人表示我的谢意。我还要感谢中华美学学会会长汝信教授在百忙中为我写序,鼓励有加。也要感谢王德胜教授和商务印书馆使我这本文集得以出版,感谢我的学生对于本书所做的许多事务性工作。总之,我要感谢的学界朋友真的很多很多，他们所给予我的关爱、支持与照顾我将永远铭记在心。在我将近 40 年的工作和学术生涯中，特别在逐步迈入老年的这 4 年辛勤的学术工作中，内子纪温玉女士始终是我最坚强的后盾，没有她的关爱照顾，我不可能承担与完成各种任务，我的包括本书在内的一切成绩都是我们共同的成果。在我校完本书最后一个字之后，我突然感到原来时间过得如此之快，而人的精力又如此有限，我又一次感到了自己的差距，感到本书在许多问题上的不足，只能期待于在未来的时光中更加努力，也更加期待年轻的学界同人做出更大成绩。

（2007 年 9 月 2 日于济南六里山寓所）

《全国高等学校人文素质与公共艺术课程系列教材·序》①

在我国现代化建设事业逐步深入的重要历史时期,由王旭晓、欧阳周教授分别担任正副主编的《全国高等学校人文素质与公共艺术课程系列教材》即将陆续出版。这是我国高校美育事业发展的一件具有重要意义的事情。

首先,本教材的出版正值具有重要历史意义的党的十七大刚刚结束,因而成为贯彻十七大精神的重要举措之一。众所周知,党的十七大站在世纪之交的历史高度,又一次对包括美育在内的素质教育给予了高度重视。党的十七大报告指出"要全面贯彻党的教育方针,坚持育人为本、德育为先,实施素质教育,提高教育现代化水平,培养德智体美全面发展的社会主义建设者和接班人,办好人民满意的教育"。这就又一次将美育作为党的教育方针与素质教育的不可替代的重要组成部分。而且,更为重要的是党的十七大报告将"坚持以人为本"作为科学发展观的重要组成部分,而科学发展观则必然包括"促进人的全面发展"的重要内容。而美育恰恰是促进人的全面发展的不可缺少的途径。这是

---

① 《全国高等学校人文素质与公共艺术课程系列教材》,王旭晓、欧阳周主编,中南大学出版社 2008 年出版。

我们党和我们国家对美育重要作用认识的深化，进一步将其提到决定经济社会发展前途命运的高度。事实证明，缺少人的现代化是不可能的；而缺少美育的人的现代化也是不可能的。美育已经成为在马克思主义人学理论与教育理论指导下关系到未来一代建设者的基本素质与精神面貌的极为重要的事业。

本教材的出版也是进一步贯彻党和国家一系列有关加强美育教育决定的重要举措。早在1999年6月，党中央与国务院召开的第三次全教会所通过的《关于深化教育改革，全面推进素质教育的决定》中就对美育的重要作用进行了深刻论述，指出"美育不仅能陶冶情操、提高素养，而且有助于开发智力，对于促进学生全面发展具有不可替代的作用"，而且明确要求"要尽快改变学校美育工作薄弱的状况，将美育融入学校教育全过程……高等学校应要求学生选修一定课时的包括艺术在内的人文学科课程"。2002年7月25日教育部部长令《学校艺术教育工作规程》指出"各级各类学校应当加强艺术类课程教学，按照国家的规定和要求开齐开足艺术课程。……普通高等学校应当开设艺术类必修课或者选修课"。根据以上精神，教育部于2006年下发了《高等学校公共艺术课程指导方案》，对于公共艺术类课程的性质、地位、作用、目标与具体课程设置以及保障等作了明确的规定。本教材就是在上述精神指导下对于课程指导方案的具体落实，较好地体现了课程方案的精神意图。

本教材的主编与参编者都是长期工作在高校美育教学实践第一线的教师，具有丰富的美育教学的实践经验。这就使本教材具有了较高的实践性特点与可操作性。本教材根据我国新时期20多年美育实际，首先立足于普通高校非艺术类专业美育课程的基本任务不是旨在培养专业的艺术人才，而是着力于健康审美观的确立与较强审美能力的培养，也就是立足于培养"生活的艺术家"。为此，本系列教材将课程分为艺术基本理论、艺术鉴赏与艺术赏析三类。艺术基本理论课立足于给学生提供健康的审美观与有关知识；而艺术鉴赏类课程则是在健康的审美观指导下给学生提供带有导向性的更加具体的审美知识与经验；而艺术赏析类课程则具有更大的开放性并给学生提供广阔的亲身体验艺术的空间。而且，本教材还适当注意到艺术实践在审美与艺术欣赏中的作用，因而也开设了适当的艺术实践类课程。本教材还努力贯彻古今、中西结合的精神。既考虑到中国古代艺术传统，将古代戏剧、绘画与书法纳入课程体系之中，同时，也多方借鉴西方古今艺术与当代影视、网络艺术等，当然以中国传统艺术与当今艺术的教学为其重点。它是总结 20 年美育教学实践的重要成果之一，我想一定会受到广大美育教师的欢迎并在教学实践中不断完善。因此，编者一定十分欢迎广大从事美育教学工作的老师与其他美育爱好者对本教材提出宝贵的批评意见。

美育事业虽然十分重要，但由于陈旧教育观念的影响十分牢固，美育实际上至今仍然是当今所有教育与教学环节中最薄弱的一环，即便是《高等学校公共艺术课程指导方案》在课程设置、选修要求、教师人数与后勤保障方面的要求已经从我国实际出发，是一些最基本的要求，但真正达到这一要求的高校其实并不是多数，我们在美育方面的工作任务还很重。但我想在当前好的形势下，在包括本系列教材编写者在内的广大美育工作者的锲而不舍的努力下，随着我国现代化事业的深入发展，人们一定会愈来愈加重视美育事业。我们深信并期待着。

（2007 年 12 月 4 日）

《中国新时期文艺学
史论》导言①

当前,回顾总结新时期近三十年来中国文艺理论的发展具有特殊的意义。因为,我们是从新世纪的独特视角审视既往的历史。我们总的认识是新时期近三十年来,我国文艺理论领域发生了根本性的变化,愈来愈走向健康成熟的发展道路,但困难与问题仍然很多,需要我们加倍地努力学习和研究。

一

说到新时期,就有一个新时期的起点问题。学术界有1976年、1977年与1978年三种说法。我们基本持以1978年党的十一届三中全会作为起点之说。前几说尽管都有其理由,但我们认为新时期的最根本标志就是"解放思想,实事求是"方针的确立。所有经历过这段历史的人们都会记得十年"文革"对人们思想的禁锢,那时普遍存在一种不敢越雷池一步、害怕动辄得咎的心态。党的十一届二中全会突破"两个凡是",提出"解放思想,实事求是"的方针,犹如一声春雷,震撼了人们的心灵,开启了人们的思

①《中国新时期文艺学史论》,曾繁仁主编,北京大学出版社2008年4月版。

想。这才真正开始了思想领域的"拨乱反正"和文艺理论领域的改革创新。我们认为，确定这样一个起点是非常重要的，那就是进一步明确了我国新时期文艺理论发展的"解放思想，实事求是"这一思想指导主线，而今后的发展也仍然需要坚持这样一条主线。这应该是新时期文艺理论发展的最重要的经验之一。

如果将新时期从 1978 年算起，那么，其文论的发展历史大体可以分为突破、发展与建构这样三个阶段。第一个阶段从 1978 年到 1986 年，是对旧的受到"左"的僵化思潮严重影响的文艺理论体系突破的阶段；第二阶段从 1987 年到 1996 年，是我国文艺理论全面发展阶段，各种新说纷纷涌现，层出不穷；第三阶段从 1997 年至今，是我国文艺理论逐步走上独立的理论建构时期，但这只是开始，未来的路仍然很长。当然，这三个阶段又不是截然分开，而是互有交叉重叠。确定这三个阶段，不仅是历史的划分，而且反映了一种理论的发展趋势。那就是，我国当代文艺理论必然会走上独立建构之路，这是历史的趋势，也是文艺理论自身的要求。如果一个国家和民族面对经济全球化逐渐逼近的新的历史，没有自己的相对独立的文艺理论建构，就无法面对历史，更难以适应社会现实与文艺现实的需要。这恰是我们广大文艺理论工作者历史责任之所在。

我国新时期文艺理论的发展与其他文化形态一样，是在古今中西复杂的矛盾与关系中进行的，但主要面对的是中西之间的关系与矛盾问题。古今之间的矛盾与关系尽管在新时期仍有反映，但其重要性已让位于中西之间的矛盾与关系，并渗透其中。诚如钱中文所说："我国文学理论在反思中，深感我国文学理论的求变、求新的过程中，每个阶段自己都深受外国文论的影响。"[①]这

①钟中文：《文学理论：在新世纪的晨曦中》，见《文学评论》1999 年第 6 期。

其实是"五四"之后的中西文化"体用之争"的继续。但新时期我国文论发展的中西关系已经大异于"五四"以后，因为"五四"时期我国文论的固有资源就只有古代文论，但新时期我国不仅有固有的古代文论，而且还有历经一百多年历史的十分丰富的中国现代文论，特别是现代具有中国特色的马克思主义文论。我们实际上是在我国现代文论的基础上来发展建设新时期文论，也是在此基础上面对西方文论。但由于历经十年"文革"甚至更长时间的闭关锁国，也由于20世纪中期以来西方哲学、美学与文论发生巨大变化，所以，在我国新时期文论发展中，西方文论的影响显得特别巨大深刻。其过程与我国新时期文论发展之突破、发展与建设的历程相应，历经了传播、吸收与对话的历程。这就是改革开放之初的大量传播、20世纪80年代中期以后的拼命吸收与此后逐步走向相对冷静的对话。

在新时期近三十年中西文论的碰撞、交流与对话的过程中，我们遇到一系列十分尖锐的现实与理论问题。就其大者言，有这样四个方面。首先是西方文论特别是西方现代文论的性质问题，也就是我们通常所说的姓"资"、姓"社"的问题。西方文论的资本主义性质本来是没有什么问题的，但却涉及这样的文论到底是有价值还是没有价值，对其应该是肯定还是否定？我国长期以来对于西方文论，特别是对于西方现代文论因其属于剥削阶级意识形态特别是资产阶级意识形态而总体上是否定的。新时期近三十年来，我们正是在"解放思想，实事求是"思想路线指导下，坚持"实践是检验真理的唯一标准"，在对西方文论的定性和态度上我们相继做了这样两个方面的工作。首先是将政治哲学立场与美学文学理论价值加以必要的区分，得出政治哲学立场错误唯心，而其美学文学理论仍有其价值的看法。例如，古希腊的柏拉图与德国古典美学的康德、黑格尔都是这样的情形。在这个问题上还比较好统一,因为马克思主义经典理论家对于这些古代哲学家与美学家大都有肯定性的意见。对于西方现代文论,因其产生于帝国主义时期,作为这个时期的意识文化形态,从传统理论的视角看那就必然是腐朽的、没落的与反动的,因而是必须否定的。这里,仍然有一个坚持"解放思想,实事求是"思想路线的问题,不仅应面对当代资本主义经过调整后还具有发展活力的现实,而且还要敢于承认其经济与科技的先进性,并进一步承认其包括文艺理论在内的文化形态也有一定的先进性。这是因为,一定的文化形态都是一定社会的反映,当代资本主义的经济社会发展比我们先进,已经完成了现代化建设,历经了当代现代化的全过程,那就必然对于现代化过程中的一系列经济社会问题有其文化与艺术的思考与反映。也许,这种思考与反映是扭曲的,但其毕竟是进行过思考,也就因此对于我们这些后发展国家有其极为重要的参照价值。刘放桐在评价与西方现代文论较为接近的西方现代哲学时指出:"总的说来,他们的哲学也更能体现这一时期西方社会的政治、经济和文化发展的状况,特别是科学技术飞速发展所导致的各种问题,因而具有重大的进步意义。"①朱立元在评价西方现代美学时也指出:"把西方现代美学放在整个现代西方科学文化发展的总背景上审视,从人类历史与文化进步的总趋向来衡量,那么,应当承认现代西方美学'离经叛道'的反传统倾向,它的许多别出心裁的新花样,它的'百家争鸣'频繁更替,并不能简单地斥之为'堕落'与'倒退',而恰恰应该看成是对传统美学的超越与推进,是美学学科的巨

---

① 刘放桐:《新编现代西方哲学》,人民出版社2000年版,第18—19页。

大历史进步。"①正是从这样的角度,我们全面地分析了西方现代文论先进性与没落性、创新性与荒谬性共在的基本特征,而从总体上适当肯定其当代价值。在对现代西方马克思主义文论的评价上也经历了一个由否定到基本肯定的过程。因为现代西方马克思主义文论基本上是从学术的角度来看待马克思主义,而且它们本身对于马克思主义也有许多新的发挥。这样,就出现了一个"西马是不是马"的问题。20世纪70年代与80年代初中期,我们认为凡是与经典马克思主义论著哪怕只要有一点不一致之处的就不是马克思主义,就属于应该批判的范围。但还是"解放思想,实事求是"的思想路线指导我们以科学的眼光来看待"西马",肯定了它作为"左翼激进主义美学"总体上对资本主义的批判精神与结合新时代特点对马克思主义的某些发展与补充,从而将"西马"的许多有价值的内容吸收到我国当代文论建设之中,例如,"西马"的意识形态理论、文化批判理论等等。诚如冯宪光所说:"应当说西方马克思主义美学是一种与马克思主义美学有一定联系的,当代西方社会中的左翼激进主义美学。"②

再一个非常重要的问题就是西方现代文论与我国社会现实的"时空错位"问题。也就是说,西方现代文论是西方现代与后现代社会的产物,而我国正处于现代化过程之中。事实上,在我国不仅存在着现代的生活文化状况,而且存在着大量的前现代生活文化状况。在这样的情况下,我们引进西方后现代理论,特别是"解构"的后现代理论,作为还在"建构"中的我国,这难道不是一种与实际的脱离与"奢侈"吗?我们觉得这样的发问是有其现实

①朱立元主编:《现代西方美学史》,上海文艺出版社1993年版,第1051页。
②冯宪光:《西方马克思主义美学研究》,重庆出版社1997年版,第17页。

根据的。我们的确应该紧密结合中国的现实与语境来借鉴和引进西方文论,特别是西方后现代文论。但这决不意味着西方后现代文论对于我国没有现实的意义。事实上,西方后现代文论本身是比较复杂的,既有解构的后现代,也有建构的后现代。如果说后现代之"后"是一种对于现代性的全面的摧毁与解构,那当然是不恰当的。西方后现代文论之"后"也有一种是通过对于现代性之反思超越走向建构,特别包含对于现代性中不恰当的唯科技主义与工具理性的一种反思超越,通过对于这种具有绝对性的形式"结构"进行"解构",走向建构一种新的具有共生内涵的理论形态。这其实就是对于资本主义弊端的一种反思,对于通过张扬一种新的人文精神克服这种弊端的探索。这样的具有"建构"内涵的"后现代"对于我国是有着借鉴的价值的。诚如美国建构性"后现代"哲学家大卫·雷·格里芬所说:"我的出发点是:中国可以通过了解西方国家所做的错事,避免现代化带来的破坏性影响。这样的话,中国实际上也是'后现代化'了。"①从这样的角度看,我们只要不照搬西方后现代文论,而是将其作为对资本主义现代性批判的一种理论形态来加以借鉴,我们认为是有其特殊价值的。由此可见,解决"时空错位"的重要途径就是一切的借鉴引进都应从中国的现实与语境出发,而绝对不能脱离现实的照搬。

在新时期近三十年的文论建设中,与西方文论大量引进的同时发生了一个如何对待中国传统文论的问题,由此产生了20世纪90年代中期著名的有关我国文论"失语"的讨论。主要是有的学者认为,我国当代文论患了严重的"失语症","一旦离开了西方

---

① [美]大卫·雷·格里芬主编:《后现代精神》,转引自王治河:《后现代主义与建设性(代序)》,中央编译出版社1998年版,第22页。

文论话语，就几乎没办法说话，活生生一个学术'哑巴'"，而解决的途径则是"重建中国文论话语系统"①。由此可见，我国新时期古今关系是在中西关系背景下发生的，是试图以此对中西关系进行某种消解。当然，这种"失语症"的提出有其文化本位的立场，也有其关注民族文论的价值。但显然，"失语"的提法是没有顾及到中国当代文论的现实的。因为，我国新时期的文论建设不是从古代文论为其出发点，而是以现代文论为其出发点的，新时期对于西方文论的引进是在现代文论基础之上的引进与融合。当代文论建设中的确存在"食洋不化"的问题，但从总体上看这只是一个过程，是发展中的某种现象，不能提到"失语"的高度认识。而推倒现代文论，"重建中国文论话语系统"是没有可能，也是不现实的。

与"失语症"的讨论相继，在我国文论界出现了"中国古代文论现代转换"的学术讨论。这是我国新时期与西方文论的引进相伴的对于我国当代文论建设民族性的十分有价值的学术探讨。有论者认为，古今文论是"宿命的对立"，根本无法转换。有的论者则试图进行中国古代文论整体范畴的现代转换；我们认为，这两种看法都有其偏颇之处。所谓古今文论"宿命的对立"，其实质是完全否定了人类文化所具有的某种共通性和历史继承性。同时，中国古代文论范畴的"整体转换"也完全没有正视"五四"以来我国新文化运动整体上对于古代文化的超越，而倒退到过去是完全没有可能的。但我们并不否认某些古代文论范畴局部转化的可能性，例如，王国维对"境界说"的运用，我国当代学者对"意境

①参见曹顺庆：《文论失语症与文化病态》，《文艺争鸣》1996年第2期；曹顺庆、李思屈：《再论重建中国文论话语》，《文学评论》1997年第4期。

说"的改造，海外华人学者对"感通说"的发展，等等。但我们认为，当代文论建设中民族传统的现代转换并不能完全局限于范畴的转换，而主要是对蕴含在古代文论之中的中国哲学与艺术精神的现代转换。特别是中国古代相异于西方的"天人合一"的哲学精神和"言外之意"的艺术精神，都是特别具有当代价值并引起国际学术界的广泛关注，而值得我们特别加以重视。

2000 年以来，随着世界经济全球化步伐的加大和我国进入世界贸易组织成为现实，许多国外的文化产品作为商品大量进入我国文化市场，我国当代文论建设面临着这样一种新的经济全球化的挑战。在这种情况下，许多高校和文艺研究机构开始研究全球化语境中我国当代文论的发展，这其实还是一个中西文论的关系问题，只是这种关系出现了新的语境和背景，值得我们进一步研究。有的学者认为，经济全球化必然伴随着文化的全球化，因此文论的全球化也是必然趋势。而有的学者则认为，经济的全球化不应导致文化的全球化，而应倡导文化的多样共存，我国当代文论建设应走有中国特色之路。我们认为，经济全球化是历史发展的必然，也必然地加速文化的交流和传播，西方文论对我国的传入和影响也必然加速。而对西方某些人来说，与其"欧洲中心主义"相伴，也必然依仗着他们的经济与科技强势有着进行文化渗透的意图。在这里关键是处理好全球化与民族化的关系。一方面，我们应以积极的态度迎接因经济全球化所带来的文化与文论加速交流的新的形势，因势利导促进中西文论交流，加速我国文论发展。同时，我们也应进一步增强民族的文化自觉，加速我国当代文论民族化的进程，在现有基础上建设具有中国风格的当代文论话语和文论精神。事实证明，文化是一个民族之根，是民族凝聚力之所在。曾经有人说民族是具有共同地域、共同语言、共同文化与共同生活的人群的标志。这是将民族的概念拓展得太宽泛了,其实民族的最核心内涵应该是以共同文化为其标志。因此,文化建设直接涉及未来世纪中华民族的兴衰,关系重大。而文论建设属于当代中华文化建设之必不可少的内容,所以建设有中国特色的当代文论成为我们当代中国文论工作者的历史的与民族的责任之所在。

二

　　回顾新时期近三十年来中西文论交流对话的历史,我们总的认为发展是比较健康的,效果也是比较好的。其原因是我国经过改革开放有了逐步增强的国力,并有一个好的对外开放的政策,更重要的是我们始终是在新时期"解放思想,实事求是"这一思想路线的指导之下。当然,由于我们面对新的形势,未免经验不足,加上自身理论储备的局限,因此在新时期引进西方文论与建设新的文艺理论的进程中还有许多教训需要记取。从积极的方面说,新时期西方文论的引进首先是极大地推动了中国文论的现代转型,也就是促使我国当代文论突破旧的框框,适应社会的需要,走向时代的前沿。众所周知,我国改革开放以来,社会经济生活与文化发生了根本性的变化。从社会经济的角度说,我国大幅度地由传统的计划经济转变到新兴的社会主义市场经济;从哲学的角度说,我国哲学领域迅速地推倒了旧唯物主义的认识论,恢复了马克思唯物实践论的指导地位;从文化领域说,新时期我国文化领域呈现出丰富多彩的景象,影视文化迅速发展,大众文化日渐勃兴,网络文化方兴未艾。因此,新时期文论建设的首要任务就是迅速突破落后的机械唯物论文论,实现我国文论的现代转型。

而西方文论，特别是西方现代文论的引进恰恰起到了这样的作用。因为，20世纪以来西方现代文论恰是西方市场经济与大众文化条件下的产物，其突出标志就是对于传统的主客二分思维模式的批判，对于机械认识论文艺观的摒弃，对于文艺同人的生存状态关联的强调。

我国新时期近三十年来，在重新研究阐发马克思主义经典与引进西方现代文论等多种因素的促进下，迅速地实现了文论的现代转型。从横向看，我国新时期突破了传统认识论文论主客二分的思维模式及其机械唯物论倾向，将我国当代文论奠定在马克思唯物实践观的理论基础之上。从文艺理论的哲学理论指导的角度，我国新时期近三十年经历了由物本到人本，再到"主体间性"这样的发展过程。有些理论家从马克思主义实践理论的立场提出"审美的反映"的重要理论观念，成为新时期马克思主义文论建设的重要收获。但随之而来的就是我国当代现实随着现代化的深入，人与人以及人与自然的和谐问题突出来。而西方现代哲学与文论中的有关现象学"主体间性"理论和"交流对话"理论也对我国文论建设中"共生"理念的发生产生了重要影响。于是，随着"后实践美学"的讨论和文化诗学的发展，"主体间性"作为我国当代文论的理论指导逐步为多数学者接受。在此前提下，我国当代文论的现代转型具体表现为由文艺的机械认识论到审美反映论；由单纯的认识论文艺观到审美存在论文艺观；由人类中心的主体性文艺观到生态整体的生态审美观。所谓由文艺的机械认识论到审美反映论，就是说传统文论将文艺看作对现实生活的机械模仿，而新时期则一改这种机械模仿的文艺观念，以主体能动的审美反映取而代之，这恰同西方马克思主义文论的审美反映论相契合。所谓由单纯的认识论文艺观到审美存在论文艺观，则指传统文论仅仅将文艺看作对于现实生活的认识从而忽视了文艺与科学的界限,而新时期我们吸收西方现代存在论文论将文艺的主要特性归结为人的审美的生存;所谓由传统的人类中心的主体性文艺观到生态整体的生态审美观,是指启蒙主义以来特别强调人的理性的巨大作用,张扬主体功能,而新时期我们在西方生态哲学与文学生态批评的影响下,一改人类中心的主体性文论为强调生态整体的当代生态审美观文论。

　　从纵向的角度来看,我国新时期文论建设经历了这样两个相关的过程。首先是初期的由重视文艺的社会功能研究向重视文艺的审美特性研究的转型过程。这就是 20 世纪 80 年代与 90 年代初期文艺美学理论的提出和对于艺术形式与文学语言等的强调,以及对文本批评的重视等等。而 20 世纪 90 年代中期以后,由于我国社会文化转型的加速和西方文化理论的影响,我国文论界又发生了由重视文艺的审美特性研究向重视文艺的社会功能研究的转向。这就是我国当代文艺理论领域对于文艺的意识形态等外部属性的新的阐释与强调以及一系列有关大众文化理论的提出与讨论。我国新时期在历经了文艺学的所谓"内转"之后,在新的现实形势面前重新发现了忽视文艺的社会功能的局限,转而出现对文艺的社会功能研究的热潮。在我国文论领域出现了意识形态研究、女性研究、种族研究、文化身份研究、新历史主义研究等理论热点。而文化研究也愈来愈引起许多青年学者的重视,出现了引起整个文论界关注的"文学边界"与"日常生活审美化"的讨论。毋庸讳言,当代大众文化的空前勃兴的确促使文学边界的滑动和"日常生活审美化"现象研究的话,但文艺理论自有的价值判断功能要求其对于"滑动"的文学与日常生活审美化中的种种低俗现象起到引导与提升的作用。这场讨论已经远远超越了讨论自身具体的内容,而具有在崭新的新形势面前如何建设真正适应现实需要的文艺理论的重大意义。经过新时期近三十年的文论建设,我们可以肯定地认为我国当代文论尽管还在建构的过程之中,但已经初具规模,能够基本上做到与当代现实生活与现实文艺相沟通。

　　新时期西方文论影响下的我国当代文论发展的另一个重要特点是,有力地促进了思想的解放、视野的拓宽,使我国当代文论呈现出从未有过的马克思主义指导下的多样共存的理论空间和良好态势。列宁曾经在著名的《党的组织与党的出版物》一文中指出,在文学这个领域里,"绝对必须保证有个人创造性和个人爱好的广阔天地,有思想和幻想、形式和内容的广阔天地"。① 同样,作为对于文学艺术进行研究的文艺理论的发展也需要自由的环境。总结我国当代文论发展的历史,我们深感党的"百花齐放,百家争鸣"方针是完全正确的,是有利于文学与学术理论发展的。但长期"左"的思潮的干扰使得这一方针难以真正得到贯彻。但新时期近三十年,由于改革开放方针的有力贯彻,特别是由于党的"解放思想,实事求是"思想路线的指导,使得我国当代文论发展处于建国以来最好的环境之中。这样的环境为我们广大文论工作者提供了从未有过的自由思考与研究的空间,也为我们吸收引进和研究西方文论创造了一个非常宽松的环境,这正是我国当代文论繁荣发展的根本原因。正是在这种空前宽松的自由环境中当代文论研究才能自如地与西方文论交流对话,从而打破我国长期以来文论领域单一的局面,走向马克思主义指导下的多样共存的新局面。从研究方法的角度来说,我国当代文论目前有社会

---

① 列宁:《论文学与艺术》,人民文学出版社 1983 年版,第 68—69 页。

的、心理的、文化的、审美的、现象学、阐释学、新历史主义、语言学,甚至自然科学等多种研究方法。从研究的领域来说,我国当代文论除了传统的中国古代文论、西方文论与马克思主义文论之外,还有西方马克思主义文论研究、审美教育研究、生态文艺研究、网络文论研究、文化诗学研究、女性文学理论研究等等。从研究地域的角度来说,我国当代文论目前有中国文论、西方文论、东方文论、少数民族文论、华文文论,以及港澳台等地文论研究等等。可以这样说,目前世界上业已出现的文论领域在我国当代都有涉及,也可以说目前我国当代文论正处于涉及的范围最广并与国际接轨的速度最快的时期。

新时期西方文论影响下的我国当代文论发展,一个非常重要的成果就是经过建国后五十多年,特别是近三十年的理论探索,我们初步为我国当代文论发展找到了一条古今中外综合比较的发展道路。毛泽东曾经在一篇文章中为了强调方法的重要性而将其比喻为过河所必需的"桥或船"。我国五十多年,特别是新时期十多年文论探索的重点和难点就在于找到一条适合我国国情并行之有效的当代文论建设发展的道路。这个道路和方法就是被许多文艺理论家所总结和认可的古今中外综合比较的道路和方法。这个问题首先由我国当代著名文艺理论家蒋孔阳于新时期初期在其晚年所著《美学新论》中提出。他说:"综合比较百家之长,乃能自出新意,自创新派。"①后来,这一综合比较方法被许多文艺理论家所进一步论述发挥。这个综合比较的道路和方法其实是文论研究观念的重大转变。长期以来,我国文论研究中存在着一种机械僵化的形而上学的思维模式,认为"是"就是

---

① 蒋孔阳:《美学新论》,人民文学出版社1993年版,第47页。

"是","非"就是"非",这是一种单向的线性的思维方法,缺乏在一定价值判断前提下的包容兼蓄。在文艺理论领域的表现,就是在强调一种理论形态时必然地否定另外的理论形态,甚至将其视为"另类"。这是一种否定思想本身的发散性与多维性的形而上学思维方式,是违背学术发展规律和人的思维规律的。新时期以来,由于西方现代现象学"悬搁"主客对立的方法、哈贝马斯"对话"理论、巴赫金"狂欢"理论与德里达"去中心"等理论的引进,进一步促使我们对这种单向线性的形而上学思维方式进行突破,对于一种新的"亦此亦彼"的"共生"与"对话"的思维方式的倡导,才出现了我国当代文论发展道路与方法的全新变革。诚如钱中文所说,"应倡导一种走向宽容、对话、综合与创新的思维,即包含了一定的非此即彼、具有价值判断的亦此亦彼的思维。新的文艺理论的建设是要求新的思维方式的"①。当然,这种综合比较是有着明确的立场的,这个立场就是我们的目的在于建设具有中国特色的当代文论。这也就是我们综合比较的出发点之所在。这就决定了我们在吸收西方文论时不是为了吸收而吸收,更不是为了标新立异而吸收,而是为了发展建设具有中国特色的当代文论而吸收,而引进。这种综合比较方法和立场的逐步明确,使我国当代文论建设在处理中西关系时愈来愈成熟,也使建设具有中国特色的当代文论这样的艰巨任务愈来愈有把握。

我们以实事求是的态度总结回顾新时期近三十年文论发展的历史时,应该找到自己的差距和问题所在。首先是新时期对西方文论吸收较多,消化不够,因而具有中国特色的当代文论至今

---

① 钱中文:《文学理论:在新世纪的晨曦中》,见《文学评论》1999年第6期。

尚未基本完成建构的任务。新时期近三十年来，我们的确大量引进了西方文论，特别是西方现代文论。可以这样说，目前这种引进已经大致做到同步，而且西方各种有代表性的理论我国基本都有相应的研究。我们对于这些西方理论的使用也比较迅速及时，这应该讲是一种极大的进步。但与此相比，更为重要的是我们对于西方文论的消化却十分不足，对于一些西方理论常常停留在直接引用的水平，有的甚至是知识性的错用，有的以此装点门面，形成概念的狂轰滥炸。与此同时，具有我国特色的当代文论建构任务尚未基本完成。说我国当代文论"失语"，可能有些夸张，但说我国当代文论缺乏更多的属于自己的有特色的话语却是事实。加上长期"欧洲中心主义"的影响和我国文论工作者语言的障碍，因此，在国际文论讲坛上很少听到中国当代文论独特的声音。我国当代文论对于现实的指导作用也发挥的不够，理论不能适应现实需要的情况没有得到根本的改变。实际上，我国当代文学艺术与日常生活审美现实发生了巨大的变化。大众文化、影视文化、网络文化、先锋艺术等新的艺术与审美现实需要我们当代文论给予理论的分析和引导，但我们在这一方面的理论却显得乏力。理论的贫乏，已经成为我国当代文论对共同性的评价。在整个当代文论建设中，对于民族文化传统体现的自觉性也不是太高，探索不够，效果不太显著。任何国家和民族都无一例外地十分重视民族文化的弘扬，我国当代文论建设应该体现民族文化传统，这是大家的共识。但在具体实践过程中由于难度较大等种种原因，我们的自觉性不是太高，而古代文论研究本身则有与当代文论建设脱节的现象，以追求自身的理论自足为其旨归，而较少考虑古代文论的当代价值。因此，这一方面的成果，至今整体上难以超过近代以来的王国维、宗白华与钱锺书等。回顾新时期近三十年我国文论建设历程，我们不得不说这一时期的成果数量的确是空前的，当代文论的研究者数量也是空前的。但有质量的成果和本领域的杰出研究者却与此并不相称。由于市场经济的侵袭和体制性的种种原因，我们的研究工作还有诸多浮躁。无论是对西方文论，还是对于中国文论有见地的深入研究都显得缺乏。

总之，我们付出了努力，但我们还有差距。这些差距的出现有客观原因，但也有主观的原因。我们应该明确我们成功之所在，给予客观的实事求是的评价，这样我们才有前进的信心，但我们更要看到我们的差距所在，敢于正视这些问题，这样我们才能找到未来的前进方向。

三

总结历史是为了现在，所谓知古而鉴今。因此，我们的着眼点还是应该放在今天我国当代文论的建设之上。如何建设具有中国特色的当代文论呢？无疑是应从已有成果的基础出发，特别是从新时期这将近三十年的可贵成果的基础出发。前文已经说过，总结新时期我们最重要的经验是明确了我国当代文论发展的综合比较的方法与道路。因此，我们要继续坚持并发展这一综合比较的方法和道路。我国新时期文论发展的综合比较首先是中西文论的综合比较与吸收消化。已有的经验表明这是行之有效的研究方法，有利于我国当代文论建设的，应该继续坚持。但新时期的综合比较也告诉我们一条最基本的经验，那就是必须遵循马克思主义的指导，具体地说就是遵循新时期"解放思想，实事求是"这一马克思主义思想路线的指导，这样我们才能明确方向，破除障碍,大胆吸收。同时,我们还应贯彻这一思想路线中十分可贵的与时俱进的精神,不断将文学艺术的新的经验和新的成果补充到马克思主义文艺理论之中。而且,由于我国当代文论应立足于建设,因此应该更加重视马克思主义基本理论的指导。我们认为,马克思主义创始人有关实践哲学的基本理论是对于西方传统哲学的重要突破,具有极为重要的当代价值,对于我国当代文论建设具有极为重要的指导意义,值得很好地学习运用。只有坚持马克思主义理论的指导,我国当代文论的建设才会具有更加明确的方向和扎实的根基。在此基础上,对于西方文论的消化吸收才会更加有效。在这一方面,今后除了不应放慢大胆引进吸收的步伐,同时还应加强对于西方文论,特别是西方现代文论的研究消化,克服"食洋不化"的问题,真正将其与我国的现实结合,化作自己文论的有机组成部分。当然,我国当代文论的建设还应更多地立足于建构。所谓"建构",是一种具有更多主观能动性的建设与创造。我国新时期后十年已经逐步走向与西方现代文论较为冷静的对话,通过对话逐步地建构适合我国国情、具有中国特色的新的文论形态。比较明显的,如"新理性精神"的提出,既吸收了西方当代人文精神理论、对话理论,又努力结合中国当代现实,是一种新的文论建构的努力;文化诗学理论,既吸收西方当代文化理论,同时又注重我国传统诗学精神,将两者加以融合;当代生态存在论文艺学与美学理论,既吸收西方现代生态哲学与生态批评理论,同时又吸收中国传统儒道"天人合一"思想,并紧密结合中国当代现实,也是一种中西与当代融合的尝试;文艺美学理论是改革开放初期即已提出并不断有所发展的文论形态,既吸收西方当代文论对于文艺的审美特性的研究成果,又与我国古代诗论、画论与书论等民族特性相切合,是一种有生命力的中国当代文论话语；当代批评理论是将西方当代文本批评理论与中国古代批评理论结合的尝试。凡此种种，只是举出其中的几个例子而已，其他文论工作者的创新之处还有许多，都是我国未来有中国特色的新的文论建设的重要资源和起点。事实证明，只有从建构出发才能更有利地吸收，当然吸收也会有利于建构，两者相辅相成。这样，我们未来的吸收和建构才会更加健康和富有生气。

紧密结合中国的实际是当代文论建设的重要坐标，我国当代文论建设应以此为方向并从我国当代有中国特色的社会主义建设理论中吸取丰富的营养。最近，我国在科学发展观的理论指导下提出构建和谐社会的战略目标。这是我国在面向 21 世纪之际总结国际国内社会发展经验而提出的具有划时代意义的重要发展战略和奋斗目标，反映了符合国际潮流和我国特色的社会历史转型的必然趋势。它是有中国特色的社会主义理论的进一步丰富，也是马克思主义在当代的新发展，包含着极其深刻而丰富的内涵，对于包括文艺理论在内的当代人文社会科学建设具有十分重要的意义。对于正在建构中的我国当代文论来说，这一理论为其提供了一系列新的视角和新的维度，必将推动我国当代文论在当前这一转型期更好地发展。作为构建和谐社会之理论指导的科学发展观集中地反映了当代"共荣共生"的哲学理念，是对于传统的主观与客观、主体与他者，以及人与自然二分对立的思维模式的突破，是走向全新的当代"主体间性"的思维模式，实际上是马克思主义唯物实践观在新时期的新发展。这样的理论观念对于我国当代文艺理论进一步突破"主客二分"思维模式，摆脱传统的实体主义和本质主义的研究定式，将自己的理论支点真正建立在马克思的"实践世界"的唯物实践观的基础之上，真正面向当代生动活泼的生活实际与审美实际，使之具有真正的生活与理论的活力，意义深远。构建和谐社会的核心是建设一个人与人以及人与自然和谐发展的社会主义文明社会的模式与目标，它包含着马克思论述共产主义社会时所指出的人的"自由发展"的重要内涵，诚如马克思所说："每一个人的自由发展是一切人的自由发展的条件。"①这一理论对于我国当代文艺理论建设具有重要的启示意义。因为，按照马克思的观点，这种人的自由发展就是"人也按照美的规律建造"，就是"异化"的扬弃，一切压迫人的剥削制度的消灭。与人的生存状态紧密相连的"自由"问题，也是20世纪以来以海德格尔为代表的众多哲人所探索的人的"诗意地栖居"的基本内涵。在这里，社会的和谐、人的自由发展与审美的生存、诗意的栖居是同格的。构建和谐社会理论之"和谐"内涵就是对马克思有关共产主义社会"自由"理论的继承发展，也在一定程度上是对当代存在论"自由观"的吸收。从而，前所未有地将审美提到建设未来和谐社会所应有的世界观的高度，彰显了美学与文艺理论学科的当代价值与意义。其实，构建和谐社会与人的自由发展最重要的就是应以审美的态度对待社会、自然与人。这不仅将审美提到本体的高度，而且将审美教育也提到当代美学和文艺学学科建设的中心地位，将培养"学会审美地生存"的一代新人作为美学与文艺学学科建设的重要任务之一。构建和谐社会理论，还包含着一个过去从未有的人与自然和谐协调发展的重要内涵。这是对启蒙主义以来占据压倒优势的"人类中心主义"的扬弃，也是对于新的生态整体观念的肯定。的确，人与自然的和谐协调归根结底是社会能否持续发展的问题，而从长远来看也是人能否真正

①《马克思恩格斯选集》第1卷，人民出版社1972年版，第273页。

获得美好生存的问题。自然的维度是当今人文社会科学必须具有的维度,特别在我国这样的资源相对贫乏、环境压力不断增大的国家,更是一刻也不能松懈。它也是理论工作者的社会责任之所在,必将成为我国当代文艺学建设的重要文化立场。构建和谐社会理论的一个非常重要的内涵就是"以人为本"的思想,在整个社会和谐理论的建构中带有哲学基础的重要性质。它启示我们当代文艺理论建设应该实现由传统认识论到当代存在论的哲学理论转型。

在我国当代文论的建设中,应该注意进一步与西方近代以来的工具理性加以区别,坚持文艺理论学科作为人文学科的性质,坚持文艺理论学科的价值判断功能。众所周知,工具理性是自然科学的方法与手段,但文艺理论学科则属于人文学科范围。它所面对的是文学艺术这一特殊的人文现象,"文学是人学"已经成为人们的共识,因而工具理性是不适合文艺理论这一人文学科的。但问题偏偏出在工具理性的某种泛化,以其作为包括文艺学在内的一切学科的标准,将一切学科都自然科学化。同样,它也要求文艺学以本质的探求作为其目标,以科学范式作为其规范,以价值中立作为其特征,因而完全抹杀了文艺学的人文学科特性。这种做法是非常危险的,因为它完全改变了文艺学作为人文学科的性质与功能,降低了其应有的作用。文艺学作为人文学科是以对人的探索为其内容的,因而文艺学一般地来说与社会科学不同,更与自然科学相异,它主要不是以客观规律的探讨为其旨归,而是以对人的探索为其宗旨。因此,从总体上来说,文学艺术研究主要不是概念的推演,而是多侧面的人的审美经验的描述。通过这种描述,来探求文学艺术深层所揭示的人的审美生存状态。因此,要扭转对于文学艺术着重于客观规律与本质研究的传统思路,将其转到人的探索的人文学科的应有轨道上来。最近,有些研究者将艺术的审美经验作为文艺理论的基本研究对象,就是从文学的人文学科性质出发的一种尝试。文艺学作为人文学科的一个重要功能就是应该进行明确的价值判断,这也是它与自然科学与社会科学的不同之处。自然科学与社会科学是可以"价值中立"的,但文艺学作为人文学科却是有着明确的价值取向。这正是文艺学在当代作为人文精神补缺的重要作用与价值之所在。众所周知,我国当代正在进行宏大的现代化工程,同其他国家的现代化工程一样也是一种美与非美的二律背反。也就是,它一方面以其空前规模的市场化、工业化与城市化历程极大地使人们的生活美化,但另一方面,又由此造成了金钱拜物、工具理性盛行、人的心理危机加剧等人的精神状态的非美化。再加上当代大众文化利益驱动的机制必然在文化走向大众的同时出现低俗化倾向。凡此种种,都将人文精神的补缺作为当代社会发展的重要内涵,这正是文艺学在当代的作用之所在。我国提出和谐社会建设理论所包含的人与人、地区与地区、人与自然的和谐,包含极为深厚的人文精神内涵。因此,人文学科在我国当代社会发展中起着从未有过的重要作用。文艺学的人文精神补缺作用主要是通过它的价值判断功能来发挥的。首先是审美的价值取向,分清美与丑的界限。这是文艺理论学科的特性之所在,其他的价值判断都寓于审美的价值取向之中。它们包括道德的价值取向,旨在分清善与恶的界限;再就是意识形态方面的价值取向,旨在分清是否有利于人民的界限;最后是对于人类前途命运的价值取向,包含对于人类前途命运终极关怀的内容。这些恰是文艺学的当代价值之所在。

　　在我国未来文论建设中,民族化仍然是非常重要的战略性任务。诚如鲁迅所说，有地方色彩的，倒容易成为世界的。① 特别在当前经济全球化的社会背景下，中华民族自强自立很重要的一方面，就是民族精神的发扬以及一代具有民族文化素养的高素质人才的培养，文学艺术在这种人才的培养中起着十分重要的作用。文艺理论恰是发展这种文学艺术的理论支撑。而且，单从文艺理论学科本身来说，我国当代文艺理论界也有责任在新的世纪在世界文艺理论领域发出中国自己的声音，以有中国民族特色的理论成果引起国际文艺理论界的重视。但我国当代文艺理论的民族化又有自己的特殊性。首先，我国当代文艺理论的民族化不是在传统的古代文论基础之上，而是在现当代文论的基础之上。同时，由于"五四"运动之后我国古代文化到现代文化有一个非常大的转变，那就是由文言文到白话文的转变。这不仅是简单的文字转变而且是古代与现代文化的某种文化断裂。加上历经一百多年现代到当代的文化建设过程，所以，实际上作为文艺理论话语，我国古代与现代已经很难直接接轨。因此，从文艺理论的角度，古代理论话语作为整体的转换已经基本不太可能。当然，这并意味着局部的转换没有可能，因为已有现当代学者在这一方面做过有效的努力。但作为更深层面的哲学精神与艺术精神却是完全可以在当代加以继承发扬的，这应该说是一种更重要，也更困难的转化。众所周知，我国的传统哲学精神是一种不同于西方"和谐论"的"中和论"。西方所谓"和谐"是指具体物质的对称、比例、黄金分割等微观的内涵，而中国的"中和"则指天人、宇宙等宏观的内涵。前者带有明显的科学性，而后者则带有明显的人文性。这样的"中和论"哲学思想完全可以成为具有民族性的当代

---

① 《鲁迅全集》第 12 卷，人民出版社 1957 年版，第 206 页。

文论的理论支撑。费孝通认为,中国古代文化的精髓就是"位育中和"四个字,这恰是镌刻在孔庙大殿横额上的四个大字。[①] 正如《礼记·中庸》所说:"喜怒哀乐之未发,谓之中;发而皆中节,谓之和。中也者,天下之大本也;和也者,天下之达道也。致中和,天地位焉,万物育焉。"这里将"中和"提到可使天地定位,万物繁育的高度,可见其重要。其实,所谓"中和",就是一种古典形态的"共生"思想。所谓"和实生物,同则不继""和而不同""生生之谓易""道生一,一生二,二生三,三生万物"等等。中国古代"中和论"思想是贯穿各种理论的,包括儒家的"中庸",道家的"道法自然"等。这种古典的"共生"思想极具当代价值,早已被海德格尔等西方理论家借鉴,海氏提出著名的"天地神人四方游戏说"就包含着对中国古代"天人之和"的借鉴。"共生"思想实际上已经成为当代世界具有标志性的哲学与思想理念。我们完全应该在当代文论建设中自觉体现这种"中和"的精神,并以之作为指导在现有文论基础上构建新的文艺理论形态。另外,我国古代的艺术精神是一种写意的"意境"论精神,强调"象外之象,景外之景""味在咸酸之外""言有尽而意无穷"等等。这样的艺术精神与西方的"现实主义""浪漫主义"是大异其趣的,倒反而与西方当代现象学美学等有着某种切合。我们完全可以在此基础上结合当代现实加以改造重铸,发展成新的有民族特色的文论精神。我国古代的哲学精神与艺术精神是非常丰富的,需要我们努力发掘,加以创新,经过几代人艰苦的努力奋斗,才能使我国当代文论以其鲜明的民族风貌,自立于世界文论之林。

---

① 费孝通:《经济全球化和中国"三极两跳"中的文化思考》,见《光明日报》2000 年 11 月 7 日。

四

本书是 2000 年立项的国家社科基金重大课题"西方文论影响下的我国新时期文论发展"的结项成果。因为已有新时期文论发展的专史，所以，本书采取史论的形式，着重从横向的角度论述新时期文论发展的重要问题。全书在对于新时期文论发展具有重大意义的"解放思想，实事求是"思想路线的指导之下，贯穿着西方文论影响与中国文论现代转型两个中心线索，最后落脚于有中国特色的当代文论的建构。本书力图在马克思主义指导下贯彻客观科学的态度，但因水平和眼界的局限，也难免有片面之处。许多观点只是作为一家之言，提出来参与到新时期文论建设这一宏大事业之中。新时期时间虽短，但问题繁复，能否科学掌握基本问题，我们自己也没有绝对的把握，因此竭诚希望文论界的各位朋友进行批评指正。

全书共分三编十章。第一编为新时期文论的本体研究，主要论述新时期马克思主义文论、中国古代文论、西方文论、文艺美学与审美教育文艺理论五个基本问题的发展情况；第二编为新时期文论发展新领域研究，主要论述新时期特有的文化研究、网络文艺学研究、生态文艺学研究与西方马克思主义文论研究的基本情况；第三编为新时期文艺论争研究，概括总结新时期文艺学领域理论论争的基本情况；最后的结语部分，则从当代科学发展观的高度回顾反思新时期文论发展。本书的附录"新时期文艺学研究大事记"，试图从纵向记事的角度弥补横向研究缺乏历史线索的不足。除本书之外，本课题还将出版有关系列论著。

本课题在进行过程中得到全国和山东省社科规划办的关心

支持。更为重要的是,本课题得到所有参加者的大力支持,他们都是教学科研的骨干和博士研究生,承担着繁重的任务,同时能够努力完成项目,表现了对于我国新时期文论发展的高度关注和学术责任。本成果由多人执笔,其优点是集中了集体的智慧,而其问题是在观点和评价上难以统一,文字表达和风格也多有差异,虽然本人作为主编作了某些统稿的工作,但因各种原因很难达到一致。除了在最重要的基本观点上力求统一外,其他具体观点和评价基本保持原貌。本人的基本观点,已经在"导言"中加以阐述。最后,我要对于所有本课题的参与者表示衷心的感谢,也请有关专家与同行对我们提出宝贵的批评意见。

《全球视野中的生态美学
与环境美学》序①

　　本书是山东大学文艺美学研究中心主办的"全球视野中的生态美学与环境美学国际学术研讨会"的论文选集。该会于 2009年 10 月 24 日至 26 日在中国济南锦绣山庄召开。来自中国、日本、韩国、美国、加拿大、芬兰、葡萄牙六国与中国香港地区的 70余位学者参加会议，围绕"全球视野中的生态美学与环境美学"这一论题，先后共有 62 位学者作了发言。这次会议是山大文艺美学研究中心继 2005 年 8 月青岛国际生态美学研讨会之后召开的又一次有关生态美学的重要学术研讨会。这是一次高层次的生态美学与环境美学学者的学术聚会。这次会议尽管规模不大，但是国际与国内生态美学、环境美学与生态文学方面的众多重要研究专家都参加了会议，具有重要的意义。会议呈现中外学者交流对话的良好趋势。由于历史与国情的原因，中西方学者在自然生态美学研究方面既具有共通性，又有着差异性，本次会议围绕这种共通性与差异性进行了比较深入的交流，促进了相互了解。本次会议在生态美学、环境美学与生态文学等一系列理论问题的探

---

① 《全球视野中的生态美学与环境美学》，曾繁仁、阿诺德·伯林特主编，长
　　春出版社 2011 年 5 月版。

索上取得重要进展。包括生态美学与环境美学的关系、生态美学的元问题、生态美学在当代生态文化建设中的地位、人类生态文化研究所具有的哥白尼式的革命意义、生态审美学的内涵、自然美学的意义与价值、生态足迹与美学足迹问题、环境文学中赞美颂扬与纠正改良的张力、马克思"实践本体论"的生态关怀与"自然人化论"的新阐释、环境美学与超人类立场、生态审美立场、都市文化与低碳文明等问题均有新的阐释与进展。同时,本次会议在生态美学的东西方资源的发掘上有新的拓展。在东方资源发掘上对"物感说""天机说"以及中国古代山水诗、日本风景画中的生态审美智慧有新的探索;在西方资源的探索上对于德勒兹差异论哲学、阿多诺非统一性哲学以及华斯华兹等作家作品中的生态审美内涵有新的发掘。本次会议在生态美学的研究领域上也有新的拓展。主要表现在将生态美学研究拓展到语言诗学与女性主义领域,还探讨了生态女性主义与赛博女性主义的关系、大地艺术与生态美学的关系以及包括素食主义在内的生态美学实践维度等。总之,这是一次收获丰硕的学术会议。上述学术成果在本论文集中均有反映。

另外,十分重要的是,通过这次会议进一步明确了中国生态美学进一步建设发展之路,将其概括为三个词就是:全球视野、世界资源与中国经验。所谓"全球视野"就是说生态问题向来都是全球性的共同课题。我们只有一个地球,全人类与地球共同构成须臾难分的整体。正如伯林特教授在开幕式致辞中所说,"目前世界正处在这样一个令人关注的境地,科技发展、人口增长和政治演变这些不可阻挡的力量联合起来左右着这个世界,没有哪个国家可以置身事外"。因此,作为生态文化组成部分的生态美学研究必须从全球的视野出发才能够使研究工作具有足够的高度与胸襟。所谓"世界资源"，主要在于在生态美学研究方面我国是一个后起的国家，需要借鉴吸收其他国家特别是西方发达国家的有关资源。从目前看，西方生态文学与环境美学大体发轫于20世纪60年代，比我国早了大约30多年。我国直到20世纪80年代后期才有了相关的研究，而且是在吸收西方理论的前提下发展起来的。因此，继续借鉴世界资源仍然是我国生态美学发展的必由之路。所谓"中国经验"，这也是非常重要的。因为，生态美学作为人文学科是人的一种特殊的审美经验的结晶，而作为经验都是既具有共通性，更具有差异性。中国在生态美学建设上既要重视共通性更要重视差异性。这种差异性就是中国自己的特殊经验。首先，中国有着不同于西方的生态文化建设的国情，我国是一个具有13亿人口的大国，但我国又是一个资源紧缺型国家。我国以占世界9％的土地养活了占世界22％的人口。我国人均淡水资源只有世界人均的四分之一。而我国的森林覆盖率则只有14％，是世界平均水平的一半。而中国又是一个正在进行现代化建设中的后发展国家，人均国民生产总值2000美元左右，工业现代化与科技现代化是民族振兴的必由之路。因此，在中国只能按照科学发展观与生态文明建设理论，走发展与环保、科技与生态双赢之路。在这种情况下"生态中心主义"与"人类中心主义"都是不适合中国国情的，我们在"以人为本"思想指导下力主"生态整体论"的"和谐生态观"以及与之相关的"生态人文主义"。我们坚信，中国如果在自己这样的具有13亿人口的国度，在资源和环境压力如此巨大的情况下，使得我们的人民能够做到以审美的态度对待生态与环境并得到发展与环保的双赢，这样的成绩不仅是对于世界的巨大贡献，而且其经验也具有空前的价值与意义。中国经验的另一方面是，中国具有空前丰富的古代生态智慧，儒释道各家都在"天人之际"的维度上审视人与自然的关系,力主人与自然的和谐,具有重要的当代价值,完全可以通过现代的改造贡献于人类。这正是新世纪中国传统文化的价值所在,是中国古代经验在当代发出的新的作用。

　　总之,我国政府于 2007 年 10 月正式将"生态文明建设"作为有中国特色社会主义建设的重要方向,将"生态现代化"与工业现代化、农业现代化、科技现代化与国防现代化一起作为现代化建设的重要目标。这是我国现代化建设中一次非常重要的调整与发展,意义深远。我们热切地期望,我国当代生态美学与环境美学的建设能够对于正在蓬勃发展的"生态文明建设"起到推动的作用,使得我国的美学学科建设走上与社会经济建设相衔接之路。

(2010 年 9 月 25 日)

《建设性后现代思想与
生态美学》序言①

2012 年 6 月 13 日至 6 月 15 日，由山东大学文艺美学研究中心、山东大学生态美学与生态文学研究中心与以格里芬教授、王治和教授为代表的美国中美后现代发展研究院联合在济南召开了"建设性后现代思想与生态美学国际学术研讨会"，共有中、美、德、法、日、韩、芬兰与中国台湾地区在内的 70 多位学者参加了会议。会议从建设性后现代的崭新视角，从美学、中西文化、城市建筑美学与文学媒介等多个角度探讨了当代生态美学的发展及其中西之间的比较。共有 50 多位各国学者在大会上作了精彩发言，会议最后由美国过程研究中心主任格里芬教授、山东大学曾繁仁教授同与会代表就生态美学当代发展的若干问题进行了广泛而富有成效的对话。

本次会议根据办会宗旨，其关键词是建设性的后现代思想、生态、对话与建设。首先是"建设性的后现代思想"，这是会议的题旨。后现代是对现代性的反思与超越，但建设性的后现代更加立足于建设。其次是"生态"，因为建设性的后现代本身就必然包

---

① 《建设性后现代思想与生态美学》，曾繁仁、大卫·格里芬主编，山东大学出版社 2013 年 5 月版。

含着生态的内容，所谓后现代在一定程度上就是人类文明形态从工业文明到生态文明的转变，没有生态文明建设就不会有建设性的后现代。再次是"对话"，对话是针对传统的某种话语中心而言的，也符合生态哲学多样性的理论指导。最后是"建设"，达到共建人类生态文化的目的。

本次会议的特点是：第一，参加的国别与学者的代表性有了扩大，会议代表中，外籍代表有20多人，占三分之一，而且德、法、日、韩、芬兰等国长期从事美学与生态美学的学者参与会议并作了高质量的发言；第二，会议主题明确，以建设性后现代为指导，紧密结合现实与学术发展，从建设的角度审视生态美学的发展的紧迫性与态势，具有重要的学术价值与现实意义；第三，研究的视野有了拓展，在城市建筑美学、生态语言学、生态媒介学、生态美学与身体美学等方面均有新的学术贡献；第四，青年学者参与程度较高，一批具有外语学术背景的青年学者积极与会，作了高质量的发言；第五，会议是一种中西之间与各国代表之间的比较深入的对话；第六，会议对于生态美学当代发展如何与传统文化，特别是中国古代传统文化衔接问题作了比较深入的探讨，使得西方学者进一步了解了中国生态美学学者的研究工作。

当然，生态美学作为一种新兴的美学形态，其进一步完善还需继续努力，中西之间的交流了解也需进一步加强。本次会议只是一个良好的开端。会议认为，生态问题从1972年斯德哥尔摩环境会议以来，已经成为世界各国共同关心的重大的现实与学术问题。它关系到人类的未来与我们子孙后代的福祉，因此，继续关注与发展生态美学与环境美学是国际美学界与中国美学界义不容辞的责任。山东大学文艺美学研究中心从2001年就开始将生态美学与生态文化研究作为科研重点之一，成立了专门研究机构"山东大学生态美学与生态文学研究中心"，迄今已经召开了包括本次会议在内的三次重要的国际学术研讨会，承担了多项国家和部级科研项目，出版成果多种，开出多种有关课程，有 10 余名博士生还以此为博士论文课题，并取得了重要成绩。我们认为，本次会议一定会为我们山东大学文艺美学研究中心的生态美学与生态文学研究起到更大的推动作用。这本会议文集具有学术的价值与文献的意义。我们再次感谢所有会议的参与者以及为本次会议做了各种贡献的朋友、老师与同学。

（2013 年 2 月 26 日）

《生态文明时代的美学
探索与对话》自序①

　　哲学是时代精神的精华,作为哲学组成部分的美学也是时代精神的重要表征。人类社会从 20 世纪 70 年代以来即逐步由工业文明进入生态文明,人与自然的关系由"对立"转向"共生"。与之相应,人与现实的审美关系也随之发生变化,这就是生态美学产生的时代社会背景。同时,"共生"作为一种生态文明时代的关键词导引出"对话"这一新时代学术活动主导性形态。本书就是本人在这样一个特定时代与学术背景下进行美学探索的成果之一。它包含了有关学术论文、学术对话以及近二十年来自己为同行学者与学生的论著出版所写的序言,也包括一些学术讲座的讲稿和参加学术会议的发言。

　　本书的出版目的可以说带有一种回顾的性质,回顾自己近二十年来的学术活动。同时也是一种感谢,对所有在我的学术工作中给予支持的朋友的一种感谢。从时代的角度,本书论述了生态文明时代的到来及其基本特征,以及生态文明时代应有的文化态

---

① 《生态文明时代的美学探索与对话》,曾繁仁著,山东大学出版社 2013 年
　 12 月版。

度。对于生态文明时代的到来意味着一种重大的时代变革这一点,我个人感到目前还没有完全引起学术界的足够的关注。其实,这种时代的变迁包括经济、社会,也包括哲学文化态度。当然,也理所当然地包括哲学、美学、文艺学等人文学科。这是一种极为重大的变迁,学术的转型与适应是时代的需要、现实的需要。2001年山东大学文艺美学研究中心成立以来曾经召开了一系列学术会议。主要是三次有关文艺美学的学术研讨会,两次关于美育的学术研讨会,三次关于生态美学的学术研讨会。这些学术会议中较为重要的都出版了会议论文集,我为这些文集写了序言,这是一种较为有意义的学术记录。同时,在此期间我曾对诸多学术界同人与前辈的学术成就做过学术的评价,特别是一些与我们中心学术交往较多的学者。这种对话更多地带有学习、评述与感谢的性质。需要说明的是,有一些前辈学者的学术评介文字之前已经收录在已出版的文集之中,为避免重复,本书不再收录。还有一些学者,本人也曾经参加过他们的学术思想与成果的研讨会并有发言,但由于文件保存的问题一时未能找到当时的发言文本,只能等待以后有机会补上。本书的另一个重要部分,是近二十年来我为一些同行学者和学生所出版的论著所写的序言。为同行学者论著所写的序言,实在也带有学习、交流的性质,多是对交往较多的同道的学术成绩发表一点自己的学术心得并表达自己对同行成果的敬意等。至于为我的学生们的博士论文、出版的著作所写的序言,大多是谈论文写作经过与价值。需要说明的是,其中的刘恒健、王子铭已经英年辞世。最近曾经在中心做过博士后的时晓丽教授也不幸在知天命之年辞世。每每想起他们,不免悲痛,感叹人生的莫测,并期望更多的同道特别是中青年同道更加珍惜身体健康。这些序言当然带有回顾与纪念的性质,是一种友谊与成长的回顾与纪念。本书还对美学特别是生态美学与人生美学的一些基本理论议题进行了比较深入的思考与探索,在一些方面对以往的研究工作是一种深化。

归纳起来本书大体包括这样几个部分。第一个部分属于基本理论探索。主要包括生态文化与美学基本问题。在生态文化方面,主要思考了随着生态文明时代的到来,人与自然的关系发生了根本的变化,以及人们的文化态度也随之应有根本的改变,强调由人与自然的对立到人与自然的"共生"。在生态哲学方面,本书认为单纯的人类中心主义与单纯的生物中心主义都是不可行的,只有选择人与自然共存的生态整体论或和谐论;在美学基本理论方面,本书思考了在当前后现代语境下国际性的向古代"轴心时代"寻找理论资源的趋势下,中国古代美学遇到了重放光彩的机遇,认为它的许多重要价值体系虽然与工业革命的理性主义不相融,但在后工业革命的生态文明时代恰会寻找到一种新的价值机遇。同时,本书思考了中西美学的异同,试图突破长期以来"以西释中"的美学研究模式,探讨中国古代特有的生命论生态美学产生的内陆地理环境与农业社会的经济社会条件,与主要包含人的生存生命的特殊内涵,并认为这种生命的生态的美学要比西方"比例、对称与和谐"的形式论古代美学有着更深的内涵与价值,当然也不否认其未经工业革命理性洗礼的落后方面。本书认为,在中国古代美学研究方面有些学者所言的"常常在没有'美'字的地方倒存在着美学"的看法,是中国古代美学研究的一把钥匙。关于现代中国美学,包括对于发生在现代的美学大讨论与"人化自然"的美学理论,本书也进行了自己的思考,明确认为传统的认识论美学不可能解决无比复杂的属于情感领域的审美问题，对于认识论美学的坚持恰恰是中国美学落后于世界美学大潮的原因之一。本书对于2001年以来自己一直全力研究的生态美学研究也有深化，主要表现为集中论述了中国生态美学的东方色彩及其与西方环境美学的区别。这其实也是生态美学与生态文学界所关注的重要问题。特别是美国著名生态文学家劳伦斯·布依尔在《环境批评的未来》一书中提出必须以"环境"置换"生态"一词以后，这个问题显得愈加重要。需要特别说明的是，本书第一次提出了生态美学是中国"原生性"美学形态的观点，并主要从文化根源上探寻其原生性，从"天人合一"的哲学观、"万物一体"的价值取向、"己所不欲，勿施于人"的仁爱精神与"生生之为易"的生命美学内涵等多侧面论证了这一原生性特点。本书还对生态美学的实践形态城市美学与生态旅游发表了看法，提出了"有机论城市美学"的命题。本人为2011年武义国际养生高峰论坛起草的《乡村生态休闲养生——武义共识》，提出了生态休闲养生的"共生""双赢""生态优先"三原则。本书还探讨了生态美学所包含的人的现实性重要内涵，包括在时间与空间的维度对于人的审美的探索，从而区别于传统西方古典美学的静态的审美观，并彰显了中国古代"天地人三材"的空间观与"四时"之时间观的价值意义。在人生美学方面，本书认为，在生态文明时代人的诗意栖居与美好生存应该成为美学的重要论题，区别于既往的"艺术中心论"的艺术美学的一统天下；明确提出所谓审美教育实际上就是一种人的教育，一种身心健全的全面发展的新人的教育，并从中西比较、中国现代美育与新时期美育等多个视角探讨了美育的人的教育的主旨。本书评述了胡经之、乐黛云、刘纲纪与黄会林四位前辈学者的研究成果。胡先生的文艺美学、乐先生的跨文化研究与黄先生的"第三极文化"的倡导均具有方法论意义,而刘先生的中国古代生命论美学的阐发则是继宗白华之后对于中国美学特点的深刻总结。本书还对钱中文、刘中树、陆贵山、吴中杰、饶梵子与鲁枢元六位学者的学术成就进行了评价,表达了自己对于他们的敬意。最后是一篇附录,主要是有关我与山东大学关系的访谈。之所以加上这篇访谈,意在说明五十多年来我的人生与母校山大是密切相关的。

在编写本书之时,本人正是进入73周岁之际。孔子云"七十而从心所欲不逾矩",但我仿佛难以做到这一点,我只觉得正是行进在探索与学习的路上。我想尽量做到说话的胆量更大一些,可能正因此而出现更多错误,但我决不因为自己年迈而讳疾忌医。人生进入70多岁之后确实容易感到疲劳,也因此有一种时间紧迫之感,但我尽量避免"黄昏"的心态。最近听到一位中年学者专门论述"老"的美学内涵的发言,并引用了杜甫诗句"庾信文章老更成,凌云健笔意纵横",很受鼓舞。当然,本人不能与南北朝著名诗人庾信相比,但他这种愈老愈有所追求的精神还是可以学习的。但愿从此真正进入一种做学问与做人的新境界。这也算我的一种自勉。

在自己的学术工作中曾得到学术界诸多同人的关爱与支持,包括前辈学者汝信同志等的鼓励,在此深表谢意。本书的写作还要感谢我所供职的山东大学文艺美学研究中心的诸位同人的鼓励,感谢山东大学出版社的支持,也要感谢我的助手祁海文教授的帮助,以及我的老伴纪温玉对我的悉心照顾。

本书的出版即将迎来2014年,恰是我进入山大学习的第五十五年。谨以本书献给培育我的山东大学、我的老师、我的亲人、我的同事与我的学生。阳光明媚,寒冬已去,我们将迎来一个春意盎然的美好季节,我衷心祝愿山大越办越好,祝愿所有的亲友同人健康快乐,并敬请批评指正。

(2013 年 6 月 10 日)

《西方文学理论》导言[①]

一、西方文学理论的研究对象

西方文学理论,简称西方文论,是以西方古希腊以来两千五百多年文学理论的形成、发展与特性为研究对象的学科领域。它的研究范围包括西方文学的思潮、理论与批评,内容涉及文学与社会生活的关系,作品与作家的关系,作品与读者的关系,文学作品的内部构成,作家的创作心理,文学创作、文学生产与文学欣赏、文学接受的基本特征和规律等。

西方文论中的"西方",主要是从地域角度而言的,同时,也包含着文化的维度。从地域而言,所谓"西方",主要是指西半球的欧美国家,就像东方是指以亚洲为主的东半球国家那样;从文化的角度着眼,所谓"西方",则是指以古代希腊文化与古代希伯来文化为其文化源头的国家。古希腊文化是西方文化的主导形态。黑格尔曾言,在欧洲人那里一提到"希腊"这个词"自然会引起一种家园之感"[②]。但

---

①《西方文学理论》(马克思主义理论研究和建设工程重点教材),曾繁仁主编,高等教育出版社 2015 年版。

②[德]黑格尔:《哲学史讲演录》第 1 卷,贺麟、王太庆译,商务印书馆 1959 年版,第 157 页。

古代希伯来文化作为后世西方的基督教文化之根，对于具有深厚宗教传统的欧美国家来说也同样具有不可忽视的重要意义。因此，本教材所说的西方文学理论主要是指欧美国家的、以古希腊文化与古希伯来文化为其文化源头的文学理论。俄国在历史上属于东欧国家，经不断扩张而横跨欧亚大陆，并以东正教为其文化根源，故属于西方文化范围。因此，本书将在我国现代文论史上影响甚大的别林斯基、车尔尼雪夫斯基与杜勃罗留波夫等人的文论，俄国形式主义文论以及苏联时期在西方产生重要影响的巴赫金的文论纳入阐述范围。

西方文学理论与西方美学史和西方艺术理论相邻，但也有所区别。西方美学史是以西方历史上的美学观与文学艺术作品中的审美意识为研究对象的。而西方艺术理论的研究对象则不仅包括西方与艺术有关的艺术理论和批评，还包括艺术品、艺术创造、艺术欣赏、艺术生产与艺术管理等研究。因此，本教材的研究对象虽然在与文学相关的意义上也涉及一些美学家对于艺术的看法，但主要是有关文学这种语言艺术的思潮与理论。它通过对从古希腊以来的每个时期有代表性的文学理论观点和文艺思潮的梳理、分析和评价，既力求在每一点上厘清它们的基本面目、来龙去脉、价值局限，又力求从史的角度勾连出各种观点、思潮之间的相互联系，揭示出西方文学理论发生、发展的内在逻辑和基本规律。

作为社会意识形态的西方文论不是一种孤立的现象，而是产生于广阔的经济、社会与文化背景之上。马克思主义经典作家正是从西方经济、社会与文化发展的深广背景上研究古希腊神话、莎士比亚戏剧与巴尔扎克小说等文学现象，提出了有关艺术生产理论与现实主义创作原则等一系列文论思想。马克思坚持经济与社会的分析立场，从古希腊神话、文艺复兴时期莎士比亚戏剧所达到的极高艺术成就与资本主义生产对于艺术生产的"敌对"性相比,提出了"物质生产的发展同艺术生产的不平衡关系"的理论。而恩格斯则在法国现实主义作家巴尔扎克还未取得后来的知名度时,就充分论证了巴尔扎克现实主义创作所取得的巨大成就,并科学地总结了现实主义创作方法的特点。他认为巴尔扎克的现实主义"给我们提供了一部法国'社会'特别是巴黎上流社会的无比精彩的现实主义历史",其文学创作战胜了自己的政治偏见,成为"现实主义的最伟大的胜利之一"①。同时,恩格斯还在运用经济与社会分析的立场对哈克奈斯《城市姑娘》的分析中提出了"典型环境中的典型性格"②的现实主义原则。他在评价19世纪英国小说家哈克奈斯的小说《城市姑娘》时曾经指出:"您的人物,就他们本身而言,是够典型的;但是环绕着这些人物并促使他们行动的环境,也许就不是那样典型了。"③这里主要指哈克奈斯在《城市姑娘》中所写的主人公英国年轻的纺织女工耐丽在压迫中表现出的消极被动状态,在1887年那个时期"工人阶级对压迫他们的周围环境所进行的叛逆的反抗,他们为恢复自己做人的地位所作的令人震撼的努力"的社会背景下,没有达到"真实地再现典型环境中的典型人物"④。也就是说,19世纪后期工人阶级

① [德]恩格斯:《致玛·哈克奈斯》,见《马克思恩格斯文集》第10卷,人民出版社2009年版,第570—571页。
② [德]恩格斯:《致玛·哈克奈斯》,见《马克思恩格斯文集》第10卷,人民出版社2009年版,第570页。
③ [德]恩格斯:《致玛·哈克奈斯》,见《马克思恩格斯文集》第10卷,人民出版社2009年版,第570页。
④ [德]恩格斯:《致玛·哈克奈斯》,见《马克思恩格斯文集》第10卷,人民出版社2009年版,第570页。

与广大人民已经逐步认清了英国资本家在资本原始积累过程中对于农民与工人进行残酷的经济剥削与人身剥夺的现实，并采取了积极的反抗行动。这是当时社会环境的主导特征，表现出这种主导特征的环境就是一种"典型的社会环境"。而哈克奈斯《城市姑娘》中的主人公耐丽的消极态度则背离了这一典型的社会环境，因而其描写的人物也就不是成功的典型人物了。在这里，恩格斯将经济、社会状况对于作为意识形态的文学之作用提高到根本的地位，这是"社会存在决定社会意识"的历史唯物主义观点在文学批评中的运用，以文学实例生动地说明了文学发展的最终动因在于经济基础这一根本规律。文论与文学同属文化现象，它的产生、发展同样也受到经济、社会状况的制约。

正是基于这样的基本观点，我们力图从西方社会经济发展的角度来探索其文论发展的根本动因。从古代来看，西方文论产生于古代希腊特定的经济、社会背景之中，不仅在地理位置上有濒临地中海、气候温和、便于通航的特点，而且在经济上有着发达的工商实业与海洋经济，在政治上有着奴隶社会的民主制等。这些决定了它的工商文化与科学精神的发展，并体现于史诗、雕塑与悲剧等艺术上的繁荣。正是在此背景上才有古希腊文论的繁荣，产生了古代希腊文论的理念论、模仿说与悲剧观等，并成为整个西方文论的源头。中世纪基督教文化的勃兴，对于彼岸的信仰世界的追求，对其后的浪漫主义文论产生重要影响。文艺复兴开启了资本主义思想的萌芽，是西方文论领域古今激烈斗争及其交互影响的开始。从近代来看，15世纪末16世纪初的地理大发现和对海外殖民地的掠取，为西方资本主义经济发展拉开了序幕。英国17世纪中叶的资产阶级革命和18世纪以蒸汽机的发明为代表的工业革命，为资本主义发展开辟了道路。一直到19世纪中期,西方资本主义发展处于自由竞争、生机蓬勃的上升阶段。资本主义文化也从17世纪开始走向繁荣发展,出现了极为繁盛的近代西方文论。这一时期的文学理论,包括启蒙主义文论、德国古典文论以及浪漫主义与现实主义文论等,包含着十分丰富的内容,对后世产生了深远的影响。

　　从19世纪末20世纪初开始,西方资本主义社会的各种矛盾开始暴露,整个社会笼罩着一种灰暗不满的情绪。资本主义开始进入调整阶段,由自由竞争的资本主义向垄断资本主义过渡。20世纪中期以来,资本主义虽然经过一系列的经济政策、政治方针的调整仍然在继续发展,但生产的社会性与生产资料的私有性之间的内在矛盾并没有从根本上解决,只是表现形态有所改变,其危机仍然还会爆发,要想暂时消除危机或隐匿矛盾,寻找进一步的发展空间,仍需要在经济、政治、文化等方面再一次进行调整。在这一时期,信息技术的革命使资本主义经济发展到后工业经济阶段,大众文化成为新的意识形态的统治手段。但当代资本主义具有更加隐形的,更为强烈的扩张性,无论是经济生产的扩张还是文化形式的隐形扩张。19世纪末20世纪初以来形形色色的西方现代和后现代文论,正是在这一经济社会背景中产生的。它们有的是对这个复杂社会矛盾关系的曲折反映,有的是从一个特定视角出发的对这个社会的反思,有的则是对于这个社会一定程度的批判。从这样的经济、社会视角来审视整个20世纪以来的西方文论,研究它们与其所产生的经济基础和社会历史环境的复杂关系,可以更好地理解20世纪西方文论的学术理论,并从整体上提示出西方文学理论发展的一般规律。

二、西方文学理论的发展线索

西方文学理论的发展既有它的一般规律,也有它的内在逻辑。从根本上说,西方文论与西方文学一样都是在一定的经济基础和社会历史背景中产生的,并将随着社会经济基础的变革或早或晚地发生变革。但同时,西方文论作为一种对文学现象的理论关注,它也受其研究对象本身的限制。也就是说,文学理论所思考的问题归根结底是以文学实践活动涉及的问题为依据的。文学活动中包含着作家因素,文学理论就要研究作家创作、作家心理等方面的问题;包含着读者因素,就要研究读者阅读、读者接受等方面的问题;包含着世界因素,就要研究文学与现实的关系等方面的问题。西方文学理论发展的内在逻辑是由文学活动中的问题本身所决定的。社会的发展往往使不同时代产生不同的文学问题及提问方式,而问题视域的变化和转换,也就带来文学理论的变化与演进。根据艾布拉姆斯对19世纪以前的西方文论发展历程的描述,结合20世纪以来的文学理论发展的实际,不难发现,从古至今的西方文论始终是围绕着文学与世界、作家、作品、读者四个要素的关系展开的,只不过20世纪以来,人们对于这个四要素含义的理解已经发生了变化。概括地说,西方古代文论,更加强调文学与现实的关系;西方近代文论,更加关注作品与作家的关系;西方现代文论,更加关注文学作品的内在构成规律;西方后现代文论的研究重心则转向作品与读者、作品与社会历史文化的关系了。

但这种研究重心或问题视域的转换,并不意味着在文学活动中就没有基本的问题维度,并不意味着在文学理论研究中就没有基本的问题视域。这个基本问题就是文学与现实的关系,它也正是本书要梳理的西方文论的基本发展线索。毛泽东曾经指出,人类的社会生活"是文学艺术的唯一源泉"①。恩格斯在评析法国批判现实主义作家巴尔扎克时说道:"巴尔扎克,我认为他是比过去、现在和未来的一切左拉都要伟大得多的现实主义大师……他用编年史的方式几乎逐年地把上升的资产阶级在1816—1848年这一时期对贵族社会日甚一日的冲击描写出来……围绕着这幅中心图画,他汇编了一部完整的法国社会的历史,我从这里,甚至在经济细节方面(诸如革命以后动产和不动产的重新分配)所学到的东西,也要比从当时所有职业的史学家、经济学家和统计学家那里学到的全部东西还要多。"②列宁在《列夫·托尔斯泰是俄国革命的镜子》中说:"如果我们看到的是一位真正伟大的艺术家,那么他在自己的作品中至少会反映出革命的某些本质的方面……作为俄国千百万农民在俄国资产阶级革命快要到来的时候的思想和情绪的表现者,托尔斯泰是伟大的。托尔斯泰富于独创性,因为他的全部观点,总的说来,恰恰表现了我国革命是农民资产阶级革命的特点。从这个角度来看,托尔斯泰观点中的矛盾,的确是一面反映农民在我国革命中的历史活动所处的矛盾条件的镜子。"③在马克思主义经典作家看来,伟大的文学是应该反映现实的,呈现文学与现实的关系是一切文学现象的基本规律。

---

① 毛泽东:《在延安文艺座谈会上的讲话》,见《毛泽东论文艺》(增订本),人民文学出版社1992年版,第49页。
② [德]恩格斯:《致玛·哈克奈斯》,见《马克思恩格斯文集》第10卷,人民出版社2009年版,第570—571页。
③ [苏]列宁:《列夫·托尔斯泰是俄国革命的镜子》,见《列宁选集》第2卷,人民出版社1995年版,第241、243页。

这种观点也正是马克思主义"社会存在决定社会意识"的基本原理在文学理论研究中的具体运用。

　　文学与现实的关系是理解、思考文学现象的一个基本尺度。其实上述艾布拉姆斯有关文学四要素的理论也都直接或间接地反映了文学与现实的关系。在艾布拉姆斯看来，围绕着文学与"世界"的关系，形成了"模仿说"；围绕着作品与"作家"的关系，形成了"表现说"；围绕着作品与"读者"的关系，则形成了"实用说"；把"作品"作为独立自主的客体加以客观分析，则有了"客观说"。[①]"客观说"在 20 世纪的表现形态是俄国形式主义、英美"新批评"、法国结构主义这些把语言作为文学活动本体的文学理论。"实用说"在 20 世纪的代表则是把读者作为文学活动中心的读者接受文论。在这些理论形态中，有的和文学与现实的联系更为直接，有的则较为间接。但无论如何，都不得不同文学与现实的关系问题发生联系。从历史的发展来看，古代希腊以柏拉图的"理念论"与亚里士多德的"模仿说"为代表，呈现出表现与再现的二重主题，开辟出西方文论发展历程中两个不同的基本路向。文艺复兴以降，西方文论开始凸显"人的主体性"，现实主义文论更加强调现实人生，浪漫主义文论则更加强调艺术理想和人的创造能力。但无论是现实主义还是浪漫主义，都无不与现实发生关系。诚如席勒所言："诗人或者是自然，或者寻求自然。前者造就素朴的诗人，后者造就感伤的诗人。"[②]席勒所说的"素朴的诗人"就是现实主义诗人，"感伤的诗人"，也就是浪漫主义诗人。这可以看

---

①［美］M.H.艾布拉姆斯：《镜与灯》，郦稚牛等译，北京大学出版社 1989 年版，第 6 页。

②《席勒美学文集》，张玉能译，人民出版社 2011 年版，第 312 页。

作是西方古典形态的文论对文学与现实关系的概括。到了 19 世纪末以后,特别是 20 世纪以来,西方主导形态的文学与文论出现分化,呈现出更为复杂的情形。出现了精神分析文论、俄国形式主义文论、英美"新批评"文论、结构主义文论、后结构主义文论、读者接受文论、西方马克思主义文论、后现代主义文论等多元发展的态势。有的研究者将这种 19 世纪末 20 世纪初的文论形态概括为三个"圆心":其一,以语言、结构、文本为圆心的形式批评文论;其二,以创作、接受、阅读为圆心的意义批评文论;其三是以话语权力、意识形态为圆心的文化批评文论。这三个"圆心"也都离不开文学与现实的关系。在意义批评中,文本与意义的关系成为最重要的关系,而文本与意义的关系还是在文学与现实关系的大范围之内。因为要探讨意义,就不能不涉及文学与世界的关系。相比于意义批评,形式主义批评文论应该说是彻底斩断了文学与社会现实的关系。但就像马克思所说:"无论思想或语言都不能独自组成特殊的王国,它们只是现实生活的表现。"①因此,文学的语言、形式、结构是无法独立于现实之外的。结构主义诗学的代表人物托多夫(又译托多洛夫),在他晚年出版的《批评的批评》中,对结构主义的"内在批评"进行激烈的批评也就不足为怪了。托多罗夫指出,只有我们改变对文学的既成观点,才能改变我们对批评的看法。"二百年以来,浪漫派以及他们不可胜数的继承者都争先恐后地重复说:文学就是在自身找到目的的语言。现在是回到(重新回到)我们也许不会忘记的明显事实上的时候了,文学是与人类生存有关的、通向真理与道德的话语。让

---

① [德]马克思:《德意志意识形态》,见《马克思恩格斯全集》第 3 卷,人民出版社 1960 年版,第 525 页。

那些害怕这些大词儿的人见鬼去吧！萨特说：文学是对社会与人生的揭示，他说得对。如果文学不能让我们更好地理解人生，那它就什么也不是。"①由此可以看出，托多罗夫后期正因为看清了文学与现实无法斩断的联系，才彻底突破了结构主义的模式，得出上述激烈言论的。而当今风行世界的文化批评，实际上也正是由于看到形式主义批评的弊端，才重返了文学与社会、历史与现实的联系。只不过这时人们对于社会、历史与现实的理解被语言化、文本化、文化化了，或者说人们更加突出的是社会历史现实的文化建构性质。但无论如何，各种理论都难以完全无视文学与现实的关系，因此文学与现实的关系及其在各个时代的不同表现形态可以作为西方文学理论的发展线索。

三、学习西方文学理论的意义

西方文论是西方文学研究与阐释的结晶，是西方文明的重要组成部分，学习领会西方文明创造的这一重要的文化成果无疑具有重要的意义。

首先，学习西方文论有利于学习与掌握马克思主义文论。马克思主义文论是马克思主义的有机组成部分，是正确分析与认识中外文学现象的有力武器，也是一切文学工作者的基本理论素养。而学习西方文论是掌握马克思主义文论的必要途径。因为两者尽管有着本质的区别，但都产生于西方的文化背景之下，有着共同的问题视域，马克思主义文论吸收了西方文论的大量资

---

① 转引自茨维坦·托多洛夫《批评的批评》，王东亮、王晨阳译，生活·读书·新知三联书店2002年版，第188—189页。

源。马克思主义文论中有关典型形象、喜剧和悲剧、文学生产、现实主义与浪漫主义、古代神话等的论述均与西方文论密切相关。因此,学习西方文论是学习马克思主义文论的必由之途。

其次,从"洋为中用"的角度来说,西方文论是建设中国特色的文学理论的重要资源。要建设具有中国特色的文学理论,我们一是要坚持以马克思主义理论为指导;二是要立足本土资源,挖掘吸收本民族的优秀文学、文论、文化遗产;三是要以开放的姿态,学习、吸取西方文论中的优秀成果。从1921年中国共产党诞生以来,就开始了马克思主义理论与中国实际相结合的进程。从新中国成立前马克思主义与中国实际相结合的中国革命道路的探索与成功实践,到新时期"中国特色社会主义道路"的提出与取得巨大成就,无不说明马克思主义与中国实际相结合的巨大威力。在中国的文学理论领域,新中国成立前我们有以毛泽东《在延安文艺座谈会上的讲话》为代表的重要成果,之后则有"双百方针"与"两为方针"的成功实践。新时期以来,中国学人不断地解放思想,冲破桎梏,我们的文学理论研究更是取得了重要的发展。在这些成果中,除了凝聚着马克思主义理论与中国文学实际相结合的经验外,还与吸收借鉴西方文论中的优秀资源分不开。在21世纪,要建设和发展具有中国特色的文学理论,同样必须进一步贯彻"洋为中用"的方针,吸收借鉴西方文论的重要成果。

其三,学习西方文论有利于准确把握两千多年来西方文学理论的发展线索与理论范畴。本书努力做到在马克思主义、历史唯物主义的指导下科学地揭示西方文论以文学与现实关系为主轴的发展线索,在历史的发展中探讨了古代、近代与现代西方文论的各种理论范畴,并吸收了马克思主义重要理论家对于西方文论中有关理论范畴的论述,这对于科学而准确地学习与把握西方文论具有极大的帮助。

其四,学习西方文论也有利于更好地学习掌握西方文学艺术。长期以来,以欧洲为代表的西方文化涌现出了丰富多彩的文学艺术成果,这些成果是人类文明的结晶和人类的共同财富,不断地滋养着一代又一代的人们特别是青年人。无论是古代的希腊神话、荷马史诗、希腊悲剧,近代的莎士比亚、歌德、巴尔扎克、托尔斯泰,还是现代的艾略特、乔伊斯与马尔克斯等作家的作品,无不像一颗颗璀璨的明珠,闪烁着绚烂的光彩。而西方文学理论正是在概括、总结这些优秀成果的基础上产生的。例如,亚里士多德的《诗学》就很好地总结了古希腊的文学,特别是古希腊悲剧的经验;莱辛的《汉堡剧评》则是对于启蒙主义戏剧的总结;别林斯基、车尔尼雪夫斯基、杜勃罗留波夫的俄国革命民主主义文论则是对于具有深厚人文精神的俄罗斯文学的总结;以俄国形式主义、新批评、结构主义为代表的形式主义文论则是对现代主义文艺思潮的形式创新和语言实验的总结。因此,学习西方文学理论,无疑是人们更好地理解和把握丰富灿烂的西方文学的重要途径。

四、学习西方文学理论的方法

一般地说,要想学好西方文论,一方面需要把西方文论作为一种知识对象来学习,力图搞清楚每一种观点、每一种思潮、每一个概念的来龙去脉、基本内容,另一方面则需要能够对各种观点主张、理论思潮做出评价和判断,明了它们是否真的合理,它们的意义和价值在何处,它们的局限不足又在哪里。要想厘清一个概念范畴的来龙去脉,只要肯下功夫总是可以做到的,但要对一种理论做出正确、合理的评价并非易事。因为正确、合理的评价必须首先有正确、合理的依据。那么，人们应该依据什么进行评价呢？

首先，要始终坚持以马克思主义的立场、观点和方法为指导来认识与评价西方文学理论现象。在理论观点上要自觉坚持以历史唯物主义观为指导，坚持马克思主义"社会存在决定社会意识"的观点，以及马克思主义有关经济基础、上层建筑与意识形态的理论。在考察任何文学理论时都将其放在一定的经济社会与历史的背景之下，认真分析其赖以产生的经济、社会基础，从而对于一定文论现象得出正确的认识。同时，要从一定文论现象作为一种社会意识形态必然要受到一定上层建筑与经济基础制约的角度，深入分析其内涵、影响与得失。要坚持运用马克思主义的人学理论分析、认识文论现象。西方文学理论作为人文学科包含着极为丰富的人文内涵。要运用马克思主义有关人的本质"是一切社会关系的总和"的观点，以及人的自由发展、无产阶级解放与人类解放的理论，将特定的文论形态与特定社会中人的生存、情感以及人的自由解放相联系，使文论研究具有更强的人文精神、现实指向性与阐释力。在方法上要自觉坚持和运用马克思主义的唯物辩证法，全面辩证地研究西方文学理论。从我们接触到的大量西方文学理论现象与文论家的情况来看，许多理论与理论家都不乏某种真知灼见，但往往是片面的真理，往往缺乏全面辩证的论析。或者是强调了所谓"外部研究"而忽视了"内部研究"，或者强调了语言形式而忽视了内涵意义，忽视了外部与内部、语言与意义总是紧密相连不可分割的问题。只有坚持运用马克思主义辩证法才有利于克服这种片面性，从而更加全面科学地认识有关文学理论现象。

　　目前一个非常重要的问题是如何坚持以马克思主义为指导评析西方20世纪以来的文论现象。20世纪以来西方经济社会发生了巨大的变化，资本主义也经过了重大的调整，而社会主义的东欧和苏联也先后于20世纪80年代末90年代初发生剧变。马克思、恩格斯与列宁等马克思主义经典理论家也早已辞世。这使得一些人对于马克思主义理论失去了信心。在这种情况下更应坚持马克思主义理论的指导，以此为准绳来研究、评析西方文学理论。当然，在运用马克思主义观点评析20世纪西方文学理论时也要看到它的复杂情形。由于时代的发展变化，文论领域也呈现出颇为复杂的情况，不可以简单粗暴的方式加以对待，而要充分注意到其复杂性。要充分看到理论家阵线的分化，看到许多理论家尽管是非马克思主义者但对资本主义持批判态度；看到许多理论本身尽管与马克思主义并不一致，但具有某种社会与美学的价值；看到许多理论是在片面中包含某种真理。因此，要避免"是就是是，非就是非"的二元对立思维，要采取辩证的全面的态度。而且，我们在运用社会存在决定社会意识、经济基础决定上层建筑的观点分析文学现象时还应注意到，文学作为一种更高的"悬浮于空中的意识形态"，经济基础对它的影响还要经过政治、道德等的中介作用才能完成。同时，在对文学坚持社会分析时候也不能排斥审美、心理、文化与生态的视角。马克思主义的本性是与时俱进的，随着时代的发展，马克思主义也会不断充实自己的内涵而更具生命力。在这种与时俱进的马克思主义指导下的西方文学理论的研究与学习才会取得更大的成绩。

　　其次，要努力运用马克思主义的美学与文论思想为指导。马克思、恩格斯虽然没有专门的美学和文学理论著作，但他们有关文学的论述几乎散见于其所有的著作中，包含着十分丰富的内容。马克思主义关于文学的"意识形态形式"的本质属性论述；马克思主义把文学作品放在一定社会关系与文化语境中进行全面、辩证、发展与实践的分析的科学方法；马克思主义强调从人类改造自然和求得全面解放的社会实践中认识文学的价值与功能的论述；马克思主义高度肯定人民在文学中的主体地位的论述；有关文学生产中物质生产同艺术生产不平衡的论述；有关文学评价中坚持历史观与美学观相统一的论述；有关政治倾向不要特别地说出来而要从场面和情节中自然而然地流露出来的论述；有关人也按照美的规律建造的论述，以及关于古代希腊神话的论述、关于现实主义的论述、关于悲剧的论述、关于典型的论述等等，都应该成为我们评析西方文学理论相关现象的重要指导。我们在阐释与研究西方文学理论时还要自觉地运用毛泽东思想和中国特色社会主义理论作为指导，特别要坚持我国当前有关物质文明、精神文明与生态文明建设的理论以及社会主义核心价值体系的指导。

其三，在学习中把握好三个环节。一是把握好重要理论家的理论。重要理论家是一个时代的代表，把握好他们的理论就掌握了西方文论的主要成果。二是把握好转型期的理论变化，抓住由古代到近代再到现代的转型期的理论表现。这样有利于理解历史发展中西方文论纷纭复杂的变化与内涵。三是要把握好原著的阅读，真正领略西方文论的确切表述。

其四，要做到三个"结合"。首先是与社会历史知识的学习相结合。只有很好地把握住每个时代的社会历史语境，才能科学把握该时代文论现象的实质。其次是与一定时代的文学作品的学习相结合。文学理论是对于文学现象的理论总结，学好西方文论必须与学习有关的西方文学作品相结合，这样才能把握文论的真谛。同时，学习西方文论要与对于中国古代文论的学习相结合。只有在两者的比较中才能更好地把握中西文论的特点，更好地思考中国当代文论的建设。

五、本书的体例与特点

本书的体例是按照时期列章，按照文论家立节，按照问题列目。每一章开头都有概述，每一章最后都有小结。在概述部分简要介绍了该时期的经济、社会与文学背景，以帮助理解该时期文论现象产生的历史、社会与经济原因，并对该章的代表人物、主要理论论著与基本观点进行简介，以便学习者对于本章内容有一个提纲挈领、开门见山的了解。在小结部分，则对本章的主要内容进行概括总结，并以马克思主义观点分析评价有关理论家与理论现象的贡献与局限。

本书的主要特点是坚持思想性与学术性的统一。我们在整个编写过程中坚持马克思主义立场、观点与方法的指导，坚持马克思主义的批判精神，并将之贯彻始终。但同时也认识到，作为一本高校的文学理论教材，它理应具有学术性，具有自身的学科特点。因此，我们力争按照教学的要求编写出一本既具有高度的思想性，又反映本学科最新成果的思想性与学术性都过硬的教学用书。本书根据西方文论的学科特点坚持以文学与现实的关系作为基本线索，分别揭示其在各个不同历史时期的不同表现形态，体现出唯物史观的理论指导。由于西方文论的地域特点，对于 20 世纪以前的许多理论形态与理论家马克思主义经典作家都有论述，因此我们尽量结合学科特点将这些论述吸收进来。而在知识点的安排上，我们将学术重点与学术发展的时代性紧密结合,将教材内容延伸到目前非常活跃的后结构主义与后现代文论,包括广受关注的文化诗学与生态批评等,并对之进行实事求是的马克思主义分析,使本教材具有鲜明的时代意义。

　　本书的另外一个特点是尽力做到史与论的统一。本书尽管不完全是西方文论史,但总体上是按照史的线索来阐述的,尽量将历史上最重要的文学理论家的主要文学理论观点加以呈现,并努力照顾到各个时期之间、各个理论家之间的历史关联;但本书作为一种理论教科书又非常注重以马克思主义为指导的理论评述,每一章均有概述以阐明有关理论产生的经济社会与文化背景,每章的最后均有小结对有关理论的得失加以评价。本书在编写过程中结合教学特点尽力吸收当前在西方文学理论领域研究的最新成果,因此也具有相当的前沿性。

《文艺美学的生态拓展》代序①

《文艺美学的生态拓展》，这是本书的题目。这种拓展，已经是国际学术发展之趋势。1966年，美国学者赫伯恩发表《当代美学及自然美的遗忘》一文，批判黑格尔有关"美学即艺术哲学"的观点，催生了西方环境美学的产生与发展。随后，美学领域即形成了艺术哲学的美学、生态环境的美学与日常生活的美学之三足鼎立之势。当然，本书着重论述文艺美学发展到生态美学之历史必然性。也许会有朋友表示不解，文艺美学与生态有什么关系呢？这就是本书要回答的问题。

文艺美学的生态拓展是时代之使然也。众所周知，人类社会从1972年斯德哥尔摩国际环境会议开始就迈过工业革命时代而进入生态文明时代。这样的时代跨越使得人们的经济社会生活、文化哲学与思维方式均发生巨大转变。经济发展由经济增长一个指标转变到经济增长与环境改善等多个综合指标，人与自然的关系由对立转变到共生。哲学与美学是时代精神的精华，必然随之发生根本性的转变。具体言之，就是由认识论发展到存在论，由主客二分对立思维模式发展到消解主客的现象学思维模式，由美的本质论发展到美的经验论，由传统的形式之美发展到生命之

①《文艺美学的生态拓展》，曾繁仁著，复旦大学出版社2016年6月版。

美,如此等等。这就是文艺美学的生态拓展的必由之途,也是文艺美学与生态美学的必然联系。

首先是认识论到存在论的转变。认识论是自然科学领域人类把握世界的方式,但工业革命时代将之普泛化到人类把握世界的一切方式,这就造成人文学科的诸多严重问题。主要是这种机械的认识论无法全面阐释无限丰富复杂的人与人性,更加无法阐释人的生存。因此,在人文学科领域由认识论发展到存在论,以"此在与世界"之关系代替"认识与被认识"之关系,就是一种历史的必然。

其次是由主客二分对立的思维模式到消解主客的现象学思维模式的转变。主客二分对立的思维模式是工业革命时代传统的思维模式,所谓"我思故我在""人为自然立法"等等,导致人与自然的严重对立。而现象学则以著名的"悬搁"之法消解主客二分对立,将人与自然统一协调起来。因此,由主客二分对立的思维模式转变到消解主客的现象学思维模式也是历史之必然。

再次是由美的本质论到美的经验论之转变。美的本质论是传统美学惯有的路数,是一种将美与审美实体化的研究趋势。但审美是一种人与对象的特殊关系,不具任何实体性。任何美的实体性本质的探讨都是徒劳的,审美与美之区别本来也只有在哲学研究的角度看才有其意义,现实生活中根本就没有什么审美与美之区别,美的实体性本质是不存在的,审美只能是人的一种经验。

最后是由传统形式论美学到生命论美学的转变。形式论美学是传统美学的主要论题,无论是古希腊的"和谐之美"还是康德的"无目的之合目的性之美"均以静态的物质的形式之美为其主要内涵,但形式之美是一种物质之美,没有也不可能反映更加基本而重要的人的生活、生存与生命。因此,20世纪以降,由传统形式论美学转变到生命论美学就是学术发展之必然。

以上，我粗略地说明了"文艺美学的生态拓展"的必然趋势与四个转变的基本内涵。这里需要进一步说明的是，本人的文艺美学研究以"艺术的审美经验"作为文艺美学的对象，它不同于传统的美的本质论与审美活动论，而且是以现象学方法作为文艺美学的研究方法。这样，文艺美学与生态美学之间本来就有了必然联系，文艺美学的生态拓展是一种学术研究之必然。

本书所收入25篇文章就是本人近十多年来在这方面探索的成果。为了避免与此前出版的论著重复，有些更具代表性的文章未能收入。不过，这25篇文章仍然能基本反映本人的研究工作与本书的主题。此外，这25篇文章在收入本书之时，对正文和注释都略有修订和更正。

本书的写作，从2001年到2014年，恰是我所供职的山东大学文艺美学研究中心由成立到发展之时，在写作过程中得到了中心同人的诸多支持，在此特致谢忱！本书的出版要感谢复旦大学出版社与朱立元教授，也要感谢我的助手祁海文教授。

（2014年11月27日）

《生态美学与生态批评空间》序①

2015 年 10 月 25—26 日，由国际美学学会（International Association for Aesthetics）、中国山东大学文艺美学研究中心、韩国成均馆大学东洋哲学系 BK21PLUS 事业团联合主办的"生态美学与生态批评的空间"（Space for Ecoaesthetics and Ecocriticism）国际研讨会在山东大学中心校区成功召开。来自美国、德国、芬兰、日本、韩国、香港、澳门、台湾以及中国大陆等国家与地区的近百名代表，围绕着"生态哲学与生态文明""生态美学与环境美学""生态批评与生态文学"三个议题展开了热烈讨论，会议语言以汉语和英语为主，同时也容纳德语和韩语，是一次真正意义上的国际学术研讨会。

这次会议的主题是我本人受到诸多启发后提出并经会议筹备各方同意后确定的。首先是受到鲁枢元教授的著作《生态批评的空间》的启发；再就是 2016 年 5 月接受朱寿桐教授的邀请到澳门大学中文系访学，在与朱老师及该系研究生座谈时，朱老师与同学们谈到生态文学与生态美学在现代文学与古代文学之中的

---

① 《生态美学与生态批评空间》，曾繁仁、谭好哲主编，山东大学出版社 2017
  年 1 月版。

运用，给我很多启发，并提出"生态美学的空间"这个论题；再就是作为学术论题，从海德格尔开始提出"在之中"这样的空间问题，直到当代生态批评与环境批评的"地方"论题，都涉及空间问题，包括参加这次会议的各位专家在内的众多学者已经在"空间"问题上做出众多研究和贡献空间。"空间"本来就是生态美学与环境美学的必然论题。

而且，"空间"还具有跨界的性质。本来，生态美学、生态文学就其有跨界的内涵，而"空间"更加包含了不同学科、不同地区、不同时段等跨界的丰富内容。同时，还包含学术对话的深刻内涵。作为生态问题的研究者，我们尽管见解各异，但我们是生态理论研究的共同体，我们都生存在生态理论研究的共同空间之中。"建设美好空间"是我们生态美学与生态文学研究的终极目标，其核心内涵是人与自然的美好共生。为了这个美好共生，全人类均须付出辛勤劳动，我们作为研究者将以我们的学术工作贡献于人类美好空间的建设。

山东大学文艺美学研究中心一向高度重视学术研究的国际化水准和实质性的国际交流。过去十年中一直将生态美学作为中心的主攻方向，分别于 2005 年、2009 年、2012 年召开过三次与生态美学相关的大型国际会议。与前三次国际会议相比，这次会议体现出以下两个新特点：

一是办会层次更高。这次会议的主办方之一国际美学学会是国际美学界的最高学术机构，其活动代表着国际美学的最新动态与最高水平，国际美学学会现任主席高建平教授、上届主席美国马凯特大学哲学教授柯提斯·卡特（Curtis I.Carter）先生一同参会并分别发表大会开幕致辞、大会发言和闭幕致辞，对于山东大学文艺美学研究中心生态美学研究的丰硕成果及其国际影响力给予高度评价，并为生态美学的未来发展提出了富有洞察力的建议。曾担任国际美学主席的美国学者阿诺德·伯林特（Arnold Berleant）教授本来计划应邀参加这次会议，后因故未能成行，但他向大会提交的论文对于中国生态美学进行了认真思考和讨论，这也让我们很感动。

二是与生态文明的联系更加紧密。2005年8月19—21日，山东大学文艺美学研究中心主办了一次重要国际会议，"当代生态文明视野中的美学与文学"国际学术研讨会，与会中外代表共有一百七十多名。这就是说，早在2005年，山东大学就提出要将美学与文学置于"生态文明"的视野中进行研究。但是，这次会议明确将"生态哲学与生态文明"作为会议的首要议题，邀请北京大学等国内著名高校的相关专家专门就生态文明进行研讨，从而为生态美学研究确立了更加明确的主攻方向。

山东大学文艺美学研究中心初步确定了"十三五"期间的主攻方向和研究课题，主攻方向为"文艺美学基础理论研究与中国当代生态文明建设"。这次盛会的成功非常及时地为这一主攻方向提供了开阔而深入的参照，对于中心未来五年的发展具有重大意义。我们愿意以这次会议的丰硕成果作为新的起点，努力创造出更加富有学术价值的成果。希望得到学术界同人的更多支持和帮助！

（2016年10月）

第 二 编

书序与书评

刘玉华《思维科学与美学》序①

　　刘玉华同志送来《思维科学与美学》一书，嘱我为之作序。我用几个晚间的时间约略地翻了一遍，一个初步的感觉是这里面的十一篇文章不是应急之作，而是刻苦学习、独立思考的产品。纵观各文，可见作者博览众多美学论籍，尤其对德国古典美学与西方当代美学下了一些较深的功夫。这些论著，由于行文的艰涩与文化背景的隔膜，即便是专业美学研究者在阅读与研究时也不免会遇到种种困难。而刘玉华同志的本职是新闻工作者，研究美学是一种业余爱好，只能利用短促的假日与夜晚。由此可见他所花费的艰辛劳动。

　　读完全书，给人的一个深刻印象是作者试图从新的角度来研究美学。这个新的角度就是所谓"自下而上"的角度。众所周知，建国以来，传统的美学研究角度是所谓"自上而下"的角度，即从哲学的高度，寻求美的概念的逻辑起点，再由此探寻美的本质，进而研究美感与艺术。这就是通常的美学体系：美论、审美论与艺术论。但作者却将审美经验（美感）作为美学研究的对象与出发点，由此生发开去，进而探寻引起美感的美及作为美感物化形态的艺术。这本是自费希纳以来就一直有人倡导的一种方法，但在

---

①《思维科学与美学》，刘玉华著，济南出版社 1989 年 9 月版。

我国一直未受重视。作者力图将这一方法同现代的思维科学与系统科学相结合,将美学作为整个思维科学的一个分支,并以此建造全新的美学构架:形象思维学(有关形象思维的学科)、美学(有关审美思维的学科)与文艺理论(有关艺术思维的学科)。应该说,作者的这一理论构架,不论在美学研究对象、内在体系与研究方法上,都对传统理论有所刷新。可以说,三十多年来,美学界连篇累牍的文章无非都是主观论、客观论、主客观统一论与实践论等等,尽管花样翻新,但其理论内核却大致相同,不免使人有腻味之感。而某些试图从哲学本体论出发构造自己体系的论者,尽管气势恢宏,自信已成一家,但究其实底仍不外以上几家之一。由此可见,在我国目前如果仍一味拘泥于构造美的哲学体系,似难奏效,甚至不免于杜林的悲剧。因为,如果说在古代"美是难的",那么作为当代多元世界的美就更是纷纭复杂,难以用一句哲理名言加以穷尽。诚如刘玉华同志所说,不是任何领域都可归结到哲学的角度,这还是古代以哲学取代其他学科的一种素朴的倾向。我想应该补充的是,美是一种不同于哲学的崭新的情感领域,美作为情感体验的对象,将审美经验作为研究的出发点,又有何不可呢?而且,由此出发,不仅在研究领域方面更为准确,同时,在研究的方法上也更为实在。因为,审美的经验从来都是具体的。更为重要的是,这样可以进一步使美学研究真正走上科学的道路。不仅利用哲学的工具,而且利用现代科学,特别是思维科学、生命科学、脑科学与心理科学的成果。这就是现代心理学美学的诞生与发展。这样的美学在我国仍属薄弱学科,理应予以支持。也就是说,至今没有形成中国自己的享有世界声誉的心理学美学流派。《思维科学与美学》一书的出版,也许能对这一流派的形成有所助益,我认为,这就是本书的重要价值之所在。

作者的十一篇论稿尽管都独立成篇,但又以美是审美体验的科学为纲将其内在有机地联系到一起,并在论述各有关问题时不断闪出独立见解的火花。在艺术典型问题上,作者突破传统的"社会美"的窠臼,运用思维科学的理论,将其归结为"形象观念",又进而将一般的形象观念与艺术的形象观念加以区别。在美的形态问题上,作者一反常规,从审美体验出发,以审美情感的表现形态为基准,将美分为形式美、象征美与社会美之类。对审美通感现象,作者则着重揭示其作为象征美的本质。尤其是作者关于音乐美论、视觉美论的两篇评述,更是直接论述到听觉、视觉这样两种特殊的审美经验现象。凡此种种,都说明作者具有一定的理论研究的功力与艺术的素养。

当然,这些文稿尽管有其特点与价值,因而付诸出版面世,但也的确只反映了作者在美学研究路上的起步;本书在理论上还有待深入和完善。但一个好的起步常常意味着大幅度的前进,我希望作者在理论的探讨上继续勇敢地坚持下去,并更多地联系本职工作,在理论与实践的结合上做出更多的创新。学术研究是极其艰苦的,常常奉献自己毕生的精力,在生命的最后归途仍不免遗憾。我想,我们每个人都应使这样的遗憾尽量减少。

写完以上一些话,已是夜深。时值初冬,冷月悬空,华光如水,不免感到彻骨的寒意。我想刘玉华同志一定又在挑灯夜读了。我衷心地期望他百尺竿头更进一步,以本书为开端,还会有第二本、第三本,乃至更多的论著问世。

(1988 年 11 月 25 日于山东大学南院寓所)

李长风、姚传志编著
《美育概论》序①

　　青年学者李长风和姚传志所著《美育概论》一书付梓问世，我十分高兴。原因在于美育研究的队伍越来越大，越来越年轻，说明美育研究事业的兴旺发达，实在是我国美育研究的一件幸事。

　　美育是教育学的一个重要分支，又同美学、社会学、心理学密切相关。作为独立的学科，它兴起于 18 世纪后期。1795 年德国著名诗人席勒在《美育书简》中首次提出"美育"的概念，并为其界定了"情感教育"的内涵。美育是人类文明的标志，也是人类情感意识觉醒的标志，是人类对人性与人格完善的一种追求。因此，美育是现代教育的组成部分，是素质教育的应有之义。我国最早倡导美育的是现代著名教育家蔡元培先生，提出著名的以美育代宗教说。继之，由鲁迅、郭沫若、陶行知等先行者大力倡导。建国后，党和政府对美育工作十分关心重视，美育事业有了长足的发展。最近召开的党的十五大，江泽民同志在报告中突出地强调了培养"四有"新人、加强素质教育的重要意义，为我国的美育工作指明了方向。我们要在党的十五大精神指引下，从培养高素质的跨世纪人才的高度，进一步提高美育工作的自觉性。

①《美育概论》，李长风、姚传志编著，山东人民出版社 1998 年 6 月版。

改革开放以来,已有不少学者出版了一系列美育方面的论著和教材,但李长风和姚传志二位同志所著《美育概论》却有其特色:第一,较之一般的美育教材,在艺术教育方面增加了比重,因此具有更强的针对性和实用性;第二,从内容上来看更为全面、系统;第三,从适用面来看,既可作为大中专、职业中学美育教材,也可作为中小学教师进修用书。

李长风、姚传志二位都是年富力强的青年学者,他们有这样的成果应该说是叫人欣喜的。但学术研究之路,也就是人生之路,"路漫漫其修远兮,吾将上下而求索"。我衷心地期望二位青年朋友,永不满足,永远奋斗,永远前进。

（1997 年 10 月 9 日山东大学南院）

赵利民《中国近代文学
观念研究》序①

　　赵利民的新著《中国近代文学观念研究》马上就要付梓问世，我感到非常高兴。因为，这是利民三年苦读、艰苦奋斗的结果，同时也可告慰狄其骢教授。利民于 1995 年考取狄其骢教授的博士研究生。狄老师对他的学业给予悉心指导，中国近代文学观念研究的题目也是狄老师帮助利民确定的。1997 年 6 月，狄老师不幸逝世，利民的博士论文转由我帮助他继续完成，而基础性的工作实际已在狄老师的指导下完成。在论文的写作与答辩中，还曾得到校内外诸多学者的关心支持。利民治学有平稳扎实的风格。起初，我看到提纲后，生怕乏有新意，但论文出来后，各方反应颇好，特别是答辩委员会给予较高评价。这当然不乏诸位前辈的鼓励，但也的确反映了利民论文的实际。我认为，这部论著有以下几个突出特点：

　　第一，选题富有意义。该论著将 1840 年至 1919 年的中国近代文学观念作为研究对象，探讨在这一独特的社会转型期中国文学观念在从古代向现代过渡的过程中所表现出的诸多新特点。在 21 世纪即将到来之际，反思、总结近代文学观念发展、演变中

---

①《中国近代文学观念研究》，赵利民著，山东文艺出版社 1999 年版。

的成败得失对我们的当代文艺学建设乃至文化建设无疑具有十分重要的现实意义和理论意义。

第二,论著视野开阔,写作框架独特。写作框架的确立有赖于论著研究对象的性质。文学观念体现在理论和创作两个方面,这就决定了对近代文学观念的研究既不同于近代文学史,也不同于近代文学批评史。该著作以论为主,但在具体文学观念研究方面又尽力突出史的线索,各部分之间既不互相重复又有内在联系。这一写作框架的探索对文学史及理论批评史的写作是有启发意义的。"中国近代文学观念研究"是一个大题目,包括总论、悲剧意识论、文学价值论、创作主体论及文体论等等,说明作者对近代文学观念具有较强的整体把握的能力。这部论著的写作还显示出作者具有比较开阔的学术视野和理论功底,因为中国近代文学观念处于中西交流、古今融通的文化碰撞期,作者时时将近代文学观念置于这一背景之中,运用比较文化、比较诗学等方法对之进行多侧面、多层次的研究,无疑加强了这部论著的分量。

第三,不囿成说,勇于创新,提出许多新见解。一部学术著作尤其是一篇博士论文只是重复前人的观点是不行的,必须具有相当高的创新性。利民在占有大量材料的基础上所提出的新观点、新见解,有着比较充分的依据,没有不加论证的不实之处。这在当今学术研究有些浮躁的情况下,是难能可贵的。论著时有新见,如认为近代文学价值观呈现为审美与功利的对峙与互补之势,并指出由于新的国家观念的产生,以梁启超为代表的功利主义文学价值观与传统"文以载道"的文学工具论判有别,突破了有关著作认为的近代功利主义文学观是"文以载道"论的翻版的说法。对近代复古主义文学观念中所表现出的新倾向给予了充分重视,纠正了对之彻底否定的偏颇。认为王国维的矛盾文化心态是其悲观主义人生观形成的主要原因,也是其自杀的根本原因。关于王国维自杀的原因虽已有诸种说法,但这一观点颇具新意。作者还在此基础上,从王国维的人生悲剧观出发,指出了在理解王国维悲剧理论时出现的某些错误观点。再如,认为王国维的"境界说"的意义并不在于集传统意境之大成,而在于它对主体性的强调。另外,对近代文学创作主体个性所遇到的两难选择困境所作的分析也很有价值。

当然,利民这部论著中的某些问题还可作进一步的更深入细致的研究,有些观点也不无商榷之处。近代文学观念是一个意义极大的课题,内涵丰富,还有待于更深的开掘探索。利民作为一名青年学者,今后学术的路程还很长。我相信,他一定会继续艰苦奋进,把每一个成果都当作一个新的起点,去攀登更高的山峰。

(1999 年 8 月 27 日)

宋素凤《多重主体策略的自我命名:女性主义文学理论研究》序①

宋素凤的博士论文《多重主体策略的自我命名:女性主义文学理论研究》在山东大学文学院的支持下终于得以出版,我有一种如释重负之感。因为,宋素凤是已故狄其骢教授于1996年招收的来自台湾的博士生。但小宋入校不久,狄老师就不幸患病。狄老师对小宋与其他几位博士生学业的完成,十分重视,曾在病中嘱托于我。而对于小宋这位来自台湾的学生,狄老师有着更多的关心。实际上,狄其骢教授也是我的授业老师。对于狄老师的离去,我已很悲痛,而对于老师的嘱托更不敢懈怠。我终于尽力帮助包括宋素凤在内的狄其骢教授的几位博士生顺利通过答辩,完成学业,取得学位。今天,狄老师十分关心的宋素凤的博士论文又得以出版,这应该是对狄老师的一种告慰。而对宋素凤来说,论文的出版也是对她在山东大学学习三年的一个重要的小结。

宋素凤出生于台湾,但实际上其父为山东鱼台人,母亲为台湾本地人。她多次说自己长得像父亲,因此像山东人,而在我们

---

①《多重主体策略的自我命名:女性主义文学理论研究》,宋素凤著,山东大学出版社2002年10月版。

看来,她无论在外貌,还是在风格上都是一个地道的台湾女孩。但宋素凤却有一颗纯洁的中国心,怀抱着深厚的故乡情,毅然选择山东大学作为自己进一步深造的学校。三年的学习中,她与老师、同学结下了深厚的情谊,她真的成了一位地地道道的山东女孩,山大数千女生中的一员。

宋素凤顺利通过答辩,她的论文得到答辩委员会的一致肯定,认为在材料和观点上都具有创新性和开创性。宋素凤论文所选择的课题——女性主义文学批评理论,是20世纪60年代以来在西方兴起的一种批评理论,属于后现代的文化批评范围。直到20世纪80年代,才陆续有学者介绍到中国。但从材料的完整性与新颖性来说,宋素凤的论著在国内处于领先地位。从横向上来说,她立足于美国的女性批评理论,同时又综合了欧洲英法诸国的女性批评资源。而从纵向上来说,她不仅回顾了19世纪以来到20世纪初第一波女性批评浪潮,而且重点分析了20世纪60年代兴起的女性批评的第二次浪潮。论文广泛涉及到德里达的解构理论、福柯的话语——权力——抵抗理论、弗洛伊德、拉康的精神分析理论。宋素凤凭借自己娴熟掌握英法两种语言的优势,以及在海外搜集资料的条件,因此论文写作中运用了西方有关女性批评的最新资料。论文写作的1999年即引用了1998年面世的西方最新资料。这次寄来的修订后的第五章《身份政治与后殖民女性主义理论》,更是凝结了她近年在美国研究的成果。因此,本书材料的综合性与新颖性是一个十分鲜明的特色,也是其学术价值之所在。而从学术水平来看,本书也达到相当的高度。最主要的是,宋素凤较为成功地运用了综合分析的方法,将西方流行的种种女性批评理论均加以条缕明晰的梳理分辨,并从历史背景之上,从比较的角度,指出其得与失。例如,对西方流行的"男女平等""男女差异""女性批评与性""女性批评与政治""女性批评与语言""女性批评与后殖民"等理论观点,本书均作了认真而客观的梳理。不仅使我们了解这些理论的起源与内涵,而且表明了作者的评判,从而给人以导引。十分可贵的是,宋素凤作为中国学者对女性批评进行研究,十分重视这一理论的本土化问题。她在最后一章着重探讨了女性批评在中国的发展。为此,她不仅在国内先后到厦门大学与河南大学走访有关女性文学专家,收集资料,而且着重从理论的高度反思女性批评——这种根源于西方中产阶级白种妇女的批评理论如何在作为第三世界的中国找到自己的理论支点。当然,女性批评作为当代西方流行的文化批评的组成部分,它的发展兴盛的确反映了文学批评由内向外转移的趋势,即从20世纪初期以新批评为代表的着重探讨文学语言、形式等"内部规律"发展到重新重视政治、社会与文化等"外部规律"的趋势。但我认为,文学批评还应坚持"内部规律"与"外部规律"的结合,侧重于单一的方面未免偏颇。因此,尽管女性批评是文学批评的重要视角和方法,是对传统文学批评的极大丰富,但它的确代替不了文学作为语言艺术并具特殊审美特性的基本特点。当然,宋素凤的作为专论女性批评的论文不可能再去论述这一点。但在平常的学术交流中,小宋也是完全同意我的观点的。因此,特别写出,作为我们师生的共识。

小宋有着十分优厚的学术背景,先后在台湾大学、台湾师大与山东大学等名校取得自己的学士、硕士与博士学位。她也有着聪慧的灵性,不仅娴熟地掌握英法两种语言,而且有着在英文报刊发表文章和外国大学从教的经历。她还兼具中国文化禀赋与西方文化熏陶的优势,而且,作为女性学者撰写女性批评的专著,这就使本书表现出流畅、细腻和充满感情色彩的特点。我相信,本书既是宋素风学术道路上的一个总结,也是她学术道路的一个起步。就在我写作这篇序文的前不久,收到了小宋从美国寄来的新年贺卡,她对老师表示了衷心的祝愿,我也衷心祝愿远在异国他乡的小宋以这本书为起点,走向新的更加美好的明天。

(2001 年 1 月 18 日于山东大学新校南院寓所)

祁海文《礼乐教化
——先秦美育思想研究》序[①]

祁海文同志的博士论文《礼乐教化——先秦美育思想研究》在去年五月份答辩的基础上,经过将近一年的更进一步的研究和认真整理,终于付梓问世。我同他一样感到非常高兴。因为,这是辛勤劳动的丰硕成果。

海文1996年在职攻读博士学位之后,同时又兼任了本科学生班主任和文艺理论、古代文论等课的教学工作。在多重工作的繁重压力下,他艰苦奋斗、努力拼搏,终于交出了一份优秀的答卷。在去年的论文答辩中,他的博士论文得到了答辩委员会的一致肯定。现在,他又在此基础上完成了《礼乐教化——先秦美育思想研究》一书。本书的突出特点就在于较好地做到了理论与史料的有机统一。从理论的角度讲,本书对先秦时期中国古代以"礼乐教化"为核心的美育思想的起源、内涵和发展进行了认真的研究和阐发,提出了许多精辟见解;而从史料的角度讲,本书的每一个论点都以信史为依据,对每一条有争议的史料,又都经过了认真的考订与辨析。更为可贵的是,本书能够充分利用我国近年来的最新考古成果,特别是另辟专章论述了"郭店楚简所见的儒

①《礼乐教化——先秦美育思想研究》,祁海文著,齐鲁书社2001年6月版。

家礼乐教化观念与美育思想"，值得充分肯定。由此，不仅看到海文治学的刻苦，而且反映了一种立足于第一手材料的实证和科学精神与良好学风。因此，本书同当下某些"泡沫学术"大相径庭，是一部严谨求实、富有科学精神的学术论著。从将近三年前海文写作本书开始，直到今天我面对这部二十几万字的论著，他的艰辛治学、严谨求实的精神时时给我以感染，我也由此进一步体会到"教学相长"的真正内涵。

本书的重要意义在于，在当前全球化趋势愈来愈迫近的形势下，着力于深入发掘我国古代悠久而优秀的美育思想，并认真探索其当代价值。全球化是一种历史的必然，无疑有利于多种文化的对话、交流、融合与发展，但全球化过程中也存在着强势文化对弱势文化的渗透、占领与同化。面对这种形势，十分重要的就是应有种费孝通先生所一再强调的"文化自觉"。这种"自觉"，我以为首先应该是一种研究、发扬本民族优秀文化的自觉，而对我国传统优秀美学思想的研究、阐发就是这种"文化自觉"的表现。众所周知，我国同西方有着完全不同的政治、经济和思想文化背景，因而产生了各具特色的美学体系。西方美学总体上是一种以感性与理性的关系为中心线索的认识理论体系，而我国传统美学则从一开始就是一种以"致中和"为核心的人生美学。它始终贯穿着"天人合一"的深邃思想，激荡着治国安邦、和谐发展的人文精神。我国的古代美学思想实质上也就是美育思想，是一种以精神人格修养为主旨，以"诗教""乐教""礼教"等为基本内容，以诗论、乐论、画论、书论等为载体的理论形态。这种理论形态以其独特的风貌贡献于人类文明，成为极其宝贵的东方智慧的组成部分，越来越引起国外学者的重视。但对于这一理论的发掘、研究，特别是对外介绍还远远不够，需要我们在新的世纪、在全球化背景下做更多的工作。因此,海文的这部《礼乐教化——先秦美育思想研究》正是一种扎实而系统的对中国传统优秀的美育思想的研究工作,相信它一定会在中国传统文化的深入研究和当代阐释上起到自己积极的作用。

　　海文正值盛年,还有漫长的学术生涯。我相信《礼乐教化——先秦美育思想研究》这本书只是他学术道路上重要的一步,但却是坚实的一步。沿着这样的步伐继续前行,一定会有更多的收获与贡献。

　　　　　　　　　　　(2001 年 4 月 17 日于山东大学南院)

刘焕鲁《别相信自己的眼睛》序①

　　焕鲁同志的杂文随笔集《别相信自己的眼睛》,恰好是 100 篇文章,20 余万字,涵盖了经济、政治、文化、教育等社会生活的各个方面,内容丰富,寓意深刻,不同凡响。这本杂文随笔集虽是焕鲁在今年这个炎热的夏天用两个多月的时间完成的作品,但实是他几十年思想磨炼、社会阅历和文化修养的结晶,因此,具有强烈的现实感、知识性、哲理性、趣味性和深厚的文化底蕴。毕竟,焕鲁有过写作小说、电影和长期从事编辑工作的基础,所以,本集虽多以杂文的形式,但却集中反映出他的生活与文化积累。只是目前的工作不允许他有更多的时间写作,因而采取杂文的形式倒反而凝练、质朴,能够直面人生,针砭时弊。这也是焕鲁的一种厚积薄发吧。

　　这本杂文随笔集的重要意义在于,从始至终贯彻着作者对社会现实的深切关怀和强烈责任。我国目前正在进行史无前例的具有中国特色的社会主义现代化大业,中华民族将由此而走向伟大的复兴。但现代化所必须面对的市场经济与对外开放,也的确使国家和人民面对机遇与挑战同在,正面效益与负面影响共存的严峻现实。不可否认,改革开放二十多年来,我国发生了深刻的

---

① 《别相信自己的眼睛》,刘焕鲁著,山东文艺出版社 2001 年 10 月版。

变化,取得了巨大的发展,但市场经济与对外开放所带来的市场本位、金钱拜物,乃至资本主义腐朽思想文化的某种程度的蔓延,也是客观存在的事实。焕鲁的杂文随笔集就是面对这样的现实,以其锋利的笔对经济、政治、文化、学术领域各种假冒伪劣现象以及腐败堕落行径给予有力的鞭挞,表现了作者的强烈忧患意识与正义感。

难能可贵的是,焕鲁不仅止于一般的揭露与批判,而且还在批判中包含着深刻的哲理。本集的首篇《别相信自己的眼睛》就从对假药假酒这一丑恶现象的批判入手,深含了"人的肉眼是有限的,只有凭借科学才能探究事物本质"这样的深刻哲理。这就不只是对善良的人们敲起警钟,而且给他们以探究本质的武器。不仅如此,焕鲁还创造性地运用新时期杂文的歌颂功能,对反封建战士谭嗣同和我党名将陈赓"为信仰而献身"的精神进行了讴歌。这又从另一个角度为读者抵制腐朽落后现象提供了榜样。

这本杂文随笔集还表现了焕鲁长期文化积累的功力,对古代典籍、诗词以及科技、环境、艺术、伦理等各类知识,信手拈来,均成为其有机组成部分,从而使本书增加了文化的厚重感。而且,焕鲁行文颇多文学色彩,从而增加了杂文的趣味性和可读性。请看,《且莫让"拍马屁"者获福》一文对一个通过扯谎向知府拍马的邑令的描写,本来,这位邑令同知府素不相识,但为了拍马却硬说是知府的门生,而其根据竟是因为对知府"名文"的摹仿而得以上进。所谓"名文曳金敲玉,空前绝后,因昼夜揣摩,心写心藏,细细仿之,得以徼倖上进"等,真是惟妙惟肖地刻画了一位拍马屁者的嘴脸。由此可见,这本文集的另一个重要意义还在于焕鲁以自己的创作实践对新时期的杂文创作进行了可贵的探索。也就是说,面对正在前进的,同时又包含缺点的生活现实,杂文作为"投枪与匕首"所应掌握的"度"和采取的方式。可以说,焕鲁的探索是很有价值的。

当然,毕竟由于时间的紧迫,这本杂文随笔集有的文章也明显地留下了急促的痕迹。如果时间充裕,焕鲁一定还会写得更加精萃一些。我相信,焕鲁一定还会在今后的时间里为我们提供更美的华文。

焕鲁目前主要从事山东省华夏文化促进会的实际工作,在省里各位老领导的指导下和各界同人的支持下,这项工作开展得有声有色,对我省经济与文化发展起到自己的作用,同时也表现了焕鲁的工作能力和诚挚的人品。这本杂文随笔集中贯彻始终的对"诚信"的张扬,既是本书的"书眼"所在,也是焕鲁的人生追求。但愿焕鲁在今后的岁月中工作与创作双丰收。

秋夜如水,读完焕鲁的杂文随笔集,我的心早已同作者相通,于是写下这些话,是为序。

(2001 年 9 月 9 日夜)

王汶成《文学语言中介论》序^①

　　王汶成的博士论文《文学语言中介论》从酝酿到写作,再到付梓出版,前后经历了五个年头。论文的选题是 1996 年由已故狄其骢教授根据学科发展的要求为汶成确定的。但十分遗憾的是,狄老师于翌年 6 月不幸逝世。王汶成由我指导继续完成学业。从那时开始,汶成就一边学习,一边收集资料,写作论文直到 2000 年 4 月,写成初稿,并顺利通过答辩,得到答辩委员会的高度评价。因论文质量较高,被学校评为优秀博士论文并获奖励。而论文的有关篇章也已在《文学评论》等重要刊物发表。在此基础上,汶成经过反复修改补充,特别是今年暑假在酷暑中的艰苦工作,终于完成书稿。

　　我之所以详细叙述这样一个过程,意在说明,王汶成的《文学语言中介论》不是应时之作,更不是急就之章,而是艰辛劳动的学术成果。而特别值得提出的是,汶成的这部书稿在当前众多的文学语言研究论著中又有其独特的学术价值。20 世纪 80 年代中期以来,随着西方当代"语言学转向"中大量成果的介绍,我国出现了不少相应的论著。其中不乏具有真知灼见者,但更多的仅是引介性质,有的则是生吞活剥,人云亦云。但汶成的《文学语言中介

①《文学语言中介论》,王汶成著,山东大学出版社 2002 年 2 月版。

论》则是一部具有自己独特价值的有关文学语言的力作。其独特
的价值就在于,他针对当前文学语言研究的实际,在流行的"载体
论""本体论""客体论"之外,运用综合研究的方法,着重提出并阐
发了"中介论"的理论观点。汶成所论述的"文学语言中介论",既
克服了载体论、本体论与客体论的局限,又吸取其营养,并建构了
语言作为世界——作者——读者之中介的崭新的文学理论体系。
尤为可贵的是,汶成紧密结合中国传统文论中有关文学语言研究
的理论资源,从而使其"文学语言中介论"具有浓郁的中国特色。
这也应该是汶成对文学语言理论研究的重要贡献之一。此外,作
者还紧密结合创作实际,将他的"文学语言中介论"广泛运用于诗
歌、小说、戏剧与散文的语言研究中,从而使其理论具有深厚的实
证根据。

　　当然,"文学语言中介论"是汶成运用综合的方法而取得的科
研成果,较之其他各论更加全面和深入了。但综合方法的运用也
面临某种危险,即在综合的全面中有可能走向"中庸",从而消弭
有关研究的锋芒。如何既要做到"综合",同时又保留其锋芒,实
在是理论研究的永恒课题。这正是我们需要共同努力的目标。
但无论如何,"综合"是一种方向,而汶成在"综合"之路的艰苦跋
涉中又的确取得了重要成绩。我相信,汶成会继续努力,取得更
加重要的成绩。

(2001 年 9 月 18 日)

王汉川译《天路历程》序^①

王汉川博士是"文革"后山东大学中文系招收的第一届本科生，也是我的学生。大学期间，汉川就以才思敏捷、博闻强记和丰富的艺术想象力而卓尔不群。他后来考入中国艺术研究院研究生部电影系攻读硕士学位，20世纪90年代初又到美国俄亥俄大学艺术学院深造，并于1996年获得博士学位。俄亥俄大学著名图书馆学家李华伟博士曾这样评价道："王汉川博士以他的善良热诚、乐于助人，以他的刻苦努力和优异成绩而赢得人们的尊敬。"美国著名教育家、俄亥俄大学校长罗伯特·格利顿博士2000年10月率团来山东大学访问期间，也曾对王汉川为中美两国文化和教育交流所做出的重要贡献给予高度赞扬。

汉川是一位勤奋认真的学者。早些年前，他就有《电影艺术欣赏》和《中外影视名作词典》等著作风行国内影视界和文坛。最近，他又凭着对中西文明、文化艺术的系统研究及深厚的中英文功底，以信达流畅的译笔，把与莎士比亚齐名的英国文艺复兴后期著名作家约翰·班扬（John Bunyan，l628—1688，旧译本仁约翰）用中古英语写成的名著《天路历程》成功地移译为中文，使广

①［英］约翰·班扬：《天路历程》，王汉川译，山东画报出版社2002年2月版。

大读者有机会细品它的风采原韵,从而如临其境般地感受、认识17世纪的英国社会、人生与基督教文化状况。

约翰·班扬一生历经贫穷、战争和牢狱的磨炼。1628年10月班扬出生于英国裴德福郡的小镇爱尔斯多。父亲托玛斯是一个铁锅修补匠——这是一个当时被视为相当卑贱的职业——靠焊接和修补锅碗瓢盆以及其他金属制品维持着一个贫寒的多口之家。由于生活所迫,班扬小学毕业后继承父业,没有更多机会接受系统教育。

青少年时代的班扬,放荡不羁,名声不佳。1642年,英国内战爆发。两年以后,班扬的母亲病故,16岁的班扬应征参加了克伦威尔领导的代表清教徒势力的议会派军队,驻守在新港派格乃尔地区要塞,与支持英国国教的国王查理一世的保皇派军队作战。这是一场集宗教和政治于一体的双重战争。三年的战斗经历使约翰·班扬对战争有了深刻理解,为他以后的文学创作积累了宝贵的第一手资料。在《天路历程》许多描写战斗和搏击的段落中,其细致入微、层次分明,显现出班扬对战争场面和战斗过程的熟悉程度。

1647年,班扬所在的部队解散,他退伍回到家乡。1649年,他与一位穷苦出身的女子结了婚。翌年,他们的瞎眼女儿马利亚出生之后,他们又生了三个孩子。

班扬的岳父是一个圣洁的基督徒,经常让他们阅读作为女儿陪嫁物的两本书——《普通人的天国之路》和《敬虔的生活》。就在这期间,班扬加入了裴德福郡的一所非国教的清教徒教会,反对英格兰国教教会一些违背《圣经》的原则,并遇到了后来对他的精神生活起了关键影响的著名牧师、曾经是保皇派军官的约翰·吉福德。

此后，约翰·班扬一方面发现了自己非凡的讲道才能，另一方面又陷入了漫长的"属灵"或信仰危机。在后来的自传里，他曾生动地描述过自己内心挣扎和彻悟的过程。而《天路历程》所描写的，也正是这样一个为使自己背上的重担或者枷锁得到解脱而努力寻求救恩的人物形象。

在对信仰的追求与矛盾中，班扬于1656年完成了他的第一部著作《福音真理基要》。1659年，他担任了教会的牧师，并出版了著名的《律法和恩典的原则》一书。

1660年查理复辟，议会从支持清教徒转为支持国教。政教合一后，国王和议会开始搜捕政教的敌人，班扬以"无照布道""秘密聚会和扰乱民心"的罪名被逮捕，开始了12年的监狱生涯。在漫长的监禁中，他不顾法律限制继续传道，并因此被关进了地牢。《天路历程》开篇中提到的那个"洞穴"，指的就是他蹲过的地牢。而主人公基督徒手中的那本书，便是他在狱中反复研读的《圣经》。

12年的监狱生活，成就了班扬对《圣经》的精心琢磨，使他在日后成了历史上运用经文最多且得心应手的作家。而狱中所受的身体折磨、人格侮辱及心灵冲击与震撼，则促使他重新思考人生的道路和归宿。1663—1666年完成了《天路历程》的第一部，通过主人公在漫漫征途上所遭遇的一系列痛苦、磨难、考验，折射和反映了他本人的心路历程。该书1678年正式出版后，立刻轰动全国，在市井平民中和宫廷贵族中都激起巨大反响，成为英国文学史上轰动一时的事件。不同层次的读者既发现并感受到了它的优美，更为书中以寓言、比喻和梦幻形式所揭示的思想所折服。

在以后的时间里，班扬不仅亲眼看到了这部作品的深刻影响,而且看到了许多世俗各阶层人们的内心挣扎与不同形式的求索。他从自己长期的经历中选取新的素材,写出了表现基督徒的妻子、她的四个孩子、慈悲女士、向导神勇先生以及后来加入他们行列的人们奔走"天路"经历的《天路历程》第二部。

1688年8月的一天,距班扬60岁生日还有两个月。为了劝说一个破碎家庭重归于好,班扬冒着大雨骑马前往瑞丁镇。预期的目的达到了,但他自己却不幸患了重感冒,一病不起。8月31日,班扬病逝,葬于邦山墓地。不久,他的家人和朋友在他的家乡裴德福郡建立了"班扬公共图书馆"。

《天路历程》第一部完成后,班扬送给他的朋友们传阅,结果众说纷纭,褒贬不一。那些基督教文化修养比较高的读者称它是一部寓意深刻而又通俗易懂、充满宗教哲理而又形象鲜明生动的文学作品,人们从中可以得到"巨大的欢乐"。但也有人认为他不该用晦涩的寓言体写作,不该表现虚幻神秘的故事。然而,班扬却自认为"独辟蹊径","用虚幻的故事构筑起一个神秘的世界,却使真理发光,使读者开卷有益",其笔下"那些英勇无畏的历险,却远远胜过空洞的概念",并认为用比喻讲述神圣的事情,正是《圣经》文学的主要特征之一。针对有人认为作品中冗长的对话太多,班扬强调"用对话体写作",正是许多名垂史册的著作常用的方法。更有人认为他用比喻阐明道理,是造诣不深的表现,也使他的书显得没有分量。对此,班扬引经据典指出"先知们都是运用比喻的大师",《圣经》的字里行间也有许许多多"隐秘的修辞和含义深刻的寓言"。

同《天路历程》第一部所采取的表现手法基本一样,在作品的第二部中,班扬借助深刻而又生动的寓言故事,帮助读者领悟为人处事的智慧,汲取对待险恶人生的勇气。尽管作品第二部中的场景和描写与第一部有不少相似，乃至重复之处，但班扬以更多的人物、更广阔的场景和更幽默的笔法来深刻展示现实，同时表达了更充分的信心和更坚定的希望。从中，我们可以看到越来越明朗的描写。全书最后，班扬更把令常人感到恐惧的死亡，写得像田园诗一样轻松美好：那些知道自己死期临近的人们，如同准备一次新的旅行完全可知的未来充满了信心和希望。

纵观全书，我们可以看到，班扬极其生动地展示了当时英国社会的众生之相，使读者能够从中找着自己的影子，也可以从不同人物与事件中得到教训和启迪。他虽然采用了宗教寓言体写作，却又折射出了一定的社会真实，尤其是人们心灵搏斗的真实状况——当然，班扬最关心的还是精神和灵性的含义及其应用。正因此，这部作品被称为"具有永恒意义的百科全书"，成为英国文学史上里程碑式的篇章。许多文学史家把班扬与莎士比亚、米尔顿相提并论，把《天路历程》与但丁的《神曲》、奥古斯丁的《忏悔录》并列为世界三大宗教体文学杰作。

在叙述技巧方面，但丁和班扬都大量运用了象征和比喻，以及层出不穷的典故，都用奇特的想象构筑自己的文学世界。不过，但丁的象征、比喻和典故大都出自他所熟悉的古典文学，包括神话传说等，而班扬对这些手法的运用，则紧紧围绕基督教的信仰和主题，其所有典故都源于《圣经》。如果说，《神曲》是但丁在流放期间所做的豪迈激昂的长篇政治抒情诗，那么《天路历程》就是班扬在身陷囹圄期间所娓娓道来的"双城"故事——从充满罪恶的"毁灭之城"到梦寐以求的"天国之城"的经历。如果说，但丁在《神曲》中把自己和其他人物的人间经历编织进一个视觉形象十分鲜明的立体空间之中，其层次分明而结构严谨，那么《天路历程》的叙述除了一些倒叙和回忆的穿插,基本上是一个平面式的结构。

　　同是在世界文学史上写下重要篇章的长篇寓言体文学作品,同是作者身处逆境时呕心沥血的结晶,同是对本民族语言(但丁的意大利语和班扬的英语)的发展做出了重要贡献,但丁的《神曲》和班扬的《天路历程》以不同的风格影响了不同层面的读者:《神曲》是"阳春白雪",以至于有评论家断言,没有人能够真正读懂但丁,当代读者更是望而生畏、敬而远之。而班扬则一改以往神学家、布道家注重华丽文采的作风,善于运用比喻、民间口语及平民化的语言,以通俗易懂的方式来揭示《圣经》讲述的深奥道理,从而以平民化、大众化的风格赢得了无数读者。也因此,《天路历程》不但对读者的心灵产生了巨大影响,同时,它的许多修辞造句也成了英语世界里广泛引用的谚语、俗语、成语和经典表达手法,"微软"公司出版的《大百科全书》曾收录其中近百条"语录",就是一个证明。作为一部具有重要价值的英语文学作品,三百多年来,《天路历程》突破了民族、种族、宗教和文化的界限,风靡全球。即便在非基督教文化氛围中,它也是学术界最热门的研究话题之一。迄今为止,这部作品在世界各地已有多达二百余种译本,是除了《圣经》以外流传最广、翻译文字最多的书籍。而在本译本之前,中国内地和香港也已经有了两种中译本。然而,令我们感到欣喜的是,眼前这部由汉川博士倾力翻译的新译本,可以说是一个更准确、更传神,同时也更丰富、更有风采的中译成果。尤其是,在这个新译本中,译者为了方便中国读者阅读和理解,特地对原著所用经文出处和许多具体内容作了大量注释,令读者获益良多。

　　对世界文学名著的翻译,需要一代代人不断地辛勤劳动。感谢汉川博士,感谢他奉献了这样一部出色的翻译作品。我相信,以他赤诚的爱国之心,以他的学识和才华,一定会有更多更好的作品问世! 我们期待着。

（2001 年 10 月 28 日于山东大学）

赵奎英《混沌的秩序：审美语言基本问题研究》序①

初冬的夜晚，已经有了几分寒意。就在这样的寒夜，奎英匆匆赶来，将已经完稿的《混沌的秩序》交到我的手中。翻开这二十二万字，五章十七节的书稿，我真的感觉出了它沉甸甸的分量。这决不是应时之作，更不是急就之章，而是历时十年之久的思考与劳作的结晶，是一部凝结了一位女性青年学者青春年华的力作。

1991年夏，奎英以优异的成绩从山东师范大学中文系本科毕业，考入山东大学文艺学专业，攻读硕士学位，分在我的名下，专攻西方美学。从那时开始，她就对语言学美学表现出浓厚的兴趣。1994年，奎英以《"语言未成态"的美学含义》为题完成硕士论文。这篇论文的部分内容以《试论文学语言的可逆性》为题，于1996年底在《文学评论》发表，并获山东省社科二等奖。1997年，奎英在经历了三年教学生涯之后，又考入山东大学文艺学专业，继续在我名下攻读博士学位。2000年6月，奎英撰写的博士论文，《审美语言基本问题研究》，顺利通过答辩，受到答辩委员会专

---

①《混沌的秩序：审美语言基本问题研究》，赵奎英著，花城出版社2003年版。

家的一致好评。正是在博士论文的基础上，经过一年多的修改补充，才完成这部即将付梓的书稿。我之所以做以上详尽的叙述，是为了说明这部书稿的长期累积性和作者对学术始终不懈的追求。而且在我的印象里，十年来，奎英始终是以瘦弱的身体承载着美学之思的重担。几乎每一次流行性感冒，她都难能幸免，因而要经常地吃药、打针。但她又每次都以优异的成绩和高质量的论文向老师交卷。她对思辨的爱好、思想的深度和逻辑的严密常令许多师友惊异。这些特点在她的这部书稿中得到集中的体现。我认为，奎英的这部著作，无疑会在我国语言学美学领域产生重要作用，从而做出自己特有的贡献。因为，这是一部建立在长期科研和深入思索基础之上的具有厚重科学含量的著作。奎英为了完成这部书稿，认真研读了古今中外大量有关文献论著，对前人的成果作了细致的分析研究，对有关概念范畴作了尽可能周密详尽的梳理，对自己的结论进行了长期而缜密的思考，并结合文学实际进行验证。更为重要的是，这是一部创新之作。奎英在继承前人成果的基础上，对审美语言的特性进行了全新的研究思索，提出了"语言未成态""语言可逆性""语言惯性"等一系列崭新的概念，从而为审美语言的诗性特征作了更准确的理论界定，进一步分清了审美语言与科学语言的界限，并揭示出存在于审美语言内部的那种"奇异的秩序"和"深刻的悖论"。奎英提出的这些语言学美学的概念范畴应该是中国学人对源于西方的语言学美学理论的一种丰富和贡献，体现出了可以同西方学界进行平等对话的可能性。奎英还从中国古代的语言文字、思维方式和时间意识的关系中，深入研究了我国传统的文学语言的结构和精神，指出它所具有的"空间化与诗化"的审美特征。从中国的文学传统中总结出审美语言的特性，对建立具有中国民族特色的语言学美学是一个重要尝试，同样具有重要意义。值得我们注意的是，奎英将自己的语言学美学研究放在当前西方"语言学转向"和"哲学审美化"的大背景之下，将语言、诗和审美的存在紧密相联，从而使其语言学美学研究具有了极为深广的社会文化意义。我认为，语言、诗和人的审美存在的关系在当前是具有世界意义的课题。因为，当今世界各国都处在现代化的热潮之中，现代化对人类进步的巨大作用已是不争的事实。但现代化过程中，市场化、城市化和工业化的负面影响也日益明显。其直接恶果威胁到人类的生存。从二次世界大战到当前严重的生态危机，一次次对人类的生存敲响了警钟，人类已日渐处于非美的生存状态。而改变这种状态，为人类实现审美的生存而奋斗，则是新世纪的紧迫课题。语言是人类的精神家园，文学是人类审美存在的重要方式。我们的任务是通过具有审美特性的文学张扬一种终极关怀的人文精神，从而促进人类逐步走向审美的存在。这正是奎英这部著作的深意所在，也是我们美学工作者，作为一介书生的良好愿望与终生追求。

　　古语云，三十而立。奎英正值英华之年，但已沿着这条"语言之路"迈出了矫健的一步，这也是学术之路上的宝贵历程。我相信奎英会更稳健地在这条路上前行，并取得更多更好的成果。

（2001 年 11 月 8 日晚）

张政文《从古典到现代
——康德哲学美学研究》序①

政文从遥远的北国给我寄来了《从古典到现代——康德哲学美学研究》书稿。捧着这沉甸甸的书稿，不禁使我想起十四五年前，政文在山东大学攻读研究生时的情景。那时，政文只有25岁，是一个十分儒雅的青年学子。给我印象十分深刻的是，他对康德美学情有独钟。因我也十分喜欢康德美学并正在为本科生和研究生开西方美学课。政文一边听课，一边同我讨论康德美学问题，并常常送来厚厚的有关康德美学的论文。康德的三大批判是出名的艰涩。我们作为教师都常常被其艰深的理论所困扰。但政文作为青年学生却乐此不疲，并孜孜以求，的确使我对他生出几分敬意。政文毕业后分配到美丽的冰城哈尔滨，在黑龙江大学任教。由于时空的间距，十多年来，互相之间的联系不是太多，但我却总是关心着他，发现他不断有康德美学的论文发表。去年，山东大学文艺美学中心举行挂牌仪式暨首届学术讨论会，张政文夫妇由哈尔滨专程来济与会。站在我面前的政文已有更多北方人的豪放，但他仍内蕴着儒雅的气质。更使我惊讶的是，一

_____

① 《从古典到现代——康德哲学美学研究》，张政文著，社会科学文献出版社
2002年11月版。

见面,他仍是谈康德美学。这一次又收到他《从古典到现代——康德哲学美学研究》书稿。这一段历史的回顾,意在说明这部书稿是政文从 20 世纪 80 年代初迄今 20 多年学习研究的成果。对一个美学家花费 20 多年时间进行锲而不舍的研究思考,这在中国当代中青年学人中并不多见。但政文却做到了。那么,政文的这种研究思考是否值得呢? 现在回过头来想,我认为太值得了。这是由康德在整个西方美学史,乃至世界美学史中的地位决定的。黑格尔曾经对康德美学做过这么一个评价,他说康德说出了关于美的第一句合理的话。那么这句合理的话是什么呢? 我认为就是康德在《判断力批判》导言中所说的,美是真与善的桥梁(中介)。这样一个论断就说明了康德美学完成了自然人生成的理论描述,实现了真与善、知与意的过渡,从而使康德成为跨越时空的美学伟人,使《判断力批判》成为永不枯竭的美学宝库。政文的《批判哲学的美学研究》恰恰就抓住了康德美学作为“桥梁”这个核心,从认识论与本体论、科学主义与人文主义、古代与现代、西方与东方统一的理论高度,全面阐述了康德美学的深广意义与重要价值。特别在古代与现代的美学中,政文在本书的第二部分“美学影响”中,深入探讨了康德美学,特别康德有关本体论的美学研究成果,对整个西方 20 世纪美学,乃至各个美学流派的影响应该说是政文用力最勤,也是本书较为重要的篇章。本书还充分体现了政文在康德美学研究中的扎实功底。政文对康德美学研究没有仅仅限于《判断力批判》,而是同时深入研究了《纯粹理性批判》与《实践理性批判》,从康德整个哲学体系出发来更加深入地探讨康德美学的内涵与价值。这也可以说是一种“还原康德”的研究路径。因为,康德美学的最大特点就是作为其哲学的有机组成部分。可以这样说,不研究康德美学就无法理解康德哲学,那么反过来,不深入研究康德哲学也就无法深入研究康德美学。政文正是实践了这样一种理论要求。但其中所渗透的艰辛与甘苦也只有亲身经历了这种理论探索的学者才能体会得到。因此,这部书稿不仅仅是时间的积累,同时也是学问的积累,更是辛劳的积累,是一部浓缩了的学术奋斗史。政文这部书稿写的是200多年前的古代哲人康德,但却不给人任何一点陈旧感,而是处处激荡着新世纪的时代激情。可以说,这是一部具有很高的当代性与前沿性的学术论著。

从解释学的角度说,任何研究都是一种当下的理解,政文的《从古典到现代——康德哲学美学研究》就是一位当代学者充满时代感受和主体精神的对康德美学的崭新解读。这种解读既不脱离康德美学的基本理论构架,同时又充满极具个性的当代美学精神。政文书稿中的文化立场、存在意识与当代文学史观的阐释等就是充满时代色彩的解读。这就不仅使本书成为当代最新的一本康德美学研究论著,而且也是政文极具个性的美学思想的反映。当然,本书还有"神学观念""审美文化选择""形式主义美学原则""文学类属性""文学史时间量研究"等一系列新颖的康德美学研究内容,极大地拓宽了康德美学研究的领域,从而使本书具有了不可替代的广度与深度。孔子说,四十而不惑。如果我们将"不惑"理解成成熟,那么这部书稿恰恰就是政文学术走向成熟的标志。就在我写作这篇序文之时,立春刚过几天,户外的迎春花含苞待放。我衷心地预祝政文在自己的学术春天绽放出更加鲜艳的学术花朵。

（2002 年 2 月 7 日于山东大学南院寓所）

张义宾《中国古代
气论文艺观》序[1]

张义宾把即将付梓出版的《中国古代气论文艺观》书稿交到我手上，不免引起我对往事的回忆。记得 1997 年深秋的一个晚上，我上完课后，同几位博士生一起讨论论文选题问题。义宾提出他要研究"气论文艺观"。当时，我和他的几位同学都感到这一课题难度大，不好把握，作为博士论文选题有风险。但义宾说，这是已故狄其骢教授于 1997 年春交代于他的。这才使我下定了支持义宾完成这一选题的决心，因为狄其骢也是我的授业老师，是一位有着深邃思想的文艺理论家。我相信，狄老师交待这样的课题必然有其道理。

在其后漫长的岁月中，义宾对这一论题进行了研究，倾其全力，刻苦钻研，付出了艰辛劳动，表现出不辱师命与探索真理的精神，其中的甘苦只有张义宾自己才能真正体会得到。因为，义宾本人长期从事艺术教育工作，其硕士论文做的是"大众文化"，古典基础并不十分深厚。但张义宾硬是以顽强的毅力攻读一本本古代典籍，查寻一切能找到的资料，苦苦思索，数易其稿，终于在 2000 年 5 月如期完成论文写作并参加答辩，得到答辩委员会

---

[1]《中国古代气论文艺观》，张义宾著，山西人民出版社 2003 年版。

的肯定,获得了博士学位。此后的两年,义宾继续对论文加工修改,征求各方意见,一直到最近定稿。由上面的介绍可知,这本书稿从1997年春酝酿到今天定稿,整整经历了五年的漫长时光,凝聚了义宾的大量心血,当然,其中也吸收融合了有关的意见。

本书专论中国古代文艺思想,因而是一个传统的论题,但又是一个具有崭新内涵与强烈时代意义的课题。因为中国传统"气论"理论及其文艺观尽管已有学者研究,但专门从"气论本体论"角度研究"气论文艺观"的专著却极少,而且本书具有很强的理论性与系统性,其他有关论著难以与之匹敌,正是在这个意义上,本书具有开创意义。同时,本书涉及到中国传统文艺理论的当代转型这样一个具有时代意义的课题,义宾在书中明确表示不同意当前流行的诸如"失语症""从现在流行的西方范畴出发吸收中国传统"以及王国维的"境界说",开中西美学融合之先河等诸种观点。义宾认为,"气论文艺观"完全不同于西方的重逻辑分析的文艺观,它是中国传统中特有的注重生活本体和"哲学—美学"精神的文艺理论体系,这种文艺理论体系蕴含着东方智慧的精髓,比西方文艺理论更加切合文艺的本质,并具独特的魅力与生命力,而中西的对话与交流应以中国特有的"气论文艺观"为基础,以吸收、消化西方理论的精华。为此,义宾详细考察了中国传统"气论本体论"的哲学源流与内涵,论述了"气论文艺观"的孕育、产生、发展与分裂,并深刻阐述了"气论文艺观"在艺术的本源、艺术家修养、艺术作品等诸要素中的体现等。本书在学理上的彻底性、明晰性、逻辑性等特点,使其具有了较强的说服力,充分展示了中华智慧之灵魂,成为构筑具有民族特色文艺理论体系的重要探索。本书较好地贯彻了逻辑性与历史性相统一的原则,所有的理论范畴,特别是一些基本的范畴,都有史料根据,并对其源流发展进行梳理剖析,使其具有了严密的科学性。

在阅读本书的过程中,我对义宾提到的一种理论现象深有同感,那就是我国当代众多的中国古代文艺理论著大都以西方文艺理论概念来硬套中国传统范畴。这种情形不仅发生在过去,而且存在于今天,不仅别的理论工作者这样做,我们自己也曾这样做过,例如,以"想象"套"神思"、"典型"套"意境"、"风格"套"风骨"、"浪漫"套"豪放"、"和谐"套"中和"等,其实均混淆了中西两种文艺理论体系的不同理论内涵;还有的论者则因中国传统文论迥异于西方,便以西方理论为标准,对中国传统文论大加贬抑。义宾认为,诸如此类的现象都是不足取的,这就使本书具有了鲜明的论辩色彩和明确的现实针对性。

那么,到底如何进行中西对话交流,建设具有中国特色的现代文艺理论体系呢? 义宾在书中指出:"应当以马克思主义为理论指导,立足于当代中国社会生活,在吸收传统文艺理论与西方文艺理论精华的基础上,体现出我们所处时代的'精神',从而建立起既重无又重有,既重造物力又重成物力,既重体悟又重思辨的实践性与理论性相统一的中国现代文艺理论。"应该说这一段论述够全面了,但要具体实践恐怕有相当困难。因为中国传统文论的价值内涵与现代理论之间的确存有很大距离,这种距离甚至难以超越。因为现行文艺理论体系的概念与范畴的确主要源于西方的文艺理论,而且已经使用了几十年,经过几代理论工作者的消化改造,具有相当的现实可行性。而中国传统文论的理论范畴是否具有"普适性"、它能否被多数理论工作者所接受仍是问题。中西文论概念范畴的融合迄今未见实效,甚至鲜有超出王国维"境界说"的理论成果。所以,我认为本书在传统"气论文艺观"的现代转换上仍要进一步思考,也许这正是义宾今后的任务。

　　义宾是一位踏实的青年学者,目前既然迈出了可贵的第一步,那么在此基础上,今后一定会迈出更大更稳的步伐。

　　　　　　(2002年5月2日于山东大学南院寓所)

吴海庆《船山美学思想研究》序^①

海庆从遥远的浙江金华给我打来电话,告诉我,他的博士论文《船山美学思想研究》已经过修订增补定稿,马上就要出版,嘱我为这本书写一个序。接到电话后,我同海庆一样产生一种完成任务后的轻松感。同时,我也对本书作为目前我国不多的几本船山美学思想研究的论著之一得以面世而感到高兴。

海庆于 1991 年由河南来山东大学跟我攻读硕士学位,1998年又跟我攻读博士学位。在博士论文选题时,他选择了王船山美学思想研究。当时我有些犹豫,因为王船山的论著卷帙浩繁,担心工作量过大,同时我本人对王船山美学思想也不太熟悉。但海庆的坚定倒反而使我下了决心。从 1999 年开始,海庆就开始了对长三百多卷的《船山全书》的刻苦钻研。在那漫长的日日夜夜,在对船山艰涩文句的求解思索之中,海庆度过了艰苦的两年岁月,终于完成了博士论文初稿,并顺利地通过了答辩,得到答辩委员会的充分肯定。

王船山是我国明末清初的重要思想家,由于他生活在政治、经济与文化激烈动荡的时代,加上他本人独特的文化艺术素养,因而使他肩负起对我国古代美学思想总结综合的重任。对于王

①《船山美学思想研究》,吴海庆著,河南人民出版社 2004 年 9 月版。

船山在我国古代美学史上的重要地位,已有美学家论述,但海庆却在本书中作了更为集中的表述。他不仅指出,"船山美学思想是中国古代美学思想的集大成者",而且指出,它"也是中国美学同世界美学对话的支点之一",海庆在中西美学影响比较的宏阔背景下论述了船山美学思想的特有价值和意义。不仅如此,海庆还在本书中论述了王船山美学思想对我国近现代美学,特别是王国维美学思想的影响,正确地揭示了王国维的"境界说"与崇高形态的美学理论与王船山美学思想的渊源关系。本书还充分论述了王船山美学思想气本体论与"天人合一"的哲学基础,这恰是形成王船山美学迥异于西方主客二元对立美学传统的根本原因,也是其美学所特具的中国气派的根源。本书还着重对王船山美学思想中特有的现量审美意识进行了集中的论述。"现量"是佛教法相宗的一个概念,用以表述与境的特殊关系。王船山用以阐述审美直觉。海庆在书中从天人合一、主客统一、主体性与诗乐合一等多个层面揭示了审美现量说的主要美学内涵,归纳了由气到感遇到现量,再到美(天下之大美)的理论逻辑。本书还对王船山的美育思想进行了论述,这是别的研究者极少注意的,但却又十分重要。本书通过阐述船山"习行成性"和"日生而新"的人性论,指出"春风沂水"与"止争一线"两种精神的融合是船山对孔子圣贤人格精神的新解,也是船山"虽狭而长"的美育思想的根基。本书还在王船山美学思想研究中运用了中西美学比较的方法,使对王船山美学思想的理解增添了新的视角。例如,运用西方当代美学中"本质直观""效果历史"等方法概念同王船山的现量审美观进行互释,指出其相通性与相异性。再如运用西方当代格式塔心理学美学中"力的结构"的理论来阐释王船山美学中"势"的内涵。这些比较研究应该说都是有其价值的。但中西方美学毕竟是两种不同的哲学根据与理论形态,因而任何比较都应顾及其深刻的内涵,而不能只作字面的类比。这一点在我同海庆共同研究期间早已取得共识,海庆已经将其融贯在自己的研究之中。

以上说了很多本书的特点和长处,这当然是海庆多年努力的成果。但王船山作为中国古代文化的大家,以其近四百卷的浩大成果和深邃精深的理论思想贡献于人类。面对这样一座极为丰富的理论宝库,仅仅用两三年的时间研读,也只能说是初识门径。因此,对于本书的深刻性和全面性,我相信海庆自会有清醒的认识,而只会在今后的岁月中不断地深读、体会与理解,以使船山美学思想的研究进入个新的境界。本书的出版是海庆学术生涯中的一件大事,不仅是自己攻读博士期间的成果得以面世,而且是一次接受社会和学术界同行检验的机会。我衷心地期望海庆在此基础上得到更大的提高并走向另一个新的起点。

(2002 年 11 月 26 日于山东大学南院寓所)

刘恒健《美学的三维视野：
美学与人文学发微》序[①]

　　恒健的夫人小曹嘱我为恒健的文集写一篇序言，我在接受嘱托之余，心情是十分复杂的。一方面感到些微的欣慰，因为文集的出版毕竟给我们提供了一个纪念这位中年美学家的途径，同时也不免引起我对恒健的许多回忆，从而对其英年早逝再次感到十分悲痛。

　　刘恒健于 1979 年考入山东大学中文系攻读文艺学硕士学位。他们几位研究生一起听我的西方美学课，于是我就同恒健熟悉起来。他常到我家小坐，一起切磋学术问题，谈得十分投机，于是就成了朋友。1982 年恒健分到陕西师大工作，还不时地与我有所联系，我们不断地相互关心着。碰到陕西师大的同志，我也总是问起恒健的情况。他后来又几次回到学校，大家相聚。2001年 5 月，恒健操办"首届全国生态美学研讨会"，邀我参加。我对议题内容很感兴趣，也对古城西安仰慕已久，因此欣然前往。恒健亲到机场接机，我们一见恒健真是吓了一跳。因为，站在我们

[①]《美学的三维视野：美学与人文学发微》，刘恒健著，陕西师范大学出版社2003 年 12 月版。

面前的恒健头发蓬乱，面黄肌瘦，说话无力，形销骨立，以前那壮实有神的印象已荡然无存。询问之下，才知恒健正在病中，住过一段医院。我们十分为他担心，会议期间总是嘱咐他注意身体，好好诊治。2002年春节后，有陕西师大的学生来考博，我问起恒健的情况，这位同学吞吞吐吐地说刘老师摔跤骨折，躺在床上，他不让将这情况告诉我以免我挂心。我听后心情沉重，感到恒健真是祸不单行，去电话叫他好好静养诊治。过后很久，没有听到恒健的信息，但我总在心中默默为他祈祷，祝他早日康复。2002年10月3日上午，突接恒健夫人小曹电话，悲痛地告诉我恒健已经病逝。这个噩耗使我万分震惊。恒健刚过50岁，正当盛年，又不是得的不治之症，但却因积劳成疾而英年早逝，永远地离开了他所挚爱的学术事业与课堂，而我的首次西安之行竟成了同恒健的诀别！此后，同恒健的几位师友谈起，总想有一个纪念恒健的方式。这次文集的出版，就是我们寄托哀思的方式之一。

翻开恒健生前的这些文稿，尽管字数不多，但却充分反映了恒健近20年来艰辛而卓有成效的美学探索之路。这就是恒健所苦苦追求的中国美学新世纪的超越与转型之路。也就是说，中国美学如何突破主客二分的认识论的旧的传统的轨道，而跨入新的现代轨道？这是新时期众多美学工作者所苦苦思索与探询的课题，不仅在美学学科自身有开拓创新的意义，而且对于当代文艺发展和其他人文学科的建设都会起到巨大的推动作用。恒健恰是这一具有重大意义的学术探索工作的中坚力量。他所写的文章并不太多，但几乎篇篇有其分量和见地，反映了他对中国当代美学转型的深刻哲思。恒健是在广博的学术准备的基础上来进行这一探索的。

从文中可知，恒健对我国传统的实践美学十分熟悉，而且深入地研读了马克思与恩格斯的许多原著，并对西方当代的现象学、存在论符号学与中国古代的哲学美学进行了深入的钻研。他文中的每一个结论，都有材料的根据，都是深思的结果。恒健学术探索的中心是：由传统认识论到当代存在论的过渡，由此在方法上由传统的主客二分过渡到现象学的"回到事情本身"，以及由传统的主体性过渡到当代的主体间性。他从四个层面来展开自己的探索。第一个层面是哲学美学的重建问题。他提出超越实践美学的课题，从本源性、本己性与个体性三个维度进行超越，最后达到"把人的个体生存价值及其意义在审美和艺术的研究中明确地摆在中心的地位"。第二个层面是从审美文化研究的视角超越，由此"突出地表达了一种对文化生存性的敏感体验和深刻理解"。第三个层面是从中国美学的中国化与世界化的视角超越，由此做到"中国美学应当而且有能力自立于世界美学之林，并为世界美学做出巨大的独特贡献"。第四个层面是从生态美学的视角超越，他试图通过生态美学这一大道本源性的美学样态带给新世纪美学发展以一种源头活水。我们阅读恒健的这些美学文章，深感言简意赅，思想深邃，表明他的研究工作完全处于当代美学研究的前列，也充分表现了恒健作为一位哲思型理论家的学术风格及其正在显露的才华，因而更为其早逝而扼腕！可以这样说，恒健文章中所涉及的都是重大的时代课题，需要几代人为之探寻与努力，而恒健已在可能的范围内尽力了，他是奋斗到最后一刻才不得不放下他的笔的。

我们为失去一位具有深邃哲思的中年美学同行而痛心，同时我们也从恒健的学术成果中进一步感觉到我们肩上责任的重大。探索中国现代美学超越与转型之路，还得由我们，特别是年轻一代学人继续走下去。这应该是我们对恒健最好的纪念，也是出版这本文集的深意。最后应该衷心地感谢陕西师大的领导和陕西师大出版社为恒健这本文集的出版所提供的大力支持。

（2003 年 5 月 30 日于济南六里山下）

王德胜《散步美学
——宗白华美学思想新探》序^①

德胜的博士论文《散步美学——宗白华美学思想新探》,在 2004 年新年钟声刚刚敲响之时马上就要付梓出版了。这不仅是德胜本人科研成绩的一次展示,也是我国 20 世纪美学史研究的一个重要收获。

德胜是 2001 年秋考入山东大学文艺学专业攻读博士学位的,第一年即以优异成绩顺利完成了学位课程,修满了学分。第二年,他在原先科研工作的基础上,努力在理论深度上挖掘提升,完成了博士论文的写作。攻博期间,他发表论文 15 篇,且绝大多数为核心期刊。所有这些完全符合学校有关提前毕业的条件,经校学位委员会同意提前答辩。2003 年 5 月下旬,在同行专家认真评审的基础上进行了答辩。答辩委员会一致通过德胜的答辩,并对他的论文给了较高的评价,认为"本文是一篇具有较大理论意义和学术价值的优秀博士论文",当然也提出了"对宗白华美学思想所存在的历史局限性还可进一步研究"的希望。

历史是公正的。宗白华先生在美学界尽管早就出名,却并不

---

① 《散步美学——宗白华美学思想新探》,王德胜著,河南人民出版社 2004 年 4 月版。

显赫。因为宗先生总如闲云野鹤，不紧不慢，做着他的"美学散步"。他的成果并不多，也从来没有写过十分引起轰动的文章，但他却在默默地做着具有长远价值的中国古典美学的现代转换工作。这一工作的价值终于在宗先生离开我们之后的 20 世纪后期显现出来，引起国内外学术界的重视；宗白华美学思想研究成为中国美学研究中的热点。可以这样说，研究中国当代美学必须研究宗白华美学思想，否则将是无法弥补的缺憾。

德胜对宗白华美学的兴趣，始于 20 世纪 80 年代初他在北京大学哲学系读书之时。当时，朱光潜与宗白华作为中国当代美学的两位泰斗都在北京大学任教。德胜作为热爱美学的青年学子，对两位大师非常景仰并有求教的机会。毕业之后，他就开始了研究宗白华美学的路程，并于 1987 年与他人合作出版了《朱光潜宗白华论》，后又独自出版《宗白华评传》。这篇博士论文，就是在他十多年研究基础上进步加工、提升而成的。德胜的这篇博士论文，同他以往对宗白华研究的不同及其价值就在于，他以强烈的问题意识，将宗白华美学放在 20 世纪中国百年美学发展的历史背景中进行审视，因而其理论深度与学术价值自是不同一般。

众所周知，鸦片战争以来，随着西学东渐之风渐胜，在"打倒孔家店"的浪潮中，西方美学在中国美学领域占据了绝对优势；中国传统美学逐渐式微，而且出现了以西方美学范式来阐释和规范中国传统美学的倾向。事实证明，中国传统美学作为中华民族的宝贵遗产是决不能被取代的。而中西美学虽有共同之处，但却源于不同的哲学背景和文化传统，具有不同的内涵。特别在当前经济全球化的背景下，包括传统美学在内的民族文化的保持和发扬显得愈发重要。因此，百年中国美学回顾的重要问题就是：在现代化和中西文化碰撞的背景下，中国传统美学能不能和如何进行现代转换？这是一个探讨了一百多年的课题。直到最近仍有学者提出古今和中西美学是宿命的对立，不具任何可通约性。但一百多年来，又确有许多学者在中国传统美学的现代转换方面进行了艰难而可贵的探索。如王国维、钱锺书、朱光潜、宗白华等。特别是宗白华，他不同于许多学者之处，在于他不是以西方为出发点，而是以中国为出发点来探讨这一重要课题。德胜就是抓住了宗白华的这一特点来展开自己的探讨，在美学的现代转换和中西美学比较的宏阔背景下，论述了宗氏的审美本质论、美感论、艺术美论、中西比较美论、诗歌美学论、美学理想和风格等，提出了宗氏创的"化景物为情思"的意境说、"错彩镂金"和"芙蓉出水"两种美感类型以及"时空合一"的空间意识等。他还着重论述了宗白华从艺术实际出发、重视资料发据、不讲虚妄之理的学术风格，认为这正是宗氏取得成功的重要原因。

作为研究者，德胜自己也止继承了宗先生这样的学术风格。他广泛收集了有关宗白华美学研究的资料，并得到了宗先生家人的帮助，专门做了《宗白华生平和学术年谱》，足见其资料工作的扎实。德胜在本书"导论"中写道："在 20 世纪中国美学学术进程上，宗白华是一面旗帜。"这既写出了宗先生在中国现代美学史上的地位，也写出了德胜本人对一代宗师白华的景仰之情。

我想，让中国美学这一民族文化的奇葩在当代重放异彩，是宗先生等老一代学者的终身追求，而要将这样一种追求变成现实，就得依靠德胜这一代中青年学者继续不懈的努力。

（2004 年 1 月 3 日于济南六里山下）

李鲁宁《伽达默尔
美学思想研究》序①

　　鲁宁的博士论文《伽达默尔美学思想研究》即将付梓出版，嘱我为之作序。我自然是很高兴的。说来人与人在世界上真的确有一种缘分。记得1988年夏，当时我担任山东大学副校长，分管教学和招生工作。那时为了克服应试教育倾向，1985年山东大学、山东省教委和山东最好的中学之一——山东省实验中学，决定从全省选拔一个班进行高中免考直升大学的实验。我应邀到实验班讲话，鼓励这些同学好好学习。李鲁宁就是这个实验班的一员，从当时的合影中可以看到他是属于年龄小的同学的行列。后来鲁宁就进入山大中文系学习，本科毕业后，又到著名文艺理论家、我的老师狄其骢教授的名下攻读硕士学位，接着又攻读博士学位。非常遗憾的是，就在鲁宁即将完成学业进行博士论文写作之际，狄先生竟突然因病去世。此后，鲁宁就转到我的名下，由我帮助他继续完成论文写作。在鲁宁写作过程中，我发现他的准备工作是比较充分的。一方面由于狄老师的悉心指导，鲁宁已经具备良好的专业基础，另一方面有关伽达默尔的研究，狄老师在鲁宁读硕士期间就已经让他作为论文题目进行研究，博士论文是

――――――――
① 《伽达默尔美学思想研究》，李鲁宁著，山东大学出版社2004年版。

在原来基础上的一种拓展。因此，尽管课题本身有相当难度，但因鲁宁已有准备，所以并不感到太难。论文的写作和答辩都是顺利的。答辩委员会给予鲁宁的论文以较高的评价，一致认为"这是一篇优秀的论文"。这篇论文也获得"山东省首届（1999 年）优秀博士论文奖"。

首先论文的选题很好。伽达默尔是 20 世纪非常重要的阐释学理论家。因为整个 20 世纪是西方哲学、美学剧烈转型的时期，也就是突破传统古典哲学、美学的主客二分思维模式和人类中心主义理论观念，转变到关系性的有机整体性。中间历经了唯意志主义哲学—美学、表现主义哲学—美学、实用主义哲学—美学、分析哲学—美学、现象学哲学—美学、存在主义哲学—美学等。伽达默尔的解释学哲学—美学在现代的哲学突破中却具有其特有的作用。那就是，伽氏以其独创的"视界融合""效果历史"等概念，将主体和客体、现实和历史、读者和文本等对立方着力打破，加以融合。以其两个主体间平等对话的深刻内涵，包含着"主体间性"的当代哲学和美学深意。不仅如此，伽氏的解释学美学还开启了当代影响深远的"接受美学"，并以其"解释本体"的理论，深化了存在主义哲学—美学。解释学美学对于我国当代美学的突破与跟上时代步伐，也具有极其重要的意义。而解释学美学真正介绍到我国也就是 20 世纪 90 年代的事情。因此，鲁宁恰在此时选择这个题目，是很具前沿性的。

不仅如此，正如鲁宁所说，这篇论文，是他长期思考的结果。因为鲁宁在 1995 年作硕士论文时就是选的伽氏解释学文论。应该说，对于这个题目鲁宁已经思考、准备了四年左右的时间。而且，从资料的角度看，鲁宁的工作也是周密而翔实的。他不仅使用了当时能找到的所有中文资料，而且使用了较多的外文资料。

从内容上看,鲁宁全方位地审视了伽氏美学思想,包括其历史哲学背景、美学思想、艺术理论、多维视野的研究等,不乏新意。而在方法上,鲁宁恰是采用了解释学平等对话的方法,一改传统的对西方理论居高临下批判的态度,以一种全新的讨论协商的姿态出现,这就是一种中西理论平等对话的极其重要的崭新的方法。总之,鲁宁的《伽达默尔美学思想研究》应该是我国伽氏美学思想研究的重要成果之一,充分反映了鲁宁具有较强的基本理论水平和科研能力,成为鲁宁学术发展的一个标志。

伽氏的解释学理论是一种极具活力和开放性的当代理论。鲁宁对这一理论的研究,表明他已经站在学术研究的前沿。但一个学人的学术生命就在于不断地奋斗,永不止息。我衷心地期望鲁宁不断地努力,不断地奋斗,争取永远站在学术的前沿。我们这一代人由于种种原因,总有许多历史的局限,因此学术发展的重任就历史地落在了鲁宁等青年学子肩上,他们是我国学术发展的期望。他们幸逢大好的时代,本身又有良好的学术背景,只要付诸持久不懈的努力,就一定能取得好的成绩。我相信,这部论文的出版只是鲁宁学术生涯坚实的一步,以此为开端,鲁宁一定会拿出更多的成果。

(2004 年 1 月 7 日)

章海荣《生态伦理与
生态美学》序[①]

　　章海荣教授让我为其新著《生态伦理与生态美学》作序，这实在是件非常高兴的事。因为这是一本具有重要价值的著作。这一课题，也是我近年来学术兴趣之所在。我们至今尚未谋面，但从他的著作中我却认识到他的学术与人生追求。

　　章海荣教授这本书的重要价值首先在于它的现实意义。人类自18世纪工业革命以来，开始了规模宏大的现代化与工业化进程。这一进程表现出空前的人类生活美化与非美化二律背反的特征。人类一方面由此逐步摆脱愚昧贫穷走向文明幸福。另一方面，人类又陷入了日益严重的生存危机。从导致人的"异化"的经济危机，到导致亿万生灵涂炭的战争危机，直到导致整个人类濒临毁灭的生态危机。可以说，生态危机是最为严重的人类生存危机。大洪水、沙尘暴、环境污染、艾滋病、"非典"、禽流感，以及十分严重的资源枯竭……都使人类现在与未来面临愈来愈严重的威胁。更为严重的是，生态危机至今仍在继续蔓延而未得到有效遏止。人类对于眼前利益的不合理追求必将导致永久利益的丧失！用生态灾难来形容生态危机的严重后果是

---

① 《生态伦理与生态美学》，章海荣著，复旦大学出版社2005年3月版。

一点也不过分的。

正是在这种严峻的形势下，从 20 世纪 60 年代以来，许多有识之士奋起敲响生态危机的警钟。生态哲学、生态伦理与生态美学等当代形态的生态理论是与现代化相伴，也是与人类的前途命运相伴的重大课题。章海荣教授的这本书贯穿着强烈的对人类的前途命运的终结关怀精神，并以极为丰富的事实例证，向读者揭示了一幅幅资源枯竭、环境污染、生命走向衰竭的恐怖画面。这恰恰反映了现实生活及人类严峻的生存状态对有良知的人文学者的强烈呼唤。

章海荣教授在本书中从四个层面论述。第一个层面是从人类社会发展的文明形态的视角，探索生态伦理和生态美学问题。人类文明形态历经了农业文明、工业文明和当代后工业文明等形态。所谓后工业文明也就是当代对工业文明的一种反思和超越，也是生态文明。这就说明生态文明是社会历史发展的必然趋势。第二个层面是从传统的视角，从中西古代生态智慧传统来阐释当代生态理论之重要。书中不仅论述了西方早期梭罗、缪尔与史怀泽等人的生态思想和观点。而且，论述了更早的中国儒家以及道家的"天人合一""道法自然"等生态思想的价值观。这充分证明，中国古代生态智慧是当代人类生态理论的重要思想源泉之一，生态文明时代的到来必将开创中西文明对话的新篇章。第三个层面是从生态理论的层面对西方人类中心主义的理论进行全面的批判，并代之以生态整体主义理论。第四个层面则从哲学的高度，从生命意义的独特视角，指出了由认识论到存在论的转换，从而为生态存在论美学奠定了哲学基础。正是在此前提下，章海荣教授深刻论述了生态美学问题。他认为，生态类学以马克思的实践观为基础，是由认识论美学到存在论美学的转型，是对实践美学的超越,是一种现代形态的人类学美学等。总之,章海荣教授由生态伦理契入生态类学,应该是一种非常有意义的论述方式。因为生态美学不是一种微观的美学理论,而是一种宏观的文化美学、伦理美学。早在 1984 年,著名的法国美学家杜夫海纳、澳大利亚著名哲学家帕斯默和日本著名美学家今道友信就在东京进行了一场有关生态伦理学和生态美学的对话。我们今天的许多学者有关生态美学的研究应该就是这一对话的继续。

当然,生态伦理学和生态美学都是一种极具前沿性的理论话语,在许多基本问题上分歧甚大。章海荣教授在本书中所涉及的有关现代性之得失、自然美与生态美之内涵等问题的论述似有待于进一步推敲。而对当代国际范围已成显学的生态批评的忽视,也是一种遗憾。这也许可能因本书容量有限的缘故而有所考虑。最后,我认为本书以其丰富的事实、有力的例证说明了生态问题已经成为当代人类生活以及哲学、美学与伦理学等一切人文学科必不可少的十分重要的思考维度,正在并将继续改变人们的生活方式和思维方式。章海荣教授是一位知识渊博,并具强烈社会责任感的人文学者,他的这本书必将对生态伦理学和生态美学做出自己的贡献。我衷心地期望我的这位同道继续努力,使生态伦理学和生态美学为更多的人所了解和接受。

(2004 年 10 月 26 日于济南六里山下)

宋乐永等著《走向新世纪的韩国电影》序①

宋乐永教授嘱我为他主持编写的《走向新世纪的韩国电影》一书作序，并给我传来该书的目录和主要内容，读后深受启发。宋乐永是改革开放后考入山东大学中文系的1977级学生，毕业后又投师著名现代文学专家田仲济先生门下专攻中国现当代文学。研究生毕业后到山东大学威海分校工作至今。我曾为1977级讲授过《文学概论》和《西方美学》课程，同宋乐永等同学建立了深厚的友谊。加上工作关系，我每年都要到威海分校去，因而经常见到乐永。可以说我和乐永是一种半师生半朋友的关系。他的真诚率直是非常突出的，是一个喜怒形于色的性情中人。正是基于此，我常对乐永有种记挂之情，有时不免在心中自问他近来怎样了。现在看到这本书，我真的了解了乐永的近况。原来他不仅长期担负着国际教育交流学院的领导工作，通过自己和同仁们的艰苦努力，极大地推动了分校外国留学生工作，特别是韩国留学生工作的发展，而且又结合工作实际，在韩国电影研究方面取得突出成绩。这本全面而系统的《走向新世纪的韩国电影》就充分说明了这一点。

---

① 《走向新世纪的韩国电影》，宋乐永等著，作家出版社2010年版。

我对电影方面的研究不太熟悉,但从本书的分量可以判断这是一本韩国电影研究方面很有价值的论著。本书从导演、文本和历史发展等不同侧面,全面而深入地介绍论述了世纪之交韩国电影的现状,并特别深入论述了韩国当代电影崛起的原因,也就是大家常说的影视领域"韩流"久盛不衰的原因。该书将其归纳为民族性、独创性、现代性、人才培养和奋发有为的民族精神五个方面。本书特别总结了在西方强势文化和市场经济冲击下民族电影的发展之路。面对西方强势文化,特别是美国好莱坞大片"势不可挡"的进军,韩国电影界特别强化了民族意识。首先是一种民族自强的意识,下决心使独具特色的民族电影在世界电影领域占有一席之地。韩国电影界从1998年开始的拯救民族电影之举很快取得成效。2000年以来,在各种世界级电影大奖中韩国电影均有不俗的表现,令人刮目相看。而面对市场冲击,韩国电影界遵循"艺术创新＋产业规律"和"产业人＋电影人＋社会人"的指导思想,力创新路,终于赢得韩国国民1/5的市场份额,而且在国际电影市场上也取得骄人的成绩。众所周知,剧本和导演是电影艺术的两个最重要因素。所谓"剧本乃一剧之本",电影艺术的成功在相当大的程度上有赖于深刻反映现实和人情的优秀剧本。该书在剧本方面深入分析了韩国电影令人耳目一新的主题内容,主要是其别具特色的"悲情""距离""反叛"的内容,使之具有扣人心弦的艺术力量。而在导演方面,本书全面介绍分析了当代韩国13位著名导演及其作品,突出其艰苦的探索之路和创新之路。

总之,我认为这是一本很有价值的电影艺术论著。它不仅对于我们进一步了解和欣赏韩国当代电影是一种非常好的导读,而且对于我国当代电影的发展也是极好的借鉴。

　　我国近年来电影艺术同样面临电视、网络和外来文化的强劲冲击，目前仍未走出低迷的状态。广大电影界同仁正在努力探索自强之路，并取得明显成绩。在这种情况下，乐永等人的这本论著定会对我国电影界人士借鉴韩国当代电影提供某种帮助。乐永所在的交流学院以招收韩国学生为主，而威海分校又以对韩国的文化交流作为其对外交流的重点。威海同韩国真是一衣带水，隔海相望。我曾到过韩国仁川海岸，发现其山水风光同威海非常相似。正因为如此，留住威海从事贸易和交往的韩国朋友数量较多，中韩文化交流自然十分频繁。这一切就为乐永等接触韩国电影、收集有关资料提供了便利。这也是乐永他们这本书得以产生的背景条件。同时，也使我进一步认识到韩国文学的研究正在成为我们山东大学文学研究的一个特点。这也是乐永等威海分校的同仁对山东大学文科建设的一种贡献。我衷心地期望这种特点和贡献能在此基础上进一步发扬，取得更大的成绩和更多收获。我也衷心地期望乐永在即将进入耳顺之年之时，在学术的道路上有更多的收获和创新。

　　感谢乐永和本书的其他作者给我提供了一个进一步了解韩国电影艺术的机会。

（2004 年 12 月 6 日）

刘献彪《中学比较文学十讲》序①

刘献彪教授主持编写了《中学比较文学十讲》一书,嘱我为之写一篇序言。我长期从事美学与文艺学教学科研工作,对比较文学虽有涉及但并不内行。但献彪教授几十年来执着于比较文学的研究和普及的精神感动了我,我也应以献彪教授这位学长为榜样,为比较文学的发展尽绵薄之力。老实说,将比较文学普及到中学,这真是一个创举。诚如献彪教授所说,这一点不仅在中国,而且在世界上也都是第一次。但其意义确实不同于一般。从比较文学来说,可以使这一新兴学科走到青年之中,焕发从未有过的青春,增加无限的活力。可以这样说,这样做的结果必将迎来比较文学的第二个春天。而从中学语文教学来说,则会极大地推动语文教学的改革,使其获得与时俱进的动力。

最重要的是,使语文教学进一步强化了比较的维度和世界的视野,有利于广大中学生从比较的全新视角把握中国传统文化和世界文化,从而更好地提高自己的文化素质。因此,这是一个有利于素质教育的带有战略意义的好事。从该教材所涉及的十章来看,也都具有极大的普及性,非常贴近中学教学的实际。更为难能可贵的是,本教材的主讲人都是近年活跃在比较文学科研和

①《中学比较文学十讲》,刘献彪主编,时代文艺出版社2005年版。

教学第一线的著名学者,包括像乐黛云教授这样具有国际知名度的重要学者。这就使本教材的质量有了重要的保证。同时,这么多比较文学界的重要学者都来关心与参与比较文学在中学的普及,这也真的是开了中国学术界的风气之先。在这里,我要对于参与此项工作的各位学者表示由衷的敬意。我衷心地祝愿这本教材能在使用中愈来愈完善。

（2005 年 3 月 15 日）

王子铭《现象学与美学反思 ——胡塞尔先验现象学的 美学向度》序①

子铭的博士论文《现象学与美学反思》经过三年的反复润饰提高,终于在山东工艺美院的支持下得以出版面世。我确实是非常的高兴。因为,子铭多年来的艰辛劳作终于有了成果。

我认识子铭是1997年夏,应邓承奇教授之邀,到曲阜师范大学参加硕士论文答辩。其中就有子铭。当时我就发现,子铭是一位勤于思考,而且颇有理论见解的青年学子。1999年,子铭报考山东大学的文艺学与美学的博士学位,分到我的名下。经过两年的学位课程学习,子铭毅然选择现象学美学作为自己的博士论文题目。这个选题对于以中文为学术背景的学生来说是非常不容易的。我一开始也非常担心。但随着论文的进展,我终于同子铭一起有了充分的信心。因为,子铭本来就对哲学理论有着浓厚的兴趣,加上他的执着与投入,因此很快进入现象学美学的语境。子铭写出了一篇具有较高水平的博士论文,在答辩中得到答辩委员会的充分肯定,共同认为这是一具有较强理论性和开拓性的优秀博士论文。本来我希望他的论文能早点出版。但子铭总对自

①《现象学与美学反思——胡塞尔先验现象学的美学向度》,王子铭著,齐鲁书社2005年5月版。

己的论文有诸多不满，而且从毕业开始就着手修改提高。不断地探索现象学美学的有关课题。他甚至为了能够直接阅读胡塞尔和海德格尔等现象学大家的原文，而去从头学习德文，并请教了国内诸多研究现象学哲学—美学的专家。在此基础上，又对现象学美学的审美经验等重要部分进行了补充，对其他部分也进行了修改。应该说，目前摆在我们面前的这本论著是具有相当理论深度与前沿性的美学论著。它必将对于我国当代美学的建设具有自己的独特作用。

众所周知，美学在当代承担着培养学会审美的生存的一代新人的历史重任，成为社会主义精神文明建设的不可分割的重要组成部分。但美学的发展在新时期以来却经历着艰难的转型。这个转型集中地表现为由认识论美学到存在论美学的转变。在相当长的时间中，我们较多地看到审美的认识内涵，而相对忽视了更为根本的它的有关人的存在的内涵。这就要求从认识论转向存在论，而且在方法上也要有所改变，从传统主客二分的认识论方法转向现象学的方法。主客二分的认识论方法，主要是一种科学的分析物质之本质的方法，并不大适合包括美学在内的人文学科。对于人文学科来说，更为适合的是现象学的方法。所谓现象学方法，即一种消解主客二分的"意向性"方法。也就是所谓将主客加以"悬搁"，"回到事情本身"的方法，是德国哲学家胡塞尔在继承康德的基础上加以创新提出的。这种方法实质上是一种人学的方法，也就是人之本性在意向性之中由遮蔽走向澄明之境，得以自行揭示。这种所谓"本质直观"的方法，胡塞尔认为与美学的直观特别接近。实际上是与美学之对人之审美生存的追寻更为接近。因此，现象学美学研究有着广阔的天地。子铭的论文运用现象学方法对于审美对象、审美主体、审美特性与审美经验都作了全新的阐释,颇多建树。重要的是他将这一现象学的方法全面地运用于美学领域,对诸多传统美学观念进行了刷新。这应该说带有某种突破的意义。当然,现象学方法,还不可避免地有其局限性,应该运用马克思唯物实践观与人学理论对其进行必要的改造。而且,也有一个如何使现象学方法中国化的问题,使之更好地结合我国实际和传统文化,以及如何使之更好地运用于美学领域。这些都是需要继续探索的。好在子铭已经将做学问作为自己的终生奋斗目标。

我相信子铭一定会在这样一个良好的基础上,取得更多的成绩。我就写以上这些话,作为与子铭的共勉。

（2005 年 3 月 30 日于济南六里山下）

史风华《阿恩海姆
美学思想研究》序①

　　收到小史给我寄来的《阿恩海姆美学思想研究》书稿正好是2006年的6月初,济南已经进入炎热的夏天了。记得就在五年前的此时,小史他们三位同学博士毕业,我们一起在山东大学邵馆的楼前照相,他们神采奕奕,走向新生活的欢乐掩盖了厚厚的博士服所带来的燥热,大家照了一张又一张,在欢乐中捎带着一丝丝分别的惆怅。不想五年的时间就这样转眼间过去了。在这五年中,我与分到南国羊城工作的小史并没有间断联系,我总是催她尽快将博士论文整理出版,但她非常认真,总是表示还要再作修改。现在经过修改后的博士论文终于拿出来了,而且她执意要在母校的出版社出版,足见其对母校感情之深。

　　收到书稿后我略略地翻阅了一下,的确较之前更加完整,不仅经过了认真的修改完善,而且还增补了包括"熵与艺术"等新的内容。从我的知识面所及,我认为这是目前国内最完备的一本研究阿恩海姆完形心理学美学的专著。首先,本书的材料是较新也是较为完备的。从材料的来源说,本书在写作过程中得到了阿恩海姆教授本人及其学生直接惠寄来的有关资料,而且在内容上提

---

①《阿恩海姆美学思想研究》,史风华著,山东大学出版社2006年8月版。

供了许多有益的意见。本书没有像通常的对阿恩海姆完形心理学美学研究,局限在视知觉与绘画的范围,而是将其扩张到电影、广播以及熵与艺术等过去极少涉及的方面。在阿恩海姆生平研究方面本书也是最全的,其中包括阿恩海姆本人提供的第一手资料。而且,本书在发掘阿恩海姆格式塔心理学美学的价值方面也有新的开拓。作者从当前视觉艺术高度发展、"眼球艺术"已成时尚的情况下论述了阿恩海姆有关视知觉理论的重要现实意义。作者还论证了阿恩海姆完形心理学美学之主体"构形性"在现代艺术与美学之中的重要作用及其超越传统以"模仿"为其特征的艺术——美学理论的价值。十分可贵的是,作者充分地阐述了阿恩海姆格式塔心理学美学的理论来源。认为除格式塔心理学为其主要理论根源外,其美学理论还与克罗齐的表现论、胡塞尔的现象学、物理学"熵"理论的次序观以及阿氏所尊奉的犹太教信仰整体性有着十分密切的关系。而且,作者还将阿恩海姆理论与中国古代艺术理论中"感悟""体味"之说进行了必要的比较研究。这些认识与观点都是崭新的,是对阿恩海姆美学思想研究的深化。当然,作者也指出了阿恩海姆理论所存在的对主观先验形式的追求及其对"默片"的过分偏爱等局限。现在看来,阿恩海姆理论作为主要偏向于科学主义的美学理论,将科学概念直接引入作为人文学科的美学领域,其牵强与粗疏早已为学术界所看到,这也是其理论逐步淡出美学领域的重要缘由所在,但这一点并没有抹杀其历史地位及重要价值。事实证明,"格式塔"作为概念已经成为美学与艺术领域的通用俗语。阿恩海姆理论不仅成为当代超现实主义艺术的理论根据之一,而且其完形理论对于构建当代张扬主体构形功能的美学与艺术理论有着重要借鉴意义。而阿恩海姆理论的实践性品格也必将为当代美学建设注入新的活力。

正是从这个意义上,我们认为阿恩海姆美学理论的价值是不朽的,小史的这本书也必有其重要的学术价值。

从论文的写作来说,小史立足材料,坚持论从史出的态度也是十分可贵的,而其八年磨一剑的坚忍精神更是值得称道的。我总是认为,中国美学事业发展的期望在小史这样的中青年一代,他们真的生逢其时,但愿小史能以本书的出版为一个新的起点,在未来的岁月里取得更多新的成果。我就写以上这些话作为对本书的简要评价,同时也作为序言。

(2006 年 6 月 6 日于济南六里山下)

赵秀福《杜威实用主义美学思想研究》序①

秀福的博士论文《杜威实用主义美学思想研究》马上要付梓出版了,这真是一件令人高兴的事情,同时我也感慨万千。这使我回想起 2001 年春夏的种种情形,那时秀福为了赶写这篇论文将自己封闭在一个借来的小屋里,发奋地研读那一本本英文资料,写作自己的论文,真的是"苦不堪言"。的确,写作这样一篇论文对于英语背景的秀福来说真的是需要付出艰巨努力的。但艰辛的劳动必然有其回报,论文充分反映了秀福的独立思考,有自己的创新之处,得到了答辩老师的肯定。答辩结束后我曾希望秀福抓紧充实自己的论文将其尽快出版。但他非常慎重,认为还需进一步积累修改完善。2004 年夏至 2005 年夏,秀福终于以实用主义美学为题获得美国富布莱特基金资助,到匹兹堡大学进行了一年的访学,积累了新的材料,补充了自己的论文。这次出版的论文就是经过修改补充的新稿,从 2001 年 5 月到 2006 年 7 月,历经这漫长的 5 年,秀福对学术的认真与执着由此可见一斑。

众所周知,杜威是一位非常重要的现代哲学家、教育家与美学家。他曾长期担任美国哲学协会主席与教师协会主席,在美国

①《杜威实用主义美学思想研究》,赵秀福著,齐鲁书社 2006 年 9 月版。

地位显赫。以他为核心建立的美国芝加哥学派在现代学术史上产生过重要影响。更为重要的是,杜威的实用主义哲学与美学是一种真正具有美国特点的理论形态,是美国的哲学与美学摆脱欧洲影响的标志。你要理解美国人的思维方式与美国的文化艺术真谛,那你就必须了解杜威的实用主义哲学与美学。这种实用主义哲学与美学是美国特定的拓荒时代与移民社会文化、实业第一的原则、效率首位的教育、利益取向的政治以及进化论深远影响的产物,它勃兴于19世纪末期。20世纪50年代开始被分析哲学取代,但20世纪70年代后期至今又结合当代现实有新的复兴。至于杜威的著名美学论著《艺术即经验》更是以其特有的理论风貌而愈来愈引起学术界的关注。可以这样说,在现代美学史上,杜威是第一个将艺术界定为实用主义经验的理论家。这当然是一种描述的界定方法,看起来似乎是一种最不准确的界定,但细细考虑又真的是一种非常宽泛而贴切的界定。诚如当代美国实用主义理论家舒斯特曼所说"杜威将艺术定义为'艺术即经验',是帮助人们看到艺术中最重要的东西是什么。最重要的不是对象,而是你处理这个对象时的工作与对象给予你的经验"。现在看来,对于以人与人性为内涵的人文学科,运用描述的方法对其界定是较为贴切的,用经验界定艺术就是很好的尝试,有其特殊的包容性。正因为杜威哲学与美学的美国特色及其当代价值,它在20世纪后半期的复兴就是必然的了,这正是罗蒂等当代后实用主义理论家逐步走到学术前沿的缘由。秀福的博士论文在这样的时候出版也可以说是恰逢其时的。

秀福的论文在当代杜威美学思想研究中有其特有的价值,因为这是一部在英文资料的基础上并从理论的原始背景出发的研究成果,凝聚了作者自己的独特理解与体会,可以说这是作者与杜威的一种心灵与理论的对话。首先,作者采取的是一种从理论本身出发的全景式研究方法,而不是将理论进行支离破碎的肢解,因而论文具有理论的准确性和一气呵成的风格。论文回到杜威实用主义哲学与美学产生的社会经济与哲学背景,并充分论述了杜威从美国实际出发力图通过"经验"范畴突破传统主客二分思维模式的哲学革命的特点。正是从这样的全景出发,才能从"综合"的角度正确理解杜威"艺术即经验"的内涵,它不是"艺术就是经验"而是"作为经验的艺术"。这样更加符合杜威实用主义理论的包容性与动态性。在研究的创新性上,论文不仅深入阐释了"艺术即经验"的内涵及其使艺术从精英走向大众的作用,而且论述了杜威有关艺术与宗教、艺术与教育、艺术与科学、艺术与健康的理论,而这种论述又是在杜威有关经验理论的视野之内,但却是对于传统理论的刷新。论文还以相当的篇幅客观而科学地论述了杜威的实用主义哲学与美学在中国的命运及其影响。作者不仅探索了"五四"运动之后,杜威及其实用主义理论在中国思想启蒙与现代教育改革中的重要作用,而且研究了 20 世纪 50 年代那场实用主义批判运动的始末,同时探讨了改革开放以后杜威研究的逐步回复。最后,作者十分感慨地指出,"应当指出,我国对于实用主义的研究,虽然很早就已经开始,但却在弯路上徘徊了太久"。非常难得的是,作者在论文中敏锐地指出杜威的"思想与有着'经世致用'传统的中华文化有许多相似之处"。这正是杜威思想在中国也具有重要价值的原因,需要特别阐发。而且,杜威实用主义理论从传统欧洲,特别是英国经验主义理论脱胎而出,但却独具美国特色,这也给予我国在新时期进行理论的创新以诸多启发。正如舒斯特曼教授所说"欧洲哲学史可以供我们吸收许多东西,但是,新的生命的能量存在于中国和美国"。

当然,正如作者在论文已经谈到的那样,本文不可免地存在着研究还有待深入与正面介绍超过负面批评的种种不足之处。但任何研究都是一个过程,博士论文的结束与出版恰是一个新的研究的开始,过去的不足也正是今后深入研究的课题。我相信秀福在精力旺盛之年一定会有更多新的成果。

(2006 年 7 月 11 日)

刘彦顺《走向现代形态美育学的建构》序①

彦顺的博士论文《走向现代形态美育学的建构》马上就要付梓出版了,嘱我为之作序,我是非常高兴承担这一任务的。因为我虽从上个世纪80年代初开始美育的研究工作,但我真正让我的学生写作美育博士论文的唯有彦顺一人,而且彦顺这篇论文也是我所承担的国家课题的一部分,彦顺很好地完成了这一任务,替我分担了责任。

现在回过头来看,彦顺论文的理论与现实的价值是愈来愈加明显了。一方面,我国新时期美学建设的特殊成就之一,就是美育理论的发展。这当然与那个特殊年代对于审美与人文学科的扼杀有关,也与我国现代化建设中美育承担的启蒙的人文主义教育功能有关。更加重要的是,我国由于社会发展的迅速,因而在现代化建设的同时,又出现诸多"后现代"现象,这正是当前提出"构建和谐社会"理论的根由之一。而在构建和谐社会的重大事业中,美育承担着特别重要的责任。那就是唯有培养出"学会审美生存"的一代新人,确立以审美的态度对待社会、自然、他人与

①《走向现代形态美育学的建构》,刘彦顺著,山东文艺出版社2007年5月版。

自身的人生态度，和谐社会的目标才能得以实现。这样，在新的时代，审美就被提到哲学本体的世界观的高度，而美育则被提到美学建设中心的位置。因此，从理论的高度回顾总结我国新时期美育研究就显得越发重要。

而且，彦顺的论文还有其特有的学术价值与贡献。他首先是提出了建设"美育学"的理论观念，这是对于美育建设的发展与深化。因为，我国现代美育理论是在本世纪初从西方引进的，但一直处于美学的附庸地位，没有真正得到独立的发展。而"美育学"的提出就将美育细化为美育学、美育史、美育心理学与美育实践等多个分支，其中"美育学"则是对于美育的理论构建，属于基础建设的范围，显得更加重要。彦顺的论文应该说就是建设中国自己的"美育学"的一种探索，实为可贵之举。同时，彦顺还将自己论文的出发点建立在马克思的有关"审美生活"的理论基础之上，这实在是十分重要的，不仅为自己的理论寻找到作为指导思想的马克思主义理论根据，而且更为重要的是将其建立在坚实的理论支点之上。众所周知，马克思不仅对于资本主义进行了有力的经济、社会与政治的批判，而且还对其进行了有力的审美批判。马克思将资本主义非美的生活作为"异化"的表现之一，而"异化"的扬弃就包括由非美的生活走向审美的生活。马克思以"自由"对其界定，包括个人的自由以及全人类的自由解放。当然，彦顺还没有放弃现代存在论哲学美学之中有关"人的诗意地栖居"的理论。正是马克思与现代存在论美学突破传统"主客二分"思维模式走向美与人生、艺术与生活的统一。另外特别值得提出的是，彦顺还将自己的理论建立在较为广阔的理论与历史的背景之上，从中国美育研究的"三维"与"三期"来进行自己的当代美学理论建设。所谓"三维"就是指当代美育研究的美学、教育学与心理学三个维度,而所谓"三期"则是我国当代美育研究的"古代""准现代""后现代"三个历史背景。这样的概括是颇具创意的,而且将他的美育研究放到了广阔的视野之中。彦顺还在文中特别讨论了"身体审美"的问题,这应该说是一个具有前沿性的理论话题,因为不仅我国古代有"文以载道"之说,而且西方也信奉康德以来的"判断先于快感"的信条,而且长期以来一直认为审美的器官就是古希腊理论家所说的视觉与听觉等"高级审美器官"。彦顺的探讨是有意义的,身体的审美肯定是存在的,并且是一切审美的基础,而味觉、触觉与嗅觉也肯定参加了审美活动,但这与审美作为精神升华的特点有什么关联呢? 恐怕还要作进一步思考。如果要我对彦顺提一点希望的话,那就是在理论创新的同时还应该更加追求理论的内在自洽性与更加坚实的研究基础。

彦顺的硕士与博士学位都是在山东大学获得的,而且与我还是安徽老乡,现在又与我一起工作在中国美育研究战线上,可谓有许多缘分。他现在已经到了江南水乡,我真诚地期望在江南美好的水土与文化环境中,彦顺能在生活与学术的路上走得更好。在北方最美好的秋天温暖的阳光中我写了以上的话,既作为对于彦顺的期望,也作为本书的序。

（2006 年 11 月 2 日于济南六里山下）

吴家荣主编《大学美学》序[①]

吴家荣教授给我捎来《大学美学》的目录与主要章节。这是由安徽大学吴家荣教授主编的,同时也是我的故乡安徽省第一部省统编美学教材。参加编写者均为长期工作在美学教学第一线的中青年教师,其中半数以上具有博士学位。这部教材具有知识全面、较为准确稳妥的特点。这也符合一般教材的要求,因为教材是教学的基础,必须提供给学生较为准确稳妥的知识内容,那些探索中的内容应该尽量放到科研之中。同时,这部教材还具有深入浅出的特点,内容丰富但表述浅显易懂。现在理论工作中常常出现许多食洋不化、佶屈聱牙的文字,而写得浅显易懂反而不易。这部教材能做到这点,一方面说明作者的水平,同时更说明作者作为教师一切从学生出发的教育理念。这部教材的另外一个特点就是尽量地吸收新的美学研究成果与内容,使之具有某种前沿性。例如,本教材的审美活动、美感经验与审美文化等部分就吸收了当代美学研究的成果。再就是,本教材还努力结合中国传统美学成果,尽可能将其吸收到教材体系之中,这种试图综合中西的努力也是十分可贵的。总之,这是一部适合教学并尽量吸收了目前我国美学教材优点的较好的教材,我相信在教学工作中

---

① 《大学美学》,吴家荣主编,安徽教育出版社 2007 年 2 月版。

一定会发挥好的作用,教材编写者的努力也一定会收到良好的效果。我的故乡安徽是一个非常有文化积淀的文化名省,先后涌现了一批文化名人,在新的时期,安徽省的文化教育事业也一定会登上新的台阶。而这就须依靠无数包括《大学美学》编写者这样的在第一线工作的知识分子的辛勤劳动。本教材的出版就是这种努力之一。正是从这样的意义上,我作为工作在外乡的安徽人,要真诚地感谢吴家荣教授与教材编写的全体老师。当然,本教材在知识的前沿性上也还是可以有更多的努力,思想似乎可以更加开放一点,而内在体系的整合也可以做得更好一点。当然这都是我个人带有好上加好的一点期望,现在实际上已经很不错了。但愿出版第二版时能在教学实践的基础上改得更好一些。我在遥远的山东,向教材的编写老师表达我的敬意,并匆匆地写了以上一些话作为简单的序言。

(2006 年 12 月)

王旭晓、欧阳周主编
《全国高等学校人文素质与
公共艺术课程系列教材》总序[①]

在我国现代化建设事业逐步深入的重要历史时期，由王旭晓、欧阳周教授分别担任正副主编的《全国高等学校人文素质与公共艺术课程系列教材》即将陆续出版。这是我国高校美育事业发展的一件具有重要意义的事情。

首先，本教材的出版正值具有重要历史意义的党的十七大刚刚结束，因而成为贯彻十七大精神的重要举措之一。众所周知，党的十七大站在世纪之交的历史高度，又一次对包括美育在内的素质教育给予了高度重视。党的十七大报告指出"要全面贯彻党的教育方针，坚持育人为本、德育为先，实施素质教育，提高教育现代化水平，培养德智体美全面发展的社会主义建设者和接班人，办好人民满意的教育"。这就又一次将美育作为党的教育方针与素质教育的不可替代的重要组成部分。而且，更为重要的是党的十七大报告将"坚持以人为本"作为科学发展观的重要组成部分，而科学发展观则必然地包括"促进人的全面发展"的重要内

①《全国高等学校人文素质与公共艺术课程系列教材》，王旭晓、欧阳周主编，中南大学出版社2008年4月版。

容,美育恰恰是促进人的全面发展的不可缺少的途径。这是我们
党和我们国家对美育重要作用认识的深化,进一步将其提到决定
经济社会发展前途命运的高度。事实证明,缺少人的现代化是不
可能的;而缺少美育的人的现代化也是不可能的。美育已经成为
在马克思主义人学理论与教育理论指导下关系到未来一代一代
建设者的基本素质与精神面貌的极为重要的事业。

　　本教材的出版也是进一步贯彻党和国家一系列有关加强美
育决定的重要举措。早在1999年6月,党中央与国务院召开的
第三次全教会所通过的《关于深化教育改革,全面推进素质教育
的决定》中就对美育的重要作用进行了深刻论述,指出"美育不仅
能陶冶情操、提高素养,而且有助于开发智力,对于促进学生全面
发展具有不可替代的作用",而且明确要求"要尽快改变学校美育
工作薄弱的状况,将美育融入学校教育全过程……高等学校应要
求学生选修一定课时的包括艺术在内的人文学科课程"。2002年
7月25日教育部部长令《学校艺术教育工作规程》指出"各级各类
学校应当加强艺术类课程教学,按照国家的规定和要求开齐开足
艺术课程……普通高等学校应当开设艺术类必修课或者选修
课"。根据以上精神,教育部于2006年下发了《高等学校公共艺
术课程指导方案》,对于公共艺术类课程的性质、地位、作用、目标
与具体课程设置以及保障等作了明确的规定。本教材就是在上
述精神指导下对于课程指导方案的具体落实,较好地体现了课程
方案的精神意图。

　　本教材的主编与参编者都是长期工作在高校美育教学实践
第一线的教师,具有丰富的美育教学的实践经验。这就使本教材
具有了较高的实践性特点与可操作性。本教材根据我国新时期
20多年美育实际,首先立足于普通高校非艺术类专业美育课程的

基本任务不是旨在培养专业的艺术人才,而是着力于健康审美观的确立与较强审美能力的培养,也就是立足于培养"生活的艺术家"。为此,本系列教材将课程分为审美基础理论、审美修养、艺术鉴赏与实践三大类。审美基本理论课立足于给学生提供健康的审美观与有关知识;审美修养类课程着重提高学生具体的审美技巧与素养;而艺术鉴赏与实践类课程则是在健康的审美观指导下给学生提供带有导向性的更加具体的审美知识与经验以及提供广阔的亲身体验艺术的空间。本教材还努力贯彻古今、中西结合的精神,既考虑到中西方艺术、审美传统和具体的艺术门类,也努力将多方面的现代艺术类型、审美技巧等纳入课程体系之中。它是总结 20 年美育教学实践的重要成果之一,我想一定会受到广大美育教师的欢迎并在教学实践中不断完善。因此,编者还一定十分欢迎广大从事美育教学工作的老师与其他美育爱好者对本教材提出宝贵的批评意见。

美育事业虽然十分重要,但由于陈旧教育观念的影响十分牢固,美育实际上至今仍然是所有教育与教学环节中最薄弱的一环,即便是《高等学校公共艺术课程指导方案》在课程设置、选修要求、教师人数与后勤保障方面的要求已经从我国实际出发,是一些最基本的要求,但真正达到这一要求的高校其实并不是多数,我们在美育方面的工作任务还很重。我想在当前大好的形势下,在包括本系列教材编写者在内的广大美育工作者的锲而不舍的努力下,随着我国现代化事业的深入发展,人们一定会愈来愈重视美育事业。我们深信并期待着。

(2008 年 1 月 18 日)

冉祥华《美育的当代发展》序[①]

冉祥华同志的新著《美育的当代发展》马上就要付梓出版，祥华同志嘱我为本书写一个序。我感到非常高兴，因为不仅能先读为快，而且作为同道，也又一次给我提供了与祥华同志交流对话的机会。我首先想说的是，祥华同志是工作在河南商丘这样一个中部地区的"双肩挑"的高校美育理论研究者，他不仅承担着繁重的行政工作，而且对于美育研究特别执着，水平也愈来愈高。记得四年前，祥华同志写过一本美育论著，我曾有幸拜读。这本论著与四年前的那本论著相比，水平的大幅提高是显而易见的。为此，我也应该向祥华同志表示我的衷心祝贺。

本书是河南省哲学社会科学基金项目"美育的当代发展"的最终成果。应该说，祥华同志是很好地完成了基金项目的，在我目前所能看到的对于我国美育当代发展进行研究的论著中，本书是比较优秀的成果。它的优秀性在于它的全面性、当代性与前沿性。从全面性的角度来说，本书可以说尽自己最大的力量总结了改革开放 30 年来我国美育领域的各个方面的研究成果，广泛涉及理论的、实践的、心理的、教育的、政策的等各个层面。这就使本书具有很好的综合性，为每一个当代美育工作者了解我国当代

---

① 《美育的当代发展》，冉祥华著，新华出版社 2008 年 8 月版。

美育提供了极好的指南。本书还具有较强的当代性,是从当代视野出发来审视我国 30 年的美育研究,并做出自己的判断。这就决定了本书不仅仅是一本 30 年美育理论研究的综述,而且作者有着自己明确的价值立场与判断,凝聚了作者的研究心得。本书还具有较为明显的前沿性,作者力图从 21 世纪美学与美育发展的趋势出发,审视我国当代美育发展,涉及当代美学与美育的转型、国内外美学与美育研究的新成果、当代国内外教育与科学发展对美育的贡献以及当代大众文化视野中美育发展的新课题等。我相信本书的出版一定能够得到教育界与美育研究界的充分重视与肯定。

在我国进入 21 世纪,社会主义现代化愈来愈深入的形势下,美育的建设发展具有空前重要的价值与意义,必将从边缘走到中心。众所周知,我国社会主义现代化的最重要目标是实现中华民族的伟大复兴;中华民族的复兴又必然伴随着中华文化的伟大复兴。而美育则在中华文化的伟大复兴中起到极大的作用。因为,社会主义现代化的重要标志不仅包含经济的现代化,更应包含文化与人的素质的现代化。事实证明,没有文化的特别是没有人的素质的现代化,不可能是成功的社会主义现代化。而在文化与人的素质现代化之中,美育承担着培养人民特别是青年一代具有审美的世界观与素养的重任,使我国广大人民特别是青年一代能以审美的态度对待社会、他人、自然与自我。这样,我国建设社会主义和谐社会的目标才得以实现。而在当代社会急剧转型的过程中,伴随着市场化、城市化与科技化的迅速发展,必然在一定程度上出现人文精神缺失的问题,各种与现代化相伴的身心疾患也不断发生。在这种情况下,美育在一定程度上具有人文精神补缺与精神慰藉的作用。人们可以从各种高尚的艺术中获取精神与心灵的滋养。我国当代教育发展面临着由应试教育到素质教育的过渡。在这一过程中，美育是素质教育的有机组成部分。它在实现党的教育方针"培养社会主义全面发展的新人"这一目标中起着非常重要的作用。目前，经济全球化对于我国是机遇与挑战并存，文化上也是如此。在全球化的新形势下，我国文化事业既面临压力，又面临发展的机遇。我国古代在美学与美育理论上创造了以"中和论"为其代表的丰富成果，成为发展当代世界文化的重要养料，逐步为国际学术界所重视。我们要很好地总结我国古代美育理论成果，将其推向世界，借以打破"欧洲中心主义"，走向文化教育领域的平等对话。

以上正是我国当代美育发展的极好形势，为包括祥华同志在内的我们这些美育研究者进一步发挥自己的作用开辟了更加广阔的空间。我相信，祥华同志一定能在这样一个新的形势下，在本书所取得成绩的基础上，取得更大更多的成果，做出新的贡献。我在匆忙中写了以上这些话，借以与祥华同志共勉，并作为本书的序。

（2008 年 3 月 7 日于济南六里山寓所）

孙丽君《哲学诠释学 视野中的艺术经验》序①

孙丽君博士的学位论文《哲学诠释学视野中的艺术经验》马上就要付梓出版了,从 2005 年论文答辩至今不觉已经走过了三年的时光,论文经过孙丽君的修改加工,我想一定会更加完善。孙丽君作为一名女同学却选择了这样一个如此哲学化而且非常繁难的论题,主要是她自己的意愿。小孙对于哲学美学论题有着发自内心的兴趣,这是非常难得的,但其中经过的艰难也只有她自己甘苦自知了。当初论题确定后,我也没有把握,甚至我对自己能不能指导好这篇论文也没有自信,于是我鼓励小孙找了我国诠释学方面的权威理论家洪汉鼎教授,洪老师不仅热情指导,而且还介绍美国默克默里大学的帕尔默教授参与指导。因此,可以说这篇论文是个跨校和跨国合作的成果。为此,我作为孙丽君的指导教师在这里要再次对于洪汉鼎教授与帕尔默教授表示我由衷的感谢。

本文从选题来看就有两个重要的突破。首先在方法上,本文选择了诠释学的方法,这本身就区别于传统的认识论方法,而诠释学方法的优劣目前在学术界几乎已经形成共识。无疑,诠释学

①《哲学诠释学视野中的艺术经验》,孙丽君著,山东文艺出版社 2009 年版。

方法尽管不是尽善尽美,但对于传统认识论的突破,也绝对有其价值与意义。为什么我们在美学研究的方法论上不可以有多种选择和尝试呢?为什么诠释学这种有价值的方法我们不可以使用呢?这应该是没有疑义的。再就是用"艺术经验"对艺术作了自己的界定,这又与传统的审美认识论不同,突破了传统的"主观"与"客观"的模式。但事实证明,艺术作为人的情感世界的产物,有史以来对于这种复杂现象的阐释都不尽完善,反而"艺术经验"这种看似空泛的阐释却具有了空前的包容性,而且诠释学的艺术经验并没有局限于感性领域而是包含了超越性内涵。从这两个角度来看,孙丽君的选题就具有某种学术的勇气,值得提倡。而且,她没有局限于选题的新颖,而是投入了大量的精力进行材料的收集与梳理。她不仅研读了国内已经翻译介绍的诠释学成果,而且在以上两位老师的帮助下尽力收集了大量国外的有关资料。当然,由于小孙尽管能用英文,但不能用德语,这应该说是种遗憾。但论文从资料的收集来看是做得比较好的。

　　从研究本身来看,孙丽君的研究工作也是认真而严肃的,有许多值得肯定之处。从学术继承的角度,论文认真地阐释了现代诠释学的学术渊源,并阐述了传统诠释学与现代诠释学的区别。论文有力地论述了现代诠释学"诠释本体"的基本立场,探索了"游戏"作为现代诠释学艺术经验的基本存在方式以及由此形成的诠释学美学的人类学内涵,指出了时间作为诠释学艺术的根本特点以及诠释学美学不同于传统认识论的真理观等等。可以说,论文对于诠释学艺术经验的基本问题均作了比较深入的探索,多有创获。特别可贵的是,论文特别指出了现代诠释学美学的当代价值及其局限。回过头来看,如果说论文还有什么缺陷的话,那就是重点不够突出,对于诠释学美学有关艺术经验的内涵挖掘得还不够深,当然在文字表达上也还比较艰涩。但无论如何,这都是一篇颇有学术价值的博士论文。一个学者会一辈子不断地做学问、写论文,但做博士论文只有一次,正是从这个意义上,可以见到博士论文对于一个学者学术成长的重要意义。它既是一个难忘的纪念,更是一个坐标,由这个坐标开始新的航程。

时光已经过去了三年,在这三年中孙丽君有许多新的学术经历与收获,但我相信孙丽君永远不会忘记那难忘的攻博期间的学习时光,不会忘记学术事业的神圣性。让我们永远带着对于学术的某种敬畏去从事科研和写作。这就是我重新阅读孙丽君博士论文的一点体会,以此与她共勉。

(2008 年 7 月 11 日)

赵奎英《中西语言诗学
基本问题比较研究》序①

赵奎英博士最近完成的国家社会科学基金青年项目《中西语言诗学基本问题比较研究》,凡45万字,不仅篇幅可观,而且学术分量也颇为厚重。可以肯定地说,这是一部在中西文学理论研究上有着重要突破的论著。尽管奎英博士与我的师生关系似乎使我不应将话说满,但学术评价的客观性又要求我讲出应该讲的东西。

我觉得这部著作有着许多创新之处。首先,它突破了长期几成定式的从"道与逻各斯"对立构建中西诗学比较研究的框架,而是从"名与逻各斯"出发对中西诗学的比较研究进行整体架构,如果说西方哲学文化是围绕着"逻各斯中心"与"反逻各斯中心"展开的,那么中国哲学文化则是围绕着"名"与"无名"("道")展开的,如果说西方的哲学语言观是从"逻各斯"入手认识语言的,可以概括为"逻各斯语言观",那么中国古代对语言本质的看法则主要是蕴含在"名"这一概念之中的,可以概括为"名言观"。其次,是对于中国古代哲学有没有本体论提出自己的独立见解,打破某

①《中西语言诗学基本问题比较研究》,赵奎英著,中国社会科学出版社2009年5月版。

些学者断言中国古代没有本体论的看法,认为根据中国古代文献对"本体"一词的运用以及道家对"名道"关系的认识,中国古代没有西方那种纯粹的逻辑本体论,但有现象化和逻辑化相统一的、以混沌中和为本质特征的"无名本体论"。再次,是对于中国古代重时间轻空间的观点给予了反驳,认为诸种文化现象都表明,中国古代存在着一种浓郁的"空间方位情结"。

　　作为一名年轻学者能在以上方面有新的突破,提出自己的独立见解已经非常不容易了。但我认为最可贵的是,赵奎英科学研究中所坚持的不是"照着说"而是"接着说",甚至是"对着说"的独立学术立场。众所周知,新时期30年,西方现代文论的引进对于我国文论的现代转型与话语重建起到了至关重要的作用。但30年来,我们在西方文论的引进上所存在的仍然是一个结合中国实际偏少的问题,这就不免食洋不化,极大地影响了中国现代文论自我建构的进程。因此,当前的问题是,我们一方面不能停止对于西方文论的引进步伐,但更加重要的则是紧密结合中国的实际进行对话与建构。因为西方文论说得再好,都是从西方的实际出发的,总体上更加适合西方的国情与文化,而不一定适合中国的国情与文化。这就需要我们更多地从中国的实际出发,对其保持适当距离,与之进行对话,通过对话进行建构。赵奎英恰是主动地做到了这一点。她在《中西语言诗学基本问题比较研究》中就是以中国古代的"名言说"与西方的"逻各斯"理论进行对话比较的。在这里,赵奎英还突破了在新时期几乎已成定见的"道论说",这也是我国西方文论研究的名家所言,是一种被广泛认可的学说。但赵奎英发现了"道论说"只能包含道家语言文论而不能包括儒家文论的弊端,而"名言说"却既能包含儒家又能包含道家,具有更大的代表性。因为道家重道但反名,而儒家重名却同样重道。这也许不是没有商榷的余地，但赵奎英自身论述的逻辑自洽性还是非常明显的，从而使得这一理论具有自身的合理性。再就是她对于我国古代哲学"无名本体论"的表述也是包含着自己的独立思考的，"无名"不仅与"逻各斯"相对，而且也能包容儒道，另外，赵奎英关于中国古代时空观的见解，也是很有道理的。中国古代学说正是司马迁所言"究天人之际，通古今之变"，在此背景下构成"天地人"三才的变易之学，内中包含的特殊的时间与空间的相互渗透是非常明显的，当然这种时空观是中国特有而不同于西方的。而无论是中国古代的"名言说""无名本体论"，还是空间本位基础上时空渗透的宇宙观，都对中国传统诗学文化的生成起着决定性的作用，赵奎英从这一角度对中国古代的诗学观念、诗学理想等进行理解和阐释，的确给人耳目一新的感觉。

最后，赵奎英还从历史发展的角度，对"语言学转向"以来当代西方语言哲学、诗学的两大转向进行梳理，对中国传统语言哲学、诗学的思维方式根源进行剖析，并试图将中西加以汇通，构建新世纪包含中西的语言学理论，这也是非常可贵的。指出新世纪文论建设之路，正是我们目前非常紧迫但却做得十分不够的课题。当然，这种建构到底是以西方理论为基础呢，还是以中国本土理论为基础呢？到底如何将古代的理论加以现代改造呢？似乎有点语焉不详，但毕竟是已经提出了西方反逻各斯中心主义以来所出现的"诗化"与"空间化"转向，与中国古代的"诗化"与"空间化"倾向之间的汇通。也许赵奎英自己觉得还没有完全的把握，其实这本来就是非常困难的课题。但我觉得完全可以借用梁启超关于一种新理论的创造可以"不中不西，亦中亦西"以及中国古代关于"旧瓶新酒，新瓶旧酒"的观点，大胆提出创新，不断完善。

　　本书据我所知在评审过程中得到评审专家的充分肯定,这也许包含了大家的许多鼓励,但赵奎英的成果本身所反映出来的刻苦钻研的精神,比较深刻的哲学理论思考与相当的学术水平则是不容忽视的。我又一次看到了赵奎英的进步与努力,而且这是在她承担着繁重的养育幼子的家务重负的情况下完成的,这就显得更加可贵了。当然,本书作为语言诗学似乎还应该结合一点中西文学作品,而在"后现代"网络文化与影视文化勃兴的背景下语言的多样性也是应该加以考虑的,而且解构论者的"文字中心主义"是否真正行得通也是值得怀疑的。这些问题,只是我的一点不成熟的思考,对于研究语言诗学已经有十多年的赵奎英来说也许不成为问题,但还是可以再做思考的。

　　转眼间奎英博士毕业已经将近 10 年了,10 年来奎英在学术研究的道路上愈走愈远,得到学术界同仁的肯定和关爱,本书所达到的水平正说明了这一点。由此,我也真的看到了学术后浪推前浪的必然趋势。但正如有的学者所说的,有多高的修养就能做多高的学问,人的修养是无止境的,所以学问也是无止境的。但愿在治学的道路上,奎英在学养上下更多的功夫,绝不满足时一事的成绩,而是志存高远,达到更高的境界。我写了以上的话,作为与奎英的共勉,也作为本书的序言。

(2008 年 12 月 11 日夜)

伏爱华《想象·自由
——萨特存在主义美学
思想研究》序①

伏爱华博士的学位论文《萨特存在主义美学思想研究》马上就要出版了,这是伏爱华学术生涯的重要一步,我向她表示衷心的祝贺。伏爱华是 2004 年由安徽大学哲学系教师岗位考入山东大学文艺美学研究中心攻读博士学位的。她的硕士导师是著名的哲学家岳介先教授,而安徽大学哲学系历来有优良的学术传统,加卜岳老师的精心培养,因此伏爱华入校后的学习是非常用功并富有成效的。给我很深印象的是小伏领会问题很快,而且发言富有条理,说明其基本训练的扎实。她选择萨特作为博士论文题目,做得非常谨慎仔细,自己不明白的问题不随便写入论文。因此尽管论文主要论述了萨特的自由论与想象论两个问题,但却讲得条理分明,文字洗练决不拖沓,论文评审和答辩中均得到同行专家的好评,伏爱华顺利地取得博士学位,我也向我的故乡安徽交了一份满意的答卷。

萨特扬名于世更多的是以其哲学家与文学家的身份出现的,

---

① 《想象·自由——萨特存在主义美学思想研究》,伏爱华著,安徽大学出版社 2009 年 9 月版。

其美学思想并不突出，但其美学思想却有其明显的特点，那就是对当代人生存状况的强烈关怀，正如萨特自己所言，其"存在主义就是人道主义"。针对二战之后资本主义的种种弊端日益显露，造成人的生存状况出现了种种非常严重的困境，当代人生存在迷茫、惊惧与恐怖的心理状态之中。在这种情况下，萨特的存在主义哲学应运而生，提出"存在先于本质"的著名生存论命题，将其哲学思想奠定在对人的生存关怀的基础之上，抛弃了脱离人生的静观的本质论哲学，具有振聋发聩的巨大作用。其美学思想就是这种哲学思想的反映。所以，伏爱华非常准确地将"自由论"作为其美学的基石。在萨特看来，人的一切目的都是为了追求自由，都是为了在不自由的社会中从精神层面来选择自由。由此，美学与文学就成为萨特特别关怀的两个利器，因为只有在想象的世界中人才能够有真正的自由，而审美与文学艺术恰恰就是诉诸想象的最佳领域。这样"想象论"就成为萨特美学与文学思想的必有之义。萨特认为，艺术就是"由自由来重新把握世界"，又说，艺术是人的创造的自由把握、自由是想象得以进行的基本条件等。由此可见，自由与想象是萨特美学的两个最重要的关键词。伏爱华抓准了萨特美学思想想象与自由这两个主要层面，并作了明晰深入的分析，这就是这篇论文的贡献所在。我想，萨特所生活的时代已经发生了巨大变化，我国的国情也不同于当时的法国，但美学作为人文学科应该将关怀人的生存状况，从精神层面改善人的生存状况作为自己的基本任务，这是没有问题的。为此，那种脱离生活，脱离人的生存状况的静观的本质论的书斋美学，应该逐步被取代，我们的美学应该更大步伐地走向人生的美学，这应该是我们从萨特美学思想中所得到的启示。当然，萨特由其特殊历史文化境遇决定，不能运用马克思主义历史唯物主义观察问题，这正是他的局限所在。从马克思主义历史唯物主义的观点来看，人的自由的生存状况及其改变，首先应依靠于基本的生产方式的改变，依靠社会制度的改变，纯粹精神领域的自由只能是一种乌托邦。

　　伏爱华回到工作岗位已经两年了，两年来在教学和科研工作中都做了许多努力，其中的艰辛是不言而喻的，但我希望小伏作为一个青年美学工作者，应该有更大的超越与克服困难的勇气，既有良好的训练与基础，又有大发展的气魄。博士论文的出版应该是一个新的起点与动力。我期待着伏爱华的第二本书，我会同样高兴地为之写序。让我们共勉。

（2009 年 4 月 2 日）

季水河《回顾与前瞻 ——论新中国马克思主义文艺 理论研究及其未来走向》序①

　　季水河教授的新著《回顾与前瞻——论新中国马克思主义文艺理论研究及其未来走向》即将出版,嘱我为之写一个序言。说实话,我是抱着一种学习的态度来接受这个任务的,因为写当代史太近,对于许多问题的把握难以确切,何况还有一些敏感问题。我本人手边也有类似的任务,完成起来觉得难度真的很大。但水河教授的这本书却完成得很好。这本书作为国家社科项目被评为优秀,得到评委们的充分肯定。能做到这一点,说明水河教授在项目进行中所付出的艰辛劳动。而且,这几年不少学者的学术兴趣都转到文化研究等方面,对于文艺学本体进行研究的学者倒反而较前减少。在这种情况下,本书的出版更加显现其可贵。而且,我要特别强调的是,明年就是党的十一届三中全会召开30周年,包括文艺学在内的社会科学界出版和发表一批回顾50年来、

---

①本文发表时标题为《坚持与发展结合,理论与实践统一——季水河〈回顾与前瞻——论新中国马克思主义文艺理论研究及其未来走向〉序》。《回顾与前瞻——论新中国马克思主义文艺理论研究及其未来走向》,季水河著,中国社会科学出版社2009年3月版。

特别是30年来所取得成就的书籍和文章还是非常有意义的。我想水河教授的这本书对于纪念党的十一届三中全会所确定的"解放思想,实事求是"思想路线给我国包括文艺学在内的社会科学所带来的巨大变化与成绩是一本很有分量的成果。

对于本书的重大意义我想应该是不需要更多说明的,但由于目前国内外在马克思主义指导上还存在某些不同的声音,因此我想再多说几句也许还有其必要性。首先,马克思主义作为我国社会主义建设事业的指导,坚持马克思主义是我们的社会与历史的职责。但我想对于一名学者来说,更为重要的是历史已经证明马克思主义本身的不可代替的价值。马克思主义不仅是指导革命的武器,而且更是已经被实践证明为科学的体系,是指导社会科学健康发展的重要指南。西方的许多当代理论家,例如萨特与哈贝马斯等人无不承认马克思主义的当代科学价值。即便在美学与文艺学领域,马克思主义有关"美的规律"的理论、艺术生产的理论、莎士比亚化的理论,有关希腊神话具有永恒魅力的论述,以及马克思主义美学特有的批判精神等已经被历史证明具有极为重要的学术价值。从新中国成立以来的50年来说,尽管我们存在许多经验教训,但马克思主义给我国美学与文艺学领域所带来的革命性变革,特别是我国文艺学领域辩证唯物主义与历史唯物主义理论指导的奠定与文艺"两为"方针的确立,使我国文艺事业总体上适应了社会主义事业的需要,特别是新时期的30年更为明显,这已经在多次文代会被党和国家主要领导人所充分肯定。因此,总结回顾新中国成立50年来马克思主义文艺学的发展历程,对于在今后的岁月里进一步加强马克思主义文艺学的建设是有着十分重要的积极意义的。本书从绪论、历史论、范畴论与走向论等多个侧面,在逻辑与历史结合、历时与共时统一的维度上总结回顾 50 年来我国文艺学的发展历史，其全面性是毋庸置疑的，说明本书不是水河教授的急就之章，而是他多年研究的成果。其次，本书的另外一个非常重要的特点就是尽力做到思想性与科学性的统一，这应该是本书能否有其重要价值的最重要原因，这其实是很难做到的。但我认为，季水河教授是努力地做到了。在思想性方面，本书做到了两个结合。一个是坚持与发展的结合，另一个是理论与实际的结合。首先是坚持与发展的结合，当然第一位的原则是要坚持马克思主义，特别是要坚持马克思主义的立场、观点与方法。在这一方面本书的观点是非常鲜明的，无论是对"回到马克思"的阐释，还是对各种违背马克思主义现象的批评，以及对于马克思主义基本原理的论证都表明了作者基本立场的坚定性。而在科学性方面，本书突出地表现了作者实事求是的科学精神。面对纷纭复杂的历史事实，作者敢于以求实的态度发表自己的看法。例如，对于那场发生在 20 世纪 80 年代的有关马克思主义文艺学"有无体系"之争，作者发表了自己独到的见解，对于认为马克思主义文艺学没有完整的体系的观点，实事求是地指出其值得我们深思以及给予我们启示的价值所在。其他对于马克思主义文艺学发展历史三个途径的梳理，对于 50 年来马克思主义文艺学三大范畴研究的探索，以及对于未来走向"多元对话"的前瞻等，都既表明了作者对于当代学术界在马克思主义文艺学研究方面成果的综合吸收，同时也表现了作者自己独有的见解。本书还适当吸收了当代西方文论特别是当代西方马克思主义文论的某些成果，反映了本书的时代性。总之，本书作为马克思主义文艺学论著，同时蕴含着较为深厚的学术内涵，是我国当代马克思主义文艺学研究的重要收获，具有鲜明的思想倾向和重要的学术价值。

　　通过阅读本书,我有这样几点体会。首先,对于总结新中国
成立 50 年马克思主义文艺学发展史,重点应该是 1978 年以来的
新时期的 30 年,而且应该更加突出党的十一届三中全会所确立
的"解放思想,实事求是"方针的极为重要的指导意义。正是在这
一思想路线的指导下,我们才得以打破禁锢,解放思想,大胆吸收
包括西方马克思主义在内的各种当代西方文艺思想,也使我们有
更多的勇气去开辟新的领域。目前,我们马克思主义文艺学的崭
新局面是与"解放思想,实事求是"的思想路线密切相关的,今后
我国马克思主义文艺学的继续发展也要依靠这一思想路线的指
导。其次,研究我国马克思主义文艺学必须同社会经济与文化的
转型紧密相联。新中国成立 50 年经过了三次社会经济与文化的
转型,先是 1949 年发生的由旧中国到新中国的社会转型。此后,
除了"文化大革命"十年,那就是新时期所发生的两次社会经济与
文化转型,即从 1978 年开始的由计划经济到市场经济的转型,和
从 20 世纪 90 年代初期开始的由工业经济到后工业经济的转型。
特别是目前科学发展观与和谐社会目标的提出更加表明了这种
转型的深化。马克思主义文艺学的建设发展是同社会经济与文
化的转型同步的。只有在这样的背景下才能更加科学地论述马
克思主义文艺学的当代发展及其趋势,也才能真正实现马克思主
义文艺学建设的中国化。而从当代马克思主义文艺学建设的资
源来说本书从中西马克思主义等多种资源入手,这是十分正确
的。正如水河教授所说,马克思主义文艺学是一个开放的、与时
俱进的理论体系,吸收各种有价值的理论成果,形成新的理论形
态。对于西方当代理论的吸收工作我们尽管已经做出了努力,但
还需要更加大胆,进行融合会通的工作。对于中国古代文论的当
代转化本书作了比较集中的论述。当前,国家提出的社会主义核

心价值体系中，明确提出对于具有爱国主义精神的古代文化遗产应该借鉴吸收，使我国当代文化具有鲜明的民族特色。这些意见对于我们借鉴中国古代文论遗产具有指导的意义。有学者认为，中国古代以"体悟"为其特点的文论遗产在以主客二分为其特征的现代文论中如果难以融入的话，那么在当代后现代语境中也许会有更多的发展空间。从海德格尔对老子与庄子的继承到德里达对汉字文化的肯定也许能说明这一点。

总之，季水河教授的《回顾与前瞻》是一本具有重要价值的学术成果，为科学总结我国当代马克思主义文艺学的发展历史做出了自己的重要贡献。水河教授正值精力旺盛之年，我相信在马克思主义文艺学研究的学术道路上他一定还能做出新的更加重要的成绩，为我国文艺学进一步服务于民族复兴的伟大事业并走向世界做出自己的新的贡献。

（原载《中国文学研究》2009 年第 1 期）

傅松雪《时间美学导论》序①

　　傅松雪博士的新著《时间美学导论》即将付梓出版,我感到特别高兴。这本书是在她的博士论文基础上修改扩充而成的。记得 2007 年 5 月,我应邀参加山东师范大学文学院的文艺学博士论文答辩,当时傅松雪的论文就给我留下了深刻的印象,论文少有的理论深刻性与思辨特点得到了参加答辩的所有专家的高度评价。此后,我们山大文艺美学研究中心决定接受傅松雪到中心做博士后。转眼间两年时间过去了,傅松雪在博士后工作过程中表现出的认真刻苦的治学精神和扎实淳朴的做人品格,得到中心同仁的广泛认同。我想她的新著的出版,应该是她学术人生的一个重要标志,在这里,我向傅松雪表示我的衷心祝贺。还需要加以说明的是,傅松雪的博士导师是著名美学家夏之放教授,本书的成绩无疑是夏老师一贯具有的严谨治学精神的反映,而夏老师是我 30 多年的学术同道与好友,本书的出版也是夏老师的心愿,因此我也要对夏老师表示我的衷心祝贺。

　　我想,对于本书的学术价值,夏老师会在序言中加以精辟论述,而广大读者自己的阅读也一定会给自己带来理论的享受。我在这里要特别强调本书所特有的理论突破的勇气和作者所达到

①《时间美学导论》,傅松雪著,山东人民出版社 2009 年 7 月版。

的水平。众所周知,长期以来,我们的美学工作被所谓的"二元对立"的思维模式所束缚,老是纠缠在美是客观的、主观的、主客观统一的等观念范式之中。但实践证明,并不存在这种静观的实体的所谓"美",美从来都是一种经验,一个过程。但在各种人为的"条条框框"的禁锢下,谁又敢越雷池一步呢?正是改革开放所制定的"解放思想,实事求是"的思想路线,才使我们有可能面对和接受世界范围内各种新的理论观念,其中就包括海德格尔的存在论哲学与美学思想。本书正是较好地运用了海氏的美学理论资源,从时间的视域中来论述美的问题。海氏的特殊贡献就是打破将存在者与存在加以截然分开的形而上学,打破存在与美的实体性观念,而从时间的视域中,从存在的逐步展开中来阐释美。所谓"时间美学"就在于毫不犹豫地否定了美的任何实体性诉求,从"此在"(特定的个人在特定的时间)对于特定审美对象的阐释与体验中,来理解美的生成。这实际上是一个存在自行展开的过程,是一种人的阐释与体验的过程。这正符合"美学"作为人文学科与"人学"的基本特点。而且,将美学与人的生存状态紧密相联,将美学从抽象思辨的高高天空拉向人间,使得美学具有了真正的人生美学的意义。

傅松雪《时间美学导论》的重要意义即在于此。应该说,傅松雪较为深入地学习理解并阐发了海德格尔的哲学与美学理论,并将其与中国古代有关资源加以比照,同时紧密结合现实的美学研究实际,在海氏时间美学理论的论述上,是目前我们所能见到的比较全面系统与深入的论著,其有重要的学术价值。当然海氏在自己的哲学与美学工作中,同时也对空间问题有着深入的论述,本篇论文主要是论述时间问题的,不可能对海氏的空间理论有更多涉及,但小傅在我们共同研究生态美学的过程中,已经充分注意到海氏空间理论的内涵与价值,她会在别的研究成果中加以表述。

　　傅松雪是相当有前途的青年女性学者,我相信本书的出版只是她的学术旅途上的一个新的起点,她一定会在未来的漫长学术生涯中,排除各种困难,走得更高更远。

(2009 年 4 月 2 日)

刘艳芬《佛教与六朝诗学》序①

刘艳芬在其博士论文基础上修改而成的专著《佛教与六朝诗学》即将付梓出版,嘱我为之写一个序言,我是很愿意的。首先该书的出版是刘艳芬学术人生的一件大事,既是对以往漫长学习生涯的总结,也是对未来更加辉煌学术人生的开启。同时,也是我与艳芬的一段学术机缘的记录。记得还是 20 世纪末期,曲阜师范大学的邓承奇教授邀请我去参加他们那里的硕士论文答辩,在这批答辩的硕士中就有刘艳芬。2008 年,山东师范大学文学院邀请我参加该校的文艺学博士论文答辩,答辩的学生中又有刘艳芬,她的导师是杨守森教授。而当年,刘艳芬又申报了山东大学文艺美学研究中心的博士后,合作导师就是我。试想,这一段历史不也是一种机缘吗?正应了佛家所言的机缘际会。那我就适应这种机缘,结合刘艳芬的论文斗胆地对佛学与诗学这两种大学问发表一点粗浅的见解。

记得 2008 年那次论文答辩时,刘艳芬的博士论文是得到外审和答辩委员好评的少数论文之一,大家一致认为论文写得扎实深入,是一篇优秀的论文。现在回过头来看,还是觉得这篇论文的确是经得起时间检验的,其价值越来越明显。

①《佛教与六朝诗学》,刘艳芬著,中国社会科学出版社 2009 年 8 月版。

我想,佛教与中国诗学的关系是不言自明的。因为中国作为文明古国,其文化遗产就是儒、释、道三家,而三家又紧紧杂糅在一起,影响了漫长的包括诗学在内的中国古代文化的发展历程。离开了佛教,对于包括诗学在内的中国古代文化是难以准确理解的。而六朝又是极为特殊的,是佛教刚刚传入中国并逐步兴盛之时。因此,这一段显得特别重要。学术研究有一个大家公认的方法,那就是从源头说起,刘艳芬的这部著作就是从佛教对中国文化影响的源头说起,因此其价值又更加明显。当然,更加重要的还是论著本身有其特殊的价值。

关于佛教与诗学的关系历来是一个有争议的学术论题。因为,佛教作为宗教,其最大的特点是出世的,而诗学作为人生之艺术又是入世的,两者具有某种相悖性。因此,一般不能简单地讲什么"佛教诗学",也不应将佛教的用语直接与诗学范畴硬性比附。刘艳芬的著作充分注意到这一点,她从人、文与论二个不同的侧面阐释佛教与六朝诗学的关系。首先是"人",佛教传入中国后,与诗学的关系最主要的是影响到一代又一代的诗人与诗论家。作者在书中阐释了佛教与六朝诗人王羲之、陶渊明、谢灵运、颜延之、江淹与萧衍的关系,特别是深入探讨了佛教与他们特有的诗歌风格的关系,见解新颖独特。其次是论述了佛教与六朝诗歌创作的关系,阐述了佛教中的"镜""莲""水""月"与六朝诗歌特有的意象之间的关系,视角独特,也具有特殊价值。最后,该著作着重研究了佛教与六朝文论的关系。在这里作者还是先论述了佛教与文论家的关系,阐述了六朝几位大文论家,如陆机、刘勰、钟嵘与佛教的关系,然后又深入论述了佛教"空""色""神"对六朝诗学的影响,以及佛教思想对六朝诗学"韵""律""味"的影响。整篇著作条理深入,丝丝入扣。结语部分作者还从佛教与六朝诗学的关系探索了中国诗学发展建设之路,即在中外文化比较吸收中获得发展。佛教是来自异邦印度的外来文化,但从东汉传入中国之后即与中国本土的儒家与道家文化互相融合,逐步发展出以禅宗为代表的具有中国特色的佛教文化,逐渐融入中国传统文化的洪流,成为中国文化的有机组成部分。在新时期,中国文化建设也应以这样宽广的胸怀大胆吸收外来文化,走中外融合创新之路。这就是本书对于比较方法与比较视角特别强调的原因。总之,该著作所形成的"人""文""论"的研究思路是可取的、有效的。

佛教与中国古代诗学的关系是一个难度较大的课题,历史上多少大家在这个论题上都曾经进行了艰苦的探索,但仍然留下了许多未解悬案。因为,这种探索毕竟要对佛教与诗学都很精通才能取得到位的成果。但刘艳芬的这部著作已经完成了自己的任务,做出了自己的难能可贵的努力与贡献,因而值得庆贺。未来的路还很长,希望艳芬在此基础上锲而不舍地坚持下去。

现在做学问的人似乎空前地多了起来,但可贵的是将学问作为一种事业而不是敲门砖,只有这样才能够走得更远,心境也才会更加超然。但做到这一点也真的不容易,让我们一起共勉吧。

(2009 年 7 月 6 日)

吴承笃《巴赫金诗学理论概观——从社会学诗学到文化诗学》序①

吴承笃博士的论著《巴赫金诗学理论概观——从社会学诗学到文化诗学》即将付梓，这对我们师生来说都是一件非常高兴的事情。承笃是 2003 年由陕西师大文艺学硕士毕业，考入我们山东大学文艺美学研究中心在我的名下攻读博士学位的。说起来还真有点缘分，那就是他的硕士导师刘恒健教授是我们山东大学文艺学研究生毕业，而且与我是非常密切的朋友，就在承笃即将毕业之时，恒健由病重而辞世，这中间对于恒健的后事与其后恒健学术论文集的整理出版，包括承笃在内的他的诸多学生都是尽了力的，由此足见承笃为人的忠厚。

承笃来山东大学后学习非常努力，并参加了我的有关课题，与李晓明博士一起写作了新时期生态美学发展的有关评述，收入《中国新时期文艺学史论》一书。而他的博士论文则经过我们共同商量确定为"巴赫金诗学思想研究"，其原因一方面是承笃在硕士期间的论文就是写的巴赫金文艺学思想，博士论文继续写下去

---

①《巴赫金诗学理论概观——从社会学诗学到文化诗学》，吴承笃著，齐鲁书社 2009 年 8 月版。

顺理成章,是一种在原有基础上的拓展。当然,更加重要的是,我们师生共同认为巴赫金是当代一位非常重要的美学家与文论家。其重要性就在于他站在时代的前列,以其美学与文论的特有方式做出了自己对于时代的特殊思考,进行了富有价值的创新性精神生产。他以其极为罕见的艺术家的敏感与哲学家的睿智,对于20世纪以来工具理性泛滥与对人性的漠视所造成的精神生活的贫乏性、单一性与独断性,进行了极富创造性的思考与大胆的挑战,并为此付出了巨大的代价。他重读经典,重评经典,对于陀思妥耶夫斯基、普希金与拉伯雷等著名作家的作品进行重新阐释和评价,得出"复调""对话""狂欢"等一系列完全崭新的见解与话语,与传统的"单一性""主体性""作家主导性""精英性"针锋相对,成为超越时代并一直惠及今天的美学与文艺学成果,令人肃然起敬。由此说明学术工作的要义就在于突破成规与创新。这正是我们师生对于巴赫金的共识,贯穿了承笃这篇论文的始终。不仅如此,承笃还在学术界有关巴赫金文学思想的整体性与碎片性的争论中,以其"社会学诗学""历史诗学""文化诗学"的三元整体结构,做出了自己富有创意与体系性的回答。他还紧密结合中国的实际,探讨了巴赫金诗学思想在中国的传播及其价值。这是非常有意义的,因为任何国外的学术思想不管具有多么大的价值,但总是另一种文化背景的产物,将其引进到中国必须要经过一个本土化的改造过程。否则任何的直接引进都会造成严重的水土不服,起到相反的作用,因此承笃的这篇论文具有自己独特的价值,成为我国巴赫金研究重要成果之一。但是现在回过头来审视,论文自身的平稳超过了创新则是一个不可忽视的缺陷。而作者自身由于不懂俄语在研究中只能引用英文资料也应该是一种遗憾,因为尽管巴氏研究的英文资料足够丰富,但他毕竟是俄语理论家。

　　承笃的这篇历经六年思考和努力的《巴赫金诗学理论概观——从社会学诗学到文化诗学》成为他学术人生的一个重要阶段的标志,也可以说是他的一个新的起点。我衷心地祝愿已经走上高校工作岗位的承笃以此为新的起点,愈走愈远。

(2009 年 7 月于山东大学)

王建疆《自然的空灵
——中国诗歌意境的生成
与流变》序①

　　王建疆教授的国家社科基金项目结题成果《自然的空灵——从人与自然关系嬗变看意境型诗歌的生成和流变》已经被确定收入教育部社科中心"高校社科文库",他嘱我为之写一篇序。我本人长期从事美学基本理论研究,对于这种紧密结合文学艺术史实的成果天然有一种畏惧之感,真的害怕说出许多外行话来。但建疆说这是研究中国文学史中人与自然关系的,与我近期进行的生态美学研究关系密切。正是从这种同道的角度,我接受了这个写序的任务。但看后仍然感到多少有些"隔",真的可能说外行话了,好在我尽量说自己明白的东西,希望能够对于建疆等同志有一点点帮助。

　　首先,我想说的是本书的最大贡献是从人与自然的关系来重新审视中国诗歌史,在学术上具有突破的意义。中国文学史与诗歌史的写作是近代以来的事情,所以都是借助的西方理论。或从社会的角度,或从人性的角度,或从审美的角度,或从考证的角

---

①《自然的空灵——中国诗歌意境的生成与流变》,王建疆著,光明日报出版社 2009 年 10 月版。

度,但并未见过从人与自然的角度。以上这些角度应该都各有道理,也都产生了许多重要成果,至今仍给我们以启发。但这些角度是否就已经穷尽了中国文学史与诗歌史的研究呢?我们的回答是绝对没有穷尽。因为,以上这些文学史与诗歌史研究的视角大都在某种程度上借助的是西方文学与诗歌研究的理论与实践。但我们还是应该更多思考中国文学与诗歌自己的发展道路。

众所周知,西方从古代希腊就崇尚"人是万物的尺度",启蒙主义强调"我思故我在"与"人为自然立法",主张"美学是艺术的哲学",直到当代现象学仍然强调"主体的构成能力"。由此可见,"人类中心主义"几乎贯穿了西方文学与诗歌创作与研究的始终,而且在很大程度上自然是被排除在审美之外的。这尽管是一种明显的片面性,但也不失为一种时代的局限,在某种意义上与西方文学与诗歌的现实具有一定的切合性。但运用到中国却差之万里了。众所周知,中国是以农耕为主的文明古国,在漫长的历史上,人与自然的关系总体上是和谐的,而且在文化与文学的发展中显得特别重要。从有文字记载的历史以来,"天人合一"成为贯穿始终的哲学思想观念,无论是《周易》所强调的"阴阳相协的中和",道家的"道法自然",儒家的"中庸之道",乃至北宋张载的"民胞物与"等,无不凝结了东方中国人的可贵的哲思,并将这种哲思表现于文化与文学艺术之中,诗、书、礼、乐,琴、棋、书、画,无不浸透着这种哲思。自然,在古代中国的文学艺术中从来就不是一种客体,人与自然也从来没有经历过所谓的"二分对立"。庄周之梦蝶,不知我之为蝶还是蝶之为我;李白的"相看两不厌,唯有敬亭山";诗歌中的情景交融物我两忘等就是这种"天人合一"哲思的艺术写照。

自然在中国古代文学与诗歌之中从来就不是配角,而是与人平等的主角。中国古代美学也不完全是什么"感性认识的完善"与"理念的感性显现"，而是人与自然和谐的"中和之美"，气韵生动的"生命之美"。对于这种特殊的审美形态的研究是否就是什么自然主义呢？当然不是，因为自然主义是一种特有的研究方法与态度，而我们的研究仍然应该以马克思主义的历史唯物主义为指导，只不过面对的是中国古代自然审美更加突出的事实。《自然的空灵》恰恰是从自然主角的特殊角度来探索中国古代诗歌发展的历史，因而是具有开拓性的，具有其特殊的价值。而且，还需加以称道的是，《自然的空灵》选择了"意境"这一中国古代文学，特别是诗歌的极为重要的范畴加以研究。众所周知，"意境"从古代以来即为研究者所重视，有人称"意境者文之母也"，也有人称"声律第一意境第二"。但无论第一，还是第二，反正"意境"都是文学与诗歌最重要的范畴，体现了中国古代文学艺术主客统一、情景交融的特点。

　　《自然的空灵》从历时与历事、理论与历史等多重角度深入研究"意境"范畴的发展与深化，说明作者不仅具有深刻的理论眼光，而且具有可量的历史视野，基本上做到了史与论的统一。这是美学与文学理论工作者所值得学习与称道的，起码是我所应该学习的。目前，在浮躁之风比较盛行的情况下，建疆同志这种苦于治学的精神实在是应该大力发扬。特别需要强调的是，西北师大地处祖国兰州腹地，我曾经在飞机上看到兰州周围那绵延不断的黄土山脉，看到祖国西北那有待于改善的生活环境与条件，建疆等同志就是在这样的条件下坚持岗位，从事教学科研，而且生产出这样高质量的科研成果，可敬可佩。当然，我还要对我没有完全理解的地方发表一点看法。那就是，在中国古代哲学与文学中主客从未真正的分开过，因此所谓"主体性""对象化""工具化"

等来自西方哲学与美学的概念是否应该慎用？而独立的"自然美"其实也是西方的概念，在中国古代诗学中从来就不存在离开人的独立的"自然美"。而"意境"之说的根源是否还应看到"易学"的影响与作用？至于"意境"之学的当代价值已经有许多学者探讨，不知建疆等同志有何理解，是否能从"意象"之说在西方的旅行得到什么启示？这些问题只是我的疑问，提出来供建疆等同志参考。我历来非常羡慕建疆等中青年学者的活力与闯劲，从本书中我又一次体会到了，我想正是这种活力与闯劲必将使得建疆等同志会有更大的收获，当然我还是希望建疆等同志将中国文学与美学中的人与自然的关系这个极为重要的中国化的课题继续深入下去，我期望看到更多的类似的成果。以上这些话只是我的不成熟的学习心得，仅供建疆同志参考。

（2009 年 8 月 8 日于济南家中）

李庆本主编
《国外生态美学读本》序①

　　李庆本教授的《国外生态美学读本》即将付梓出版，这是我国生态美学建设的一件可喜的事情。庆本在这个读本中收集了20余篇国外有关生态美学的文章，这在我国美学界是第一次，为我国生态美学的发展提供了极为宝贵的文献资料。

　　众所周知，我国由于经济社会发展的滞后，生态美学的发展也较国外晚，大约是20世纪90年代中期以后的事情。所以，借鉴国外的有关成果成为我国生态美学发展的重要方面。庆本收在读本中的我国第一篇介绍生态美学的文章就是1992年由他本人翻译的对于国外环境美学的介绍。此后，我们又从国外借鉴了大量的环境美学与自然美学的文献，从中吸收了家园意识、场所意识、景观美学、生态诗学与参与美学等重要学术观念，对于我国当代美学特别是生态美学的发展意义重大。当然，在2007年我国在现代社会发展目标中提出"生态文明建设"的重要思想与目标后，建设中国特色的生态美学成为我们十分紧迫的任务，在这种情况下既要借鉴国外资源又要结合中国实际，成为生态美学建设的当务之急。而生态美学能否成为独立学科的争论，随着生态

---

① 《国外生态美学读本》，李庆本主编，长春出版社2009年10月版。

文明理论的提出与逐步完善，也应该成为无须过于较真的论题。试想，生态文明已经成为不争的事实，那么作为生态文明组成部分的生态美学，还有什么可以争论的呢？当然，我们并不排斥有的学者继续对生态美学的合法性提出质疑，实践美学的合法性不是现在还有人质疑吗？但并不妨碍众多学者对实践美学的研究。生态美学同样如此。关键是生态美学是不是一个真问题？我们认为，生态美学在生态人文主义的哲学思想基础、生态系统审美的特殊对象、对自然审美的特定理解、参与美学审美属性的提出以及东方美学特别是中国古代"天人之和"美学价值的重新发现等，都说明生态美学是一种具有特定内涵与价值的新的美学形态。更为重要的是，生态美学的研究与发展，是时代与学科发展的前进与需要，是古代中国生态审美智慧在新世纪的发扬光大。难道我们人类还要以那种造成极大灾难的"人类中心主义"的态度去对待自然生态吗？以审美的态度对待自然生态，不正是当代生态文明的应有之义吗？我国学者从20世纪90年代中期提出生态美学，但真正的发展则是在新的世纪，特别是党的十七大之后。因而，我们应该自觉地将生态美学建设纳入当代生态文明建设的洪流之中。当然，我国提出的生态美学与西方的生态美学还是有着诸多差异。对此，庆本在《前言》中已经作了比较充分的说明。

目前看西方生态美学包括这样几个方面：有的的确讲的是生态美学，例如利奥波德对于自然稳定性、审美性的论述以及伯林特的以现象学为指导的"自然之外无他物"的环境美学论述等；有的讲的是生态美学的操作部分，例如景观美学与建筑美学等；有的其实讲的是环境美学，在西方，生态美学与环境美学都属于自然环境的美学这一大的范围，没有严格区别。但生态美学与环境美学在哲学基础与审美内涵上还是有许多区别的,我们既要看到两者的紧密关系,又要看到两者的区别。庆本在《前言》中讲的是很清楚的。生态美学在国外,以及在国内都是属于正在发展中的新兴学科,还有许多不成熟之处,需要大家积极参与和加强建设,包括提出否定性的意见,只要是建设性的,我们都应该认真倾听和吸收。

应该说,自然生态问题还是一个需要不断解决的极为重要的新的课题,不仅关系到我们每个人与家庭的安危,而且关系到国家与人类的未来,让我们真正做到以审美的态度去对待自然生态。我相信本书一定会在生态美学以及生态文明建设中发挥积极的作用。我本人已经是望七之人,我愿意与庆本等年轻的朋友一起献身于生态美学建设。匆匆地写了以上的话,作为与庆本的共勉。

（2009 年 9 月 7 日于济南）

孙云宽《黑格尔悲剧
理论研究》序①

　　孙云宽博士的学位论文即将出版，这是孙云宽学术生涯的一件大事，我对他表示祝贺。小孙是安徽大学哲学系岳介先教授的硕士生，2004年到山东大学文艺美学研究中心跟随我攻读博士学位，2007年毕业获得博士学位。他的博士论文选题是在硕士论文基础上做的，岳老师在其中倾注了心血。应该讲，对于黑格尔悲剧的研究不是一个新的课题，但像孙云宽这样集中进行研究并从西方悲剧理论史的背景下进行研究还是不多的，也是很有价值和意义的。主要是将黑格尔悲剧理论放在当时德国文化历史的语境中进行研究，认真地阐释了黑格尔悲剧产生的历史文化原因，使得人们能够在更加坚实的历史文化基础上理解其悲剧思想。同时，本书还从西方悲剧理论发展史中对黑格尔悲剧观进行研究和阐释，有利于人们进一步深刻认识黑格尔悲剧理论的价值与意义。更加可贵的是论著还阐释了黑格尔悲剧理论的当代价值。总之这是一篇很有学术价值的论著，记录了孙云宽学术前进的步伐。

　　悲剧是人类艺术中一种非常重要的艺术形式，也是古代希腊艺术的主要形式之一，著名的古希腊理论家亚里士多德的《诗学》

---

①《黑格尔悲剧理论研究》，孙云宽著，上海三联书店2010年8月版。

主要论述的就是悲剧。直到目前,古希腊悲剧仍然给我们以灵魂的震撼,具有巨大的艺术力量。而亚里士多德有关悲剧通过怜悯与恐惧达到陶冶的"卡塔西斯"作用的论述,至今仍然在西方悲剧理论中具有里程碑式的价值。悲剧文化也是西方文化的重要组成部分。黑格尔的悲剧观在西方悲剧发展中具有重要地位,是西方古典悲剧的完善和终结。西方悲剧观从古代希腊开始就极为完整地体现出西方古典美学的"和谐论",尽管在悲剧的情节或冲突中表现一种惊心动魄的力量,但最终还是体现出"高贵的单纯和静默的伟大"之古典之美。黑格尔的悲剧观可以说是这种古典美的最后形成与完善。黑格尔的悲剧观以其剧烈的悲剧冲突为特征,以两种伦理力量的碰撞为其标志,最后却是"永恒正义的胜利",从而宣告了西方古典美的完成。黑格尔悲剧观中两种伦理力量的剧烈冲突论成为西方美学留给我们的宝贵财富。恩格斯关于悲剧冲突的著名阐释"历史的必然要求和这个要求的实际上不能实现之间的悲剧性的冲突"就在很大程度上是对黑格尔悲剧观的继承与改造,并成为当代经典性的悲剧理论。是的,悲剧是给了我们一种价值破坏的震撼,一种符合历史发展之必然的人或事在现实的某种力量面前遭到轰毁痛心,这一切的确是令人痛心疾首的啊!由此说明,悲剧就是将一种有价值的人或物撕毁了给人来看!黑格尔的悲剧观应该说很好地阐释了这种古典形态的悲剧理论,给后世的悲剧理论建设以启示与营养。孙云宽应该说在阐释黑格尔悲剧的内涵上是非常到位的。这是本书的成功之处。

本书的另一个贡献是论述了黑格尔悲剧理论的当代价值。当代已经进入了后工业文明的时代,即所谓的"后现代"。在这样的时代,悲剧观也发生了巨大的变化。首先是当代哲学观与价值观的转型。黑格尔 1831 年逝世后，叔本华与尼采首先在悲剧观上突破黑格尔，叔本华提出了"生命意志论悲剧观"，以非理性的"生命意志论"突破了黑格尔的"绝对理念论"。而尼采则以其特有的"酒神精神论"彻底颠覆了黑格尔的悲剧理论。20 世纪中期以后的"解构"与"延异"更是对于"主体性"与"总体性"的批判与突破，在这样的时代还有传统意义上的悲剧吗？包括黑格尔在内的传统悲剧理论还有其价值吗？孙云宽在本书的最后通过评述黑格尔的"悲剧终结论"来阐释自己的观点。他认为黑格尔的悲剧终结论是建立在他的唯心主义历史观的基础上的。这种历史观认为绝对理念是历史发展的根本动因，它在历经"艺术"之后必然走向终结而发展到"宗教"阶段，这就是"悲剧终结"的最根本原因。这里除了黑格尔惯有的历史感之外，在理论的合理性上纯粹是无稽之谈。孙云宽认为作为悲剧的艺术不会终结，完全可以与其他的文化形态同时并存；而作为理论形态的黑格尔的悲剧观也不会终结，它完全可以与其他后现代的悲剧理论共存。这自然是一种现存的事实，也是毋庸置疑的。当然，他还认为最重要的是在新的时代，悲剧观应该与时俱进，随之发生更新。他说，应该"运用新的艺术理论来看待当代悲剧艺术现实"。这是非常正确的，只是本书由于篇幅的限制在这方面没有来得及展开。事实是当代悲剧观虽然千变万化，但仍然没有也不会逃脱作为艺术所必具的"人文精神"，只是这种人文精神有一种新的形态而已。例如，后现代理论家利奥塔在其《非人》中就认为后现代悲剧观中的"崇高"就在"此刻"、"现在"。也就是说，他们认为当代悲剧的"崇高性"不在古典时代的"理性"与"主体性"，而是在于当时、当地的作为个体之人的现实生存现状。不是在"艺术中，而是在对艺术的思辨中"。显然，当代悲剧观仍然没有放弃人文精神的关怀，只是成为一种更加深厚的、具有当代色彩的人文关怀。当然还有一个包括黑格尔在内的西方悲剧观如何适应中国古代戏剧现实的问题。因为根据这种悲剧观,中国古代包括关汉卿的《窦娥冤》在内的大团圆结局都称不上是真正的悲剧。这就导致了中国古代没有悲剧的奇怪结论。其实,中国古代虽然没有西方那样的悲剧与悲剧观,但却有着适合自己国情的悲剧与悲剧观。我国古代戏剧家李渔在《闲情偶寄》提出著名的"人情说"的戏剧观就是明证。他说:"予谓传奇无冷热,只怕不合人情。"中国古代悲剧的大团圆结局是符合中国古代长期封建时代人们期盼在戏剧艺术中得到申冤的"人情"的,因而被广大老百姓所欢迎,这其实就是中国的悲剧与悲剧观,是符合中国国情的,不必一定要用西方的理论来硬套。希望孙云宽在这些方面继续思考与探索,使得悲剧理论研究愈来愈加深化。

　　在小孙的论文即将出版之际,写以上这些话作为我的祝贺,也作为与小孙的共勉。

　　　　　　　　　　　　　(2009 年 11 月 18 日于济南六里山寓所)

王伟《从现代到后现代：20世纪美国视觉艺术教育》序①

王伟博士的第二本著作《从现代到后现代：20世纪美国视觉艺术教育》一书即将出版，嘱我为之作序，我是很高兴的。其理由有二。一是本书是一本非常及时的书。因为视觉艺术已经成为我国当下艺术的主体形态，但与之适应的视觉艺术教育则没有能够跟上，王伟这本介绍评述美国视觉艺术教育的书就显得十分符合时代需要。二是本书的出版充分反映了王伟这几年在业务上的努力与进步。王伟是2001年考到山东大学文艺美学研究中心跟随我攻读博士学位的。当时她做的博士论文题目是《当代美国艺术教育研究》，顺利通过答辩并于2004年出版。其后，王伟到山东艺术学院从事艺术理论与美学的教学科研工作。其间2006年到美国进行学术访问半年，主要内容就是学习研究美国方兴未艾的视觉艺术教育，本书就是王伟这次访学的主要成果。本书与第一本书相比，无论内容与水平都有了明显进步，充分反映了王伟这几年学业的提高。

本书客观而细致地阐述了美国视觉艺术教育的发展历程。

①《从现代到后现代：20世纪美国视觉艺术教育》，王伟著，天津教育出版社2010年版。

王伟按现代与后现代两个部分,将其分为注重设计的艺术教育、创造性自我表现的视觉艺术教育、以日常生活为核心的视觉艺术教育、以学科为基础的艺术教育、视觉艺术教育五个阶段,并阐述了每个阶段视觉艺术教育产生的经济文化背景与基本特点,论述了近代以来视觉艺术教育的历史必然性。本书的重点是阐述了20世纪90年代以来在美国产生并正在蓬勃发展的视觉艺术教育。本书以视觉文化理论与后现代主义思潮作为现代美国视觉艺术教育的理论基础,并从产生萌芽、目标内容、身体美学、具体实践以及发展现状五个层次论述了当代视觉艺术教育的具体内涵与模式。内容新颖,思路清晰,具有重要的理论与文献价值。对我国急需发展的视觉艺术教育具有重要借鉴作用。

现在的问题是,在我们的现实生活中视觉艺术已经成为主体的艺术形态。影视文化、网络文化、商业文化、传媒文化以及与之相应的广告、动漫、模特、影碟等文化形态占据了绝大部分的文化领域,成为人们文化消费的主要形式。在这种情况下出现了一系列新的问题:读图时代代替阅读时代,使得艺术与审美出现新的特征;高雅艺术与通俗艺术之对立的消解,使得传统的艺术品位理论需要新的阐释;文学艺术与生活之间界限的解构也需要对于文学艺术有新的理解;生活与感官审美的强化使得身体美学走到审美理论的前沿;文化产业的发展使得经济在艺术中的作用空前突出;网络文化的迅速发展急需与之适应的网络游戏规则与道德;如此等等。这些新的情况与新的问题需要探讨与回答,在这种情况下视觉艺术教育成为当前艺术教育的主要形态,这在美国等发达资本主义国家已经成为事实。但我国艺术教育却仍然落后于现实,我国虽然开始重视视觉艺术教育,有的学校开设了影视、网络与文化产业等有关课程,但总体上视觉艺术教育还没有成为主流。目前学校艺术教育基本上是传统的基本理论与艺术鉴赏两大块，主要内容仍然是面对音乐、绘画与东方书法等，显得有些落后于时代。在这种情况下借鉴美国等西方发达国家当代视觉艺术教育的经验就显得非常重要。当然，在这种借鉴中必须紧密结合中国国情，坚持我国科学发展观的核心价值体系，但在艺术教育形式上由传统到现代的转型则是首先需要做的。本书在我国当代艺术教育转型中必然起到重要的作用。希望王伟在本书着重介绍美国当代视觉艺术教育经验的基础上，进一步研究我国如何结合这些经验与理论加以改造、借鉴与创新的问题。相信王伟将在我国当代艺术教育转型中做更多的工作，发挥更大的作用。

　　以上就是我对于本书的介绍与评述以及对于王伟的期望，作为序言。

（2010 年 2 月 7 日）

吴海庆《江南山水与
中国审美文化的生成》序[①]

　　吴海庆博士的国家社科基金结项成果《江南山水与中国审美文化的生成》一书即将付梓出版，这反映了海庆三年多的辛勤劳动和学术成绩，是值得高兴的事情。该项目立项之初，我真为海庆捏了一把汗，因为论题太大，难以把握，怕他写空。但现在我放心了，因为海庆很好地实现了自己的研究目标，形成了具有一定创新意义的学术成果。

　　本书的特点是比较好地运用了人文地理学的方法研究江南山水与中国审美文化生成的关系，论述了江南特定的气候、土壤、地形、风俗与其特有的审美文化乃至整个中国审美文化之间的关系。这当然不完全是海庆的独创，早在18世纪德国著名艺术史家文克尔曼就在《古代艺术史》一书中运用人文地理学的方法论证了古代希腊艺术产生过程中特定地理环境的作用；19世纪法国史学家丹纳又在著名的《艺术哲学》一书中提出艺术生成的种族、环境与时代三因素说；在我国，20世纪20年代，梁启超发表的《地理与年代》一文，论述了地理与文化生成的关系。地理、气候与文

---

①《江南山水与中国审美文化的生成》，吴海庆著，中国社会科学出版社2011年11月版。

化之间的联系不能过分加以夸大,但是其必然关系也是不言而喻的,在那特殊的年代里,往往一涉及此说就被说成是违背历史唯物论的"地理决定论",地理环境与文化关系的理论被搁置一旁,直到1978年之后才重新被提出。引人注目的是杨义先生运用人文地理学对于中国文学版图的创造性研究,后来的生态美学与环境美学研究更是无法避开地理环境的因素了。

　　本书很值得关注的一点是不仅论述了地理环境与审美的直接关系,而且透彻地分析了地理环境与社会文化的复杂关系,以及此种关系对审美与文学产生的影响,阐明了社会文化作为地理环境与艺术审美之间中介的巨大作用。这里所说的社会文化包括特定的风俗习惯、语言、信仰、生存方式、历史传统与族群遗存等等。本书实际上还涉及了人文生态的重要问题,无论是江南特有的民谣、诗歌、曲艺、传奇,还是园林、宗教艺术等审美形态,都是一种在特定地理环境中生成的人类的"家园之歌"与"生存之曲",是特定的生态审美的表现形态,具有不可代替的历史地域性与价值。海庆在书中以广阔的学术视野阐述了"江南山水美学"在一定的意义上就是江南文化生态美学这一论题,涉及江南特有的诗画、民艺、园林、宗教、生态与日常生活的方方面面,周到翔实,这正是本书的贡献与特殊价值之所在。非常可贵的是,海庆在本书中表现了非常强烈的现实关怀,针对当代工业化过程中地理环境的污染和城市化过程中文化遗产的迅速消失等现象,海庆指出,特有的江南审美形态正逐步退出历史舞台,文化特征的消失在某种程度上就是一个民族特征的消失。这是多么严重的事情啊!海庆在书中写道:"我们今天纵论江南山水的过去和现在,倡言它在中国审美文化生成过程中的地位与作用,以引人惊醒,促人反思,呼唤我们的政府和人民行动起来阻止一切对它的破坏行为。"这就是本书的主旨所在,也是海庆的苦心所在。要特别指出的是,本书的写作颇富文学色彩,在文字表现上下了不少功夫,使得本书具有相当的可读性,而所涉及的大量文学与艺术作品也说明海庆在写作中所投入的精力。

这是一部经过认真研究而形成的厚重的学术著作,如果说有什么建议的话,那就是还需进一步加强理论性。海庆是从不会偷懒的,十多年前在我这里攻读博士学位时,就选择了较为繁难的王夫之美学研究,之后又继续苦心钻研多年,同样本课题也是比较复杂的,他同样投入了大量精力,所有的耕耘都会有收获的,本课题的完成说明他进入了一个新的领域,并跨上了一个新的台阶。写以上的话作为对海庆的祝福,并与他共勉。

(2010 年 10 月 24 日)

胡建次《中国古典词学
理论批评承传研究》序①

　　建次博士新著《中国古典词学理论批评承传研究》马上就要付梓出版。我非常高兴，除表示衷心的祝贺，还遵嘱写几句感想。本书是建次在山东大学文艺美学研究中心进行博士后研究的成果，进行出站报告讨论时得到与会专家的一致肯定，他也顺利完成博士后研究工作。

　　我想本书的贡献首先在于选题具有重要的学术价值。众所周知，中国文学古今演变研究是由章培恒先生等学者于20世纪90年代提出的，并体现于章先生所领导的文学史研究与学科建设之中。记得2002年前后，我曾经应章先生之约，到复旦大学参加有关中国文学古今演变研究学科建设的讨论论证，严家炎、郭豫适、丁帆教授等与会，对其计划给予高度评价。我想其意义主要在于，文学作为一种文化形态，其发展本来就是一条由古至今互相贯通之河，不知古代焉知今天。这本来是一种常识，但由于中国现代以来古今文化的某种"断裂"，这种古今的联系突然有所中断。这当然有主客观等多方面的原因，但这种断裂却变成人为的

①《中国古典词学理论批评承传研究》，胡建次著，凤凰出版社2011年6月版。

将中国文学史分为古代、近代、现代与当代四块，这当然是不科学的。而且，更为荒唐的是在某个时期还要再分成"段"。这就必然使中国文学史的研究与教学缺乏必要的延续性与科学性。而将之打通，探讨其古今演变，本来是文学发展研究的应有之义，是文学史之科学研究的恢复。这是章先生等老一代学者对于中国当代学术的贡献。因此，建次在黄霖教授的指导下，选择"中国古代文论承传研究"这个题目选得好。到我们这里继续博士后研究时，我就想请他沿着这条路继续做下去，于是才有"中国古典词学理论批评承传研究"课题与本书的产生。

其次就是本书具有重要的文献资料价值。由于学术观念等方面的原因，中国文学与文论古今演变研究开展得不够，这方面相关文献的辑录与梳理工作也显得较为欠缺。建次是一位非常用功的青年学者，在这方面他付出了辛勤的劳动与不懈的努力，由此而使本书具有文献资料丰富厚实的鲜明特征。文献的整理与运用是科研之本，不掌握必要的文献，或者用我的老师的话说，不读书、不积累，怎么做科研呢？建次此书在这方面确有其所长，可圈可点之处不少。再就是本书有重点、有选择性地抓取我国古典词学理论批评中一些非常重要的命题进行细致考察，主要从其创作论、审美论、批评论及批评体式等方面入手，致力于类画其承传维面，勾勒其承传线索，确实从接受学的视点，积极而切实地回应了"中国文学（论）古今演变研究"学术思潮。从分体文论的角度，系统考察了我国古典词学理论批评上千年的承纳接受与历史生成，从一个维面有效地切入了对中国古代文论承纳与发展的研究。

中国文学古今演变研究有一个中西文学的关系问题。当然本书由于选题的原因，没有涉及这方面内容，但这是一个绕不过去的重要问题。因为,近代以降,中国文化在现代化的进程中始终伴随着中西文化剧烈的冲突和融合,"中学为体,西学为用"还是"西学为体,中学为用",就是这种争论的不同结论。但文化与文学研究中"以西释中"却是无法否定的现实,在现代中国文学研究中不乏以"现实主义""浪漫主义""典型""和谐""优美""壮美""悲剧""喜剧"等概念,作为研究中国文学与文论的基本范畴与规范。人类文化的借用和吸收,本来是非常自然的事情,但长期以来以"现实主义与反现实主义"作为中国古代文学演变的主线,以"文学与现实的关系""内容与形式的关系"等作为中国古代文学研究的准绳,却是确有的事实。其结果导致若干对于中国古代文学与文论的误读,使研究走了弯路。事实告诉我们,人类的审美与文学活动,尽管有着许多的共同性,但也不可避免地有其特殊性。中西文学产生于不同的文化哲学背景之上,应是不可否认的。古代希腊作为海洋国家,其文化与文学是以其科学追求与和谐精神而闻名于世的,这就是古希腊悲剧、雕塑与亚里士多德美学与文论产生的条件。而古代中国作为内陆农业古国,却是以"天人合一"哲学与"中和论"精神而闻名于世的,这就是礼乐文化与《诗经》产生的条件。我想,探索中国文学与文论古今演变,应该进一步将中西文化与文学、美学的异同作为一个重要线索,需要加以注意和重视。这当然只是我个人的一点建议,写出来与建次共勉。

　　本书的出版有纪念黄霖教授七秩华诞之意,作为黄先生的老朋友,我也借此表达我衷心的祝贺和美好的祝愿。

(2011 年 2 月 28 日于济南寓所)

陈后亮《事实、文本与再现
——琳达·哈钦的后现代主义
诗学研究》序①

　　陈后亮博士的博士论文《事实、文本与再现——琳达·哈钦的后现代主义诗学研究》即将出版,嘱我为之写序。我很高兴有这样的机会表示对于后亮的祝贺。后亮是三年前考入我们文艺美学研究中心的博士生,分到我的名下。三年来后亮学习非常刻苦,进步很快。因为他的专业学术背景是外语专业,按照一般的情况由实践类的外语转到理论类的文艺学与美学,都要花费一些时间与较为痛苦的过程,但后亮转得很快,迅速适应了专业要求,补上了必要的缺项。而且论文选题前沿新颖,材料和论点都较新,在开题、预答辩与答辩过程中均得到老师的好评。如果有进一步的理论提升,这肯定是一篇更有价值的论文。

　　我想这篇论文的一个明显的价值是为我们提供了一个后现代诗学的范例。因为,我们平常所熟知的后现代理论家,诸如利奥塔、德里达与福柯等人,主要都是哲学家,捎带着有一些美学与文艺学的理论资源,而且这些理论家主要还是以解构以往的理论

①《事实、文本与再现——琳达·哈钦的后现代主义诗学研究》,陈后亮著,山东大学出版社 2011 年 8 月版。

为主，而哈钦则是专业的文学理论家，当代最有影响的后现代文学理论的代表性人物，有着一整套系统的后现代诗学理论。这就为我们提供了一个现实的后现代诗学理论的范例，使我们对于后现代诗学的研究和了解有了依据。当然，对于哈钦，我国的研究也刚刚开始，后亮的论文是最早的一篇研究哈钦诗学理论的博士论文。从文献资料的角度来说，这篇论文也尽到了自己的努力，尽力对能够找到的哈钦的原著进行研究。因此，它给我们提供了尽量多的哈钦诗学理论的文献。

在科学客观地评价认识后现代文学理论上，本论文也有其重要价值。由于我国长期以来受詹姆逊与伊格尔顿等新马克思主义对于后现代主要立足批判与否定的影响，学术界的许多朋友对于西方后现代总的来说是批判与否定的，认为晚期资本主义的腐朽没落性决定了它的文学理论也必定是腐朽没落没有价值的。但本论文却为我们提供了理解西方后现代理论家的另外一种立场，那就是西方后现代文学理论不仅有其产生的历史必然性，而且其现实价值也是正负互在、瑕瑜互见的。因为，所谓"后现代"就是对于"现代"的反思与超越，这种反思与超越当然必不可免地有其局限，但也必不可免地有其价值与意义。哈钦的后现代诗学理论，她的有关历史书写元小说与戏仿、反讽的理论不就是这样的瑕瑜互见的后现代文学理论吗？这些理论就是现实文本总结的成果，活在当下的艺术品与艺术活动之中，具有理论的现实性与概括性。那些传统的典型、形象与现实主义的理论已经不能够完全反映当下的文艺现实，反而是这些理论具有现实的阐释力。难道那些固守己见的理论家不需要正视一下这样的事实吗？哈钦后现代诗学的"后现代主义政治学"旨趣，也向我们昭示了后现代主义理论是有着人文关怀维度的，她的反讽与戏仿带有现实批判的性质。有的理论家曾经说,后现代已经将现实完全解构了,还有什么审美的人文精神呢？这其实是一种典型的误读或者说是误解。因为,所谓"解构",其实就是对于主客二分的主体性的现代性人文主义的冲击,旨在建立新时代的人文主义精神。事实告诉我们,后现代不仅有解构的后现代,而且有建构的后现代,同时在解构之中也还有建构,德里达的"擦痕"与"延异"不就是一种包含着建构的解构吗？哈钦的戏仿与反讽其实也是解构与建构同在的。当然,后现代必不可免地要面对新的消费文化与大众文化,面对市场经济的现实。所以不少后现代文化确实充满金钱气息,问题多多。但这并不是后现代文化的全部,而且散发的更多的是现代资本主义金钱中心与资本万能的气息,需要后现代解构理论的批判。对于中国到底有没有后现代的问题,曾经引起过极大的争论,现在其实也不是什么问题了。因为,中国与世界尽管存在时间差的问题,但这个时间差正在缩小,而且迅速地国际化和中国经济社会的迅速发展,也使后现代现象已经逐步成为文化领域不可避免的事实。论文指出了中国后现代现象的不可避免性。对于这种正在不断发展的后现代现实,我们的正确态度是:有鉴别地面对,有分析地接受。因为后现代文化与艺术真的是难以避免的,所以必须面对和接受,但正因其正负互在、瑕瑜互见的特点,所以我们要有所鉴别、有所分析。这样才能既保证不致漠视新的文化与文艺现实,又不至于是非不辨,以符合时代的美学理论引导现实文化与艺术更加健康地发展。

对于后亮的论文,大家在充分肯定的同时也指出了"述多于论"与"理论评价相对较弱"的缺陷,我想这正是后亮今后需要继续努力的方向。学术是无止境的,学术也应该是神圣的,我们正是需要怀抱着这种永不满足与虔诚之心去从事学术工作,我们才能够有更坚实的步伐,有更踏实的进展。我以此作与后亮共勉,并祝他飞得更高、走得更远。

(2011 年 6 月 12 日)

仪平策《中国审美文化民族性的现代人类学研究》序①

　　仪平策教授的国家社科基金课题结项成果《中国审美文化民族性的现代人类学研究》让我为之写一个序,我真的感到有点为难,因为人类学是一个我并不太熟悉的领域,好在抱着学习的态度写一点自己的体会吧。首先中国审美文化的民族性问题是一个本人也很感兴趣的问题。我常常思考一个问题,那就是为什么中华民族的审美文化形态与西方有着如此明显的差异呢? 又为什么这样的审美文化形态不仅在国际上没有其应有的地位而且在我国的官方教科书中也基本上没有得到应有的反映呢? 而其当代价值到底何在呢? 带着这样的问题阅读仪平策教授的成果就会得到富有说服力的答案。

　　本成果的特殊之处就在于运用平常极少使用的文化人类学的特有视角来研究这个问题,从而得出不同凡响的结论。通常我们都是一般运用社会文化学的方法来研究审美文化民族性问题,主要是一种描述的方法,说明中国古代民族审美文化在形态上的以诗乐为主,礼乐教化与社会人伦的紧密联系,其特具的温柔敦

---

① 《中国审美文化民族性的现代人类学研究》,仪平策著,中国社会科学出版社 2012 年 8 月版。

厚特点,美学形态的"中和之美"表现等。这还是停留在表面的现象描述阶段,难有进展。但仪平策教授却从文化人类学的特有视角,从中华民族的原始生存状态出发研究审美文化。本成果为我们描画了一个中国审美文化特点的路线图:农耕经济—母性崇拜—阴性特征—中和美学。广袤的中原大地是哺育中华民族的摇篮,日出而作、日落而息是中华民族的生存方式,中华民族从来都是以农为本,农业与土地与中华民族血肉相连。这样的生产与生存状态必然产生家庭关系内在的母性崇拜特点。因为农耕文化最大的特点就是小农经济的"家族性"与"稳定性"。古字"庐"为"寄也",所谓"农人作庐焉,以便其田事"。那时实行井田制,所谓"一夫受田百亩,公田十亩,庐舍二亩半,凡为田一顷,十二亩半,八家而九顷,共为一井,在田曰庐,在邑曰里,春夏出田,秋冬人住城郭"。说明,在农耕的井田制度之下一家一族围绕农耕而居,由田到庐再由庐到田是主要的活动空间,活动内容则为农事。在这样的情况下,人丁兴旺成为家族繁盛的象征,而承担繁衍与养育责任的母性就具有了绝对的权威,这就是中国"母性崇拜"形成的重要原因。正是在这样的背景下才形成了中国文化的阴性特征,包括道家的"上善若水",《周易》的"坤厚载物",儒家的温柔敦厚等。这也就是以"天人之和"为其特征的中国古代"中和之美"形成的重要动因。以上论点仪平策教授在课题成果中已经论述得非常清楚,毋庸我过多重复,但以上是我一点个人理解。这就同时说明作为六经之首的《周易》所倡导的"生生之为易"的易学文化是反映了中国古代农耕文明的母性文化,成为中国审美文化的重要源头。

从仪平策教授的论述之中可以看到中华民族这种阴柔的母性文化、中和之美的当代价值。那就是在当代工业文明已经暴露其人与自然对立,不可继续发展与环境污染的严重问题的情况下,人类在反思这种以"人类中心主义"为其特点的工具理性文化之时,重新看到了农业文明的中和之美的许多有价值之处。难道文明只能与自然为敌,而不应向农业文明那样对自然也保留一点必要的敬畏吗? 不是也应该有一种顺应自然生态的"自己动手""够了就行"的生存方式吗? 而中华民族"中和之为纪""太极化生"的文化在当代不是也有着对于科技文化的重要弥补性吗? 对话与合作不是更加应该代替强权与战争吗? 而保护地球家园则已经成为人类的共同责任。人类实际上是生活在一个地球家园之中,这是一个人类共同的"庐舍"与"大家",是文明赖以生存之所。如果说在工业革命时代,中国的"中和论"美学常常被批判为"缺乏逻辑性",那么在当今后工业文明时代,它对于工业文明文化的矫正性与弥补性就彰显出来。中国审美文化当代价值与意义就在于此,需要我们文化学者努力抓住机遇加以发掘与阐发。仪平策教授已经做出了自己的努力,本成果以其特有的视角、丰富的文献资料与充分的论证被评为优秀等级项目,我们在祝贺的同时还应加以响应,为新世纪研究发扬中华文化做出贡献。因暑热难耐不能细细阅读与领会仪平策教授的大作,只写上述体会,聊代之为序。

(2011 年 6 月 28 日)

刘德林《舒斯特曼新实用主义美学研究》序①

刘德林博士的学位论文《舒斯特曼实用主义美学研究》即将付梓出版，嘱我为之写一篇序言，我很高兴承担这个任务。原因是舒斯特曼教授是我们山东大学文艺美学研究中心的老朋友，他曾三次到中心进行学术访问与讲演，并在中心做过短期的特聘教授，为我们中心的研究生讲过课程，我们之间也曾有过研讨和访谈。可以说舒斯特曼与我们有过较深的学术交流。再就是刘德林曾经于2006年在舒斯特曼所在的美国佛罗里达·亚特兰大大学访学与联合培养一年，其合作导师就是舒斯特曼教授，而且于2007年刘德林陪同舒斯特曼第一次到山东大学进行学术访问，这篇博士论文与刘德林2006年的访学直接有关。

论文较为全面地介绍与论述了舒氏的新实用主义美学理论，探讨了它的介于分析美学与解构美学之间的特点及其与阐释学之间的关系，以及其影响很大的"身体美学"的内涵。尽管舒斯特曼近年来在我国美学界是一位广受关注的西方学者，他的著作在我国被不断译介，但作为博士论文，刘德林的这篇论文应该是第

---

① 《舒斯特曼新实用主义美学研究》，刘德林著，山东大学出版社2012年8月版。

一篇。博士论文自身必要的全面性与学术性，使得本书具有较为重要的价值。本书明确地论述了舒斯特曼新实用主义美学的特有的美国色彩。其实学术界早就知道作为移民国家，美国的文化与学术深受欧洲特别是英国的影响，打上浓浓的英伦印记。直到20世纪初期，杜威在爱默生与詹姆斯等人的基础上，提出实用主义哲学与美学，才真正体现了美国这个以拓荒与实业为特点的新兴国家的社会文化特点。因此，可以说实用主义哲学与美学是美国特色的学术思想，不了解实用主义哲学与美学，就不了解美国的社会、文化与艺术。但由于其模糊性的优点与特点，又很快被分析哲学与美学所取代。但20世纪后期，由于时代与历史的原因，实用主义哲学与美学再次在美国崛起，这就是以罗蒂与舒斯特曼为代表的新实用主义。新实用主义继承了杜威实用主义的传统，同时又吸收了当代西方文化，特别是美国文化的新的元素，因而具有更大的包容性与阐释力。新实用主义哲学与美学还具有一种特有的调和性特点。调和了分析哲学与解构哲学，也调和了西方与东方，吸收了东方哲学的诸多元素，包括儒学与道家思想。而且舒斯特曼还对我说过，他对《黄帝内经》也有兴趣，可惜中文不行，难以掌握等，说明西方学者对于包括中国在内的东方文化的重视。当然，也正是这种调和色彩使得新实用主义哲学与美学具有了难以避免的内在矛盾。例如，舒氏的实用主义哲学与美学就集合了分析哲学、实用主义哲学与实践方法等，三者之间真的有许多难以相容之处。我曾经当面询问舒氏这个问题，他尽管做了详细解释，但仍然难以说服我们。

新实用主义哲学与美学还具有非常难得的前沿性，那就是舒氏独创的"身体美学"是对于当代包括"拉普"在内的先锋艺术的一种辩护，并对于传统的以康德为代表的"静观美学"与审美局限于视听感官的一种解构与突破,应该说具有其特有的价值。而且,"身体美学"本身还有过分重视"快感"而忽视理性之嫌。当然,"身体美学"的西文"Somaesthetics",运用了希腊语"soma"(身体),这里其实包含着"生存"之意。我曾问舒氏为什么不叫"生存美学",舒氏回答说,他不愿意与传统的存在论哲学与美学相混淆。舒氏的新实用主义哲学与美学使我想到我国美学领域的创新问题,应该说舒氏的新实用主义哲学与美学,特别是其"身体美学"并不完善,只是包含某种相对片面的真理,但学术界还是包容了这种理论,并给予了充分的肯定。由此可见,创新应该允许片面,甚至允许失败。也由此使我想到,尽管舒氏是当代十分重要的美学家,但他谈到自己的"身体美学"时,还是用一种非常谦虚的口吻来提出这个论题的,而且他的理论自身也的确并非完全具有内在自洽性。因此,我想我们中国的美学工作者应该有更多的自信与魄力,创建自己的具有中国特点与个人色彩的美学观点。这就是我写作这篇序言的感想并与刘德林共勉。我希望像刘德林这样的年轻学者应该有更多的创新动力与信心。

(2012 年 4 月 1 日于济南六里山下)

张传友《清代实学美学研究》序①

张传友博士撰写的《清代实学美学研究》马上要付梓出版，嘱我为之作序。我真的有些犯难，因为传友是复旦大学的博士，而且所作清代实学美学亦非我之专长。但传友的硕士学位是师从我们山大文艺美学研究中心的凌晨光教授，看到我们的弟子能够学有所成，心下甚慰；而且他的博士论文，我是当年的评阅人之一。有鉴于此，我非常乐意将当时的评阅意见附上，然后谈点感想。当时的评阅意见是：

从实学的独特视角探索清代美学的发展特征及中国古典美学的终结，立论新颖，有创意。论文所用材料翔实可靠，论述条理周密，文字流畅，学风扎实严谨，表现出较强的科研能力与较高的写作水平。本论文是一篇较为优秀的博士论文。但实学既为一种较为松散的倾向，将整个清代美学都称为'实学美学'是否妥当，尚需推敲，而在中西古今的比较方面也应加强。

这一评语说明张传友博士的论文在当时审阅中认为还是比较优秀的论文，这除了他的导师王振复先生的辛勤指导，再就是传友自己的刻苦努力。

---

①《清代实学美学研究》，张传友著，上海交通大学出版社2012年版。

清代实学实际上就是清代的儒学因不满既往将儒学引向虚玄而强调经世致用而已。清代的实学美学也就是清代儒学美学研究。我们先将清代实学的存在与否及其内涵这样的问题放在一边,首先要看的是研究清代儒学美学的重要性以及本论文的贡献。我想在当下复兴中华传统文化的背景下讨论这个问题更有其价值。如果说上古是中华文化的源头,那么清代就是中华传统文化的一定程度的终结。我说一定程度是指狭义的以文字为代表的文化,而不是指广义的深入到人民生活的文化,后者是不会终结的。因为清代之后,特别是 20 世纪以来,以白话文为标志,以"西学东渐"为潮流,我国文化出现一定程度的断裂。因此,清代是中国传统文化的终结,其实也是总结。有人将王国维说成是中国传统文化的总结,这可能是难以成立的,本书的作者传友可能也不会同意。但我们将清代的王夫之作为中国古代文化的总结,特别是美学的总结,大约是没有什么问题的。从这个角度说清代文化,或者说清代的儒学就有其特殊的价值意义。因为总结就有集大成之意。所以研究清代儒学美学就有其特殊的重要意义。

我们再回过头来看,20 世纪以来,新文化的繁荣发展,这是没有疑问的事实。但中国传统文化的式微也是毋庸置疑的事实。请看,我们各类人文学科书籍,哪有不是以西学范畴为主体的。这就使我们在国际学术领域缺少了话语权,被称为"失语"。但中华民族绵延 5000 多年,在自己的文化空间曾经诗意地栖居,正是其广博的文化滋养了一代又一代人民。钱穆力批线性发展说,力主相对独立发展说,论证了中国传统文化特有的价值。我想特别在当前后现代语境下更会彰显其特殊的价值,因为现代的理性主义曾经与中国古代的混沌思维不相兼容,将我们的文化说成是

"非逻辑的"，但这种非逻辑在后现代，在以"共生"与"对话"为主旨的今天却有其特有意义。所以，中国传统文化价值的重新认识或者说发现就是我们今天文化建设的任务之一。

传友论文中所着力论证的中国古代美学的"道本论""气本论""生命论"等恰恰是中国古代哲学与美学的特点所在，是清代实学美学的重要内涵。这样的发掘与阐述，其价值不容忽视。这就是本书的价值所在。最后，希望传友在发扬中国传统文化与美学上坐得住冷板凳，写出更好的论文，做出更大的贡献。

谨以此作为与张传友博士的共勉，也勉强作为本书的序言。

(2012 年 5 月 22 日)

陈伟、邵志华
《比较美学原理》序①

　　陈伟教授的国家社科项目结项成果《比较美学原理》经过历时四年多的辛勤劳动在获得良好评价的情况下，马上就要付梓出版。看了成果情况后受益匪浅，感慨良多。

　　这是一个经过长期辛勤劳动所获得的成果。陈伟教授早在20世纪80年代初期在北京大学跟从胡经之教授攻读硕士学位期间，就在胡老师的带领下进行中国古代文论研究，开始了中国古代美学当代价值与世界影响的思考。20世纪80年代后期，陈伟又在山东大学跟从周来祥教授攻读博士学位，所写博士论文为中国现代美学问题，同样思考了中西美学的关系问题。毕业回到上海后，即与王捷教授合作并于1999年出版了有关东方美学对西方影响的论著。此后一直在中西美学比较领域勤奋研究。目前的成果就是这近30年思考与研究的成绩。当然这里也凝聚了所有参加者的辛勤劳动。因为这实际上是一个以《比较美学原理》为主导的系列成果，是集体攻关的结果。由此说明陈伟等所有参加者的锲而不舍精神与一个有价值的社会科学成果的来之不易。

----

①《比较美学原理》，陈伟、邵志华著，人民出版社2012年12月版。

　　令人非常感动的是陈伟等同志的这个成果立足于中国美学对于西方影响的独特视角。一开始我对于陈伟的这种独特视角，也感到有些迷茫，我想近100多年来都是"西学东渐"，只有我们的包括美学在内的学术受到西方的影响，对于西方的借鉴，出现了大家熟知的"失语症"。不知这种东方影响能够写出多少东西。但陈伟等同志经过研究发现"中国文艺美学对于西方的影响远远超过目前研究所及"。这是很令人兴奋的，说明中国美学的魅力与价值是客观存在的，不以人的意志为转移的。最重要的是，这里贯穿了陈伟等项目参加者的一种文化的自信与自觉。那就是他们始终相信具有5000年文明史的中华民族文化必有其独特的价值。所以他们在"系统性"与"统一性"的前提下，又特别研究了中华文化的独特性。这种统一性与独特性的结合，就是陈伟等进行比较研究的立足点。其实，梁漱溟与钱穆先生早就对于中西文化线性发展论以及与此相关的西方高于东方的理论进行过有力的批驳。他们立足于东西方相对独立发展论，并从特殊的地理经济等方面进行了富有说服力的科学阐释，充分反映了一种民族的文化自信与自觉。费孝通先生曾将这种民族的文化自信与自觉科学地归纳为"各美其美，美人之美，美美与共，大下大同"。我想陈伟等同志的成果就集中体现了这种精神。陈伟等同志的种种发现尽管非常重要，但目前在美学理论领域，西方话语中心的局面并没有完全改变。要改变这种局面，除了经济文化等多方面原因之外，还有待于我们美学界同人进一步努力，在丰富独特的中国古代美学智慧与绚丽多彩的民间文化艺术的基础上，创造出更具中国特色的美学理论成果贡献于世界。

　　陈伟等同志的成果还有一个非常重要的特点，那就是走出了由理论到理论的老路，是充分地结合艺术实践。这本《比较美学原理》既是"中国文艺美学对西方的影响"这一总成果的理论指导，同时又是该成果的理论总结。完全立足于具体艺术实践的研究基础之上，包括了音乐艺术对西方的影响、中国漆器对西方的影响、中国建筑与园林对于西方的影响等。非常可贵的是陈伟教授等在这些领域均有新的令人鼓舞的发现，不仅有我们所略微了解的古代陶瓷艺术对于西方的影响，而且有我们所不熟悉的中国漆器艺术对西方影响，甚至是当代西方艺术对于中国艺术的接受与借鉴。这种对于具体资料的挖掘与发现是本成果的特点与重要贡献。它是近年来上海优秀理论工作者的一种共有的、重视材料与实证的特色所在，值得推广与借鉴。实际上美学理论都是具体的艺术与生活的结晶，美学研究就理应建立在具体艺术之美研究的基础之上，宗白华先生早就倡导我国的美学研究要从艺术研究出发。可以说陈伟等同志在这方面做出了示范，这是非常可贵并值得倡导的。

在研究方法上，陈伟等同志运用了影响、平行与错位等多种方法，基本上是根据不同的研究对象运用不同的方法，灵活多样。但我想说，乐黛云教授等近年提出的跨文化研究方法，是一种非常有意义与价值的方法，非常适合中国学者的比较研究。这种跨文化研究方法其实就是一种"和而不同""各美其美"的方法，是一种不同文化之间的对话。照我看，陈伟等同志其实是运用了这种"对话"的跨文化研究方法的。我想在当代全球化背景下，不一定要找出文化之间的具体影响，但完全可以通过跨文化的对话加强文化之间的了解、理解与欣赏。

总之，陈伟与邵志华教授的《比较美学原理》给了我们一种新的视野并得出了一些新的富有启发的结论，是对 21 世纪美学研究的新贡献。以上就是我一些初步的学习体会,写出来供两位教授与其他参与的同志参考,也应陈伟教授之托勉强作为本书的序言。

　　　　　　　　　　　　　(2012 年 6 月 25 日于济南六里山下寓所)

赵洪恩《求真探美》序[①]

天津财经大学的赵洪恩教授最近的新著《求真探美》一书即将付梓出版,嘱我为之写一篇序言。尽管自知学力有限,但作为多年的朋友表示自己的祝贺并谈点感想还是很愿意的。赵教授是我从事美育研究工作的老友,也是同道。我们同在中国高教学会美育研究会共事20多年,他与我都是该学会的领导成员,赵教授还在极为艰苦的情况下参与主办过美育研究会的2008年天津年会。赵教授长期从事美育研究,担任天津美学会美育研究会会长,在校内坚持美育的教学与研究工作,锲而不舍,难能可贵。赵教授曾经于2009年出版《真善美的求索》一书。这本《求真探美》为该书的续集,包括哲学与思想教育、美学与审美教育以及艺术与诗文创作三个部分。赵教授在后记中说本书是他对于新中国成立65周年的献礼,也是对于自己从教50年的纪念,可谓意义重大。我的一点想法就是我们应该对于赵洪恩教授表示热烈的祝贺和衷心的感谢。

赵教授从1964年毕业至今,一直奋战在德育与美育教育的第一线,在美育领域曾经率先开出《审美素质教育》课程,坚持近30年之久,并先后出版《艺术美育》《人生哲理》《大学生与社会》

---

①《求真探美》,赵洪恩著,中国文化出版社2013年8月版。

《大学生伦理学》《审美概论》《新形势下德育实效性研究》《大学生审美导论》等论著。赵教授没有什么炫目的头衔与荣誉，可以说是一名普通的德育与美育教师，但正是像赵教授这样的无数普通教师才真正支撑起我国德育与美育的大厦，谱写了我国教育的历史。正像赵教授的书名"求真探美"那样，赵教授具有中国教师的普遍的真与美的品格。他的真表现在他的不事张扬的品格，他的美表现在他的默默耕耘的精神。50年的追求与努力，即便在他退休之后仍然不放弃自己的事业。我们对赵教授表示感谢和敬意，而在学术上赵教授也有自己独特的成就。首先他在中国传统文化的研究有自己特有的努力与贡献，他的邵雍研究应该是别开生面的，可以说是从古代道家"万物齐一"的特有视角，对于邵雍的古代生态审美思想进行了独特的探讨。这是前人所未进行过的研究视角。所谓"以物观物"即言并非以通常人之"目"来观他物，而是以万物皆有之"性"与"命"观之，万物皆有"性"与"命"，所以万物平等也，这正是中国古代生态审美智慧的精华之所在也。而邵雍追求的"以物观物之乐"则就是一种与万物"齐一"的生态审美之乐，诚如赵教授所言"这就是他所追求的审美境界和人生境界"。赵教授的研究具有重要的当代价值，而在其孙子兵法研究中，赵教授开发其中的商用价值，意义不同寻常。这表现在赵教授特别强调了孙子兵法有关兵家素养的论述，并将之运用到商业行为之中。他说"孙子说'将者，智、信、仁、勇、严也'。意思是说，将帅应具备智谋、仁爱、勇敢、严明等五个方面的基本素质。这五个方面的素质要求在现代商战中也是普遍适用的，只不过主体由将帅换成了企业家，战场换成了商场而已"。赵教授对于"信"与"仁"进行了特别的阐释，所谓"信"即"诚信，诚实而讲信用"；所谓"仁"即"仁爱"，人文精神，人道主义关怀，对于消费者也应讲仁爱。这些话,我们听起来具有多么大的现实意义啊。在审美教育研究中,赵教授特别强调了"文化创造力"的培养,这是美育研究和教学长期探讨的课题,也就是所谓"钱学森之问"。赵教授从人的现代化、人的自由全面发展、文化创造力的建构、文化创造力的培养与机制等方面全面地进行了论述。特别可贵的是赵教授对于审美素质与文化创造力的关系进行了深入的富有创意的研究。他认为,主体的审美素质"直接关系到文化创造主体创造力的最终形成",而所谓审美素质,赵教授认为包含独立健康的审美意识、净化的文化主体心灵与境界、不断提升的审美感受力、奋发向上积极进取的审美追求四个方面,非常全面并具有可操作性。

赵洪思教授与我是同龄人,他的勤奋努力与敦厚的人品是我学习的榜样,我衷心地祝愿赵教授永远年轻,并衷心地期望能够有更多的与赵教授共事与切磋的机会。春节将至写了以上的话,难以尽述赵教授的成就,只能作为我的美好祝愿,聊以为序。

(2013 年 1 月 19 日农历腊八)

孙丽君《伽达默尔的诠释学美学思想研究》序①

孙丽君博士的国家社科基金后期项目的结项成果《伽达默尔的诠释学美学思想研究》一书即将付梓出版,这是一件值得纪念与祝贺的事情,是孙丽君学术事业中的一件大事。这首先使我回想起2002年初夏,我曾经的老同事,曲阜师大中文系的聂健军教授给我打了一个电话,告诉我他的硕士生孙丽君准备到我们中心在我的名下攻读博士学位,不久孙丽君就参加考试并被山东大学录取到我们中心学习。2005年孙丽君顺利完成博士课程和论文答辩取得博士学位,毕业后业务进展很好,目前已经晋升为教授。几年前,聂健军教授因病过世,我想孙丽君的成绩也可以说是对聂健军教授的一种告慰。聂健军教授曾经向我介绍,孙丽君是一位特别有思辨能力的青年学者,孙丽君到校后的学习,特别是论文写作中的表现证明了这一点。从她的外语背景的学术经历看,本来可以选择一个大家比较陌生的海外理论家作为博士论文题目,这样在文献材料上容易出新。但孙丽君却毅然选择了理论性很强、难度较大的伽达默尔的艺术经验理论作为其博士论文题

---

① 《伽达默尔的诠释学美学思想研究》,孙丽君著,人民出版社2013年8月版。

目。我虽然有些犹豫,但最后还是同意了这种选择。原因是我认为伽达默尔的诠释学哲学在 20 世纪人类哲学史上具有划时代的意义。因为,诠释学是对 20 世纪以来人类最重要的哲学与思维成果之一的现象学与存在论哲学的发展与丰富。也可以说它使得现象学的"还原"与"悬搁"和存在论的真理由遮蔽走向澄明,变得更加容易理解与操作。"诠释本体"尽管具有绝对化的弊端,但它却是当代人文学科的一种新的进展,说明一切人文现象都具有特定历史与时间境域中"此时此地性",是一种即时性的经验,并无永恒、绝对与抽象的人文精神,印证了马克思主义哲学有关一切现象都是"过程"的论断。这就摆脱了长期困惑我们的"实体性"认识论与主客二分对立的思维模式,是哲学理论的重要发展与突破,具有极为重要的理论与现实的意义。孙丽君在治学上对自己要求非常严格,为了做好诠释学方面的研究,她在读博期间就与美国帕尔默教授经常有邮件往来,翻译了几篇帕尔默的论文,后来出国访学又选择了诠释学方面的专家——美国宾夕法尼亚州立大学教授、伽达默尔的学生 Dennis Schmidt 教授作为导师。正是这种态度,才有了本书的出版。

　　本书走的是常规与出新相结合的路子。从常规方面说,本书前八章为诠释学的产生发展、本体论、方法论、艺术经验论、美的本质论、美与真、美与善以及地位影响等,是传统的路数与最基本的问题,后三章则是一种新的丰富与视域。从出新方面说,本书在以下方面有新的突破与思考:其一,对于现象学与诠释学关系的重视;其二,以海德格尔后期存在本体论为伽达默尔诠释学起点的论述;其三,从诠释学角度对于艺术经验的论述;其四,突破内部研究将诠释学扩大到文化视域;其五,对于诠释学与生态美学关系的论述;其六,对于新时代诠释学活力的探索;等等。在这里我体会较深的是本书对于诠释学与现象学关系、诠释学与存在论关系、诠释学视城中的艺术经验以及生态诠释学问题的探讨等。首先是对于诠释学与现象学关系的探索。众所周知,现象学是20世纪以来哲学领域的重大突破,主要是对启蒙主义时期认识论"实体性"哲学与工业革命时期科学主义哲学的重大突破。将哲学的基本问题由抽象的思辨发展到人性的思考与探索,使哲学真正变成人学,恰符合哲学与美学作为人文学科的特性。这一点对于中国人文学术界显得特别重要。因为,我国长期以来受到苏联时期日丹诺夫僵化的二分对立哲学思维影响深远,将无比复杂的哲学与审美现象简单化为唯物与唯心、主观与客观、无产阶级与资产阶级的二分对立,从而将审美简化为美在主观、美在客观与美的社会性等极为简单的结论,从而窒息了审美的勃勃生机。而诠释学作为现象学的进一步发展,却在"诠释本体"中"悬搁"了主客二分对立,在诠释所形成的经验中恢复了审美的无比复杂性与其特有的魅力、活力。而诠释学与存在论的关系当然至为重要,因为只有在存在论中,在"此在"这一能够"诠释"的特殊存在者出现后诠释才成为可能,而诠释的最后旨归则是人的存在得以由遮蔽走向澄明。因而,海德格尔认为"此在的现象学就是诠释学",两者是一而二、二而一的关系。本书以诠释学视域中的艺术经验问题为基础,论证伽达默尔诠释学美学思想的基本问题及其理论特色。反思诠释学的限度,也是本书的主旨所在,说明诠释是一种关系,是一种主体与对象相遇后关系中的经验。从而将时间性引入审美,并从游戏与节日的视角将深层人学之人类学引入审美领域,从而使得审美变得无比丰富多彩与内涵深厚。孙丽君还从生态美学的角度论述诠释学的特殊贡献。这本来是应有之义,但我们却认识不够。其实生态美学就是存在论美学,是一种此在与世界关系视域中的审美,是一种关系中的特殊的诠释与经验。而从具有生态意味的"对话"的角度,诠释就是主体与客体、观者与对象、当下与历史、原作与诠释的平等对话。因此,离开了诠释学的生态美学其实是不可能成立的。

当然,从更进一步的要求说,本书显得平铺直叙,过于全面了,涉及的问题太多,如果能够更加集中一点可能会更好。不管怎么说,这都是一本有着自己价值的著作,它的出版是孙丽君学术道路上的一件大事与喜事,相信孙丽君一定会以此为新的起点,不断有新的追求并取得新的成绩。写了以上的话,作为序言,供孙丽君博士参考并与之共勉。

(2013 年 2 月 16 日)

张颖慧《伽达默尔"审美教化"思想研究》序[①]

　　颖慧的博士论文即将付梓出版,嘱我为之写个序言,我是十分愿意的。颖慧是 2009 年到山大文艺美学中心读书的。记得对她的最初印象是她的硕士导师吴绍全先生给我打的一个电话,说他有一个学生很优秀,想要报考我的博士。我是很欢迎的。后来,她果然以优秀的成绩考进来,自此,我们便有了师徒的缘分。

　　颖慧做学问一直踏实勤奋,所以,我对她的博士论文是有些期望的。在博士论文选题时,她说想要研究伽达默尔,我有些担心。因为伽达默尔是德国继胡塞尔和海德格尔之后最著名的哲学家,也是 20 世纪具有世界影响力的哲学家之一。针对伽达默尔及其思想的研究专著很多,想继续做这方面的研究,很难找到突破口。所幸颖慧克服了这一困难。她不仅在国内收集了一些资料,而且同伽达默尔的学生——美国宾夕法尼亚州立大学的 Dennis J. Schmidt 先生取得联系,希望获取他的一些帮助。也算是机缘巧合,恰巧这时作者获得了国家公派留学的资格,于是申请到宾夕法尼亚州立大学跟随 Dennis J. Schmidt 先生学习一年。

---

①《伽达默尔"审美教化"思想研究》,张颖慧著,中国古文献出版社 2014 年 4 月版。

美国的学术资源为她博士论文的写作提供了很多方便。在这一年中，颖慧定期地把自己的学习情况告诉我。通过她的学术进展，我知道，她在美国的学习是紧张而努力的。

由于我本人长期进行审美教育研究，所以颖慧打算做伽达默尔的"教化"理论，在开题时有老师提出"教化"是一种自上向下的灌输，好像与美育的潜移默化相悖。我们当时也是相当纠结。但通过一段时间的研究，颖慧发现原来国内权威译本把伽达默尔的"Bildung"翻译成教化，这种译法并不准确：教化是从上而下的说服教育，目的在于政治的稳定，"Bildung"则是一种自我培养，是为了达到个体进而全人类整体素质的提高。由于教化这一词汇掩盖了"Bildung"的真正涵义，国内相关的研究比较少，系统的研究更是少见。至此我们发现了"Bildung"的特殊内涵，而且该词在英语中也难有相对应的词语，一般翻译为"文化"（Culture）。于是颖慧便决定以"Bildung"为基点研究伽达默尔的"审美教化"理论。从阐释学的哲学渊源、理论内涵等多个方面论述"Bildung"的产生与特殊含义及其价值意义。随后她开始了整篇博士论文的构思和写作。由于论题集中所以写得比较顺利。

博士论文的写作都是很辛苦的，对于颖慧来说，要抽出一年到国外学习，三年的时间就更为紧张。但她还是如期完成了自己的任务，这便是我们今天所看到的这部著作。

学术研究一般要从源头说起，作者首先对伽达默尔的"审美教化"进行了理论上的溯源，认为胡塞尔的现象学方法、海德格尔的存在论思想和伽达默尔的哲学诠释学思想构成了"审美教化"的理论基础。找到了"审美教化"的理论来源。其次，作者深入论述了"Bildung"的内涵。这是此篇论文最为核心的部分。这一部分从六个方面诠释了"Bildung"这一概念。不仅深刻而且全面。

其中，作者不仅论述了"Bildung"和教化之间的区别，而且分析了和其他相关词汇如修养、教育等的区别。分析丝丝入扣、条理清晰。然后，作者分别论述了"审美教化"的产生途径和实施方式。作者把艺术经验和对话作为"审美教化"的产生途径和具体的实施方式。见解新颖独特，论述充分有力。而且，作者对"审美教化"的理论和现实价值进行了比较详尽的论述。认为"审美教化"是一种全新的美育理论，它为中西方的美育发展注入了新的活力，"审美教化"不局限于哪个人或哪个社会阶层，而是整个民族和社会的"教化"。此外，"审美教化"对于我们正确地对待经典和通俗艺术作品以及有效地排除自我异化都有一定的启示作用。这就将此研究和当前的社会现实连接起来，充分证明了该著作的现实意义。最后，作者论述了"审美教化"的理论局限。应该说，该著作所形成的研究思路是有效的、可取的。

总体来说，作者的这篇著作是下了很多功夫的，它的结果自然会得到大家的肯定。毕业答辩时，该著作被答辩专家组评为优秀。未来的路还很长，希望颖慧在此基础上锲而不舍地坚持下去。

（2013 年 12 月 17 日泉城）

赵凤远《庄子的生态审美智慧解析》序①

赵凤远的博士论文即将付梓,嘱我为之写一篇序言,这是一个久已盼望的任务。赵凤远是 2007 年博士毕业的,其时他已经在我的名下从硕士到博士学习了六年之久,博士论文顺利通过答辩,本来应该马上就出版,但赵凤远老说还需要修改,这一等就是七年。目前终于得以出版,这是赵凤远学术生涯中的大事。赵凤远从硕士到博士都是做的庄子的生态审美智慧。其原因与我这段时间以来开始关注生态美学问题有关,我从 2001 年开始注意这一论题,并集中精力进行研究工作,所以也希望我的学生多做这方面的研究,这就是赵凤远选题的由来。而我一直认为对于一个论题短短的三年研究时间相对较少,这也就决定了赵凤远从硕士到博士阶段连续性的进行庄子生态审美智慧研究。对于庄子生态审美智慧的研究已经是一个得到国内外学术界普遍关注的热点论题。众所周知,自 20 世纪中期以来,工业革命及其主体性文化已经造成严重的生态与环境污染并危及到人类的生存,从 1972 年斯德哥尔摩国际环境会议开始,人类开始关注生态环境问题,从此生态哲学、生态美学与生态批评逐步成为显学。被工业

---

① 《庄子的生态审美智慧解析》,赵凤远著,山东人民出版社 2014 年 12 月版。

革命时代以非逻辑性而被忽视的中国古代哲学也逐步显示其当代价值。中国道家的哲学中的生态智慧特别被中西许多学者发掘出来,包括万物一体、道法自然、天倪天均、心斋坐忘与至德之世等重要思想均从中发掘出有价值的意义内涵,甚至当代关注的生态整体论、生态环链论、生态社会论与生态现象学等在庄子的思想中都有其萌芽与因子。赵凤远的博士论文对于以上思想均有论述。非常重要的是赵凤远以唯物史观为指导将庄子生态审美智慧放到一定的历史语境中加以审视,揭示了庄子生态审美智慧产生的历史背景与历史价值,并揭示了其不可避免的历史局限性,说明这种思想毕竟是前现代农业社会的产物,必须经过当代改造才能加以适当利用。当然,从赵凤远论文答辩至今七年已过,在这七年中对于庄子生态审美智慧的研究又有一系列新的进展,我们还需不断学习,才能赶上学术发展的步伐,这就是我与赵凤远的共勉。

(2014 年 11 月 28 日)

刘冠君《利奥塔崇高美学思想研究》序[①]

　　刘冠君的博士论文《利奥塔崇高美学思想研究》即将出版,要我为之写一个序言,我是非常愿意接受的。刘冠君是我们山东大学文艺美学研究中心的优秀毕业生。她从本科到硕士与博士都在山东大学文学与新闻传播学院完成,其中硕士与博士在我们文艺美学研究中心完成。她的博士论文《利奥塔崇高美学思想研究》是在硕十论文基础上的进一步深化,其间为更好地完成论文写作专门到美国访学。

　　因为问题本身比较前沿新颖,研究刚刚开始不久,可供参考的文献不多,又比较晦涩难懂,论文写作比较艰辛,但刘冠君还是较好地完成了论文。首先是选题具有较大意义。利奥塔是对"后现代"这一命题做出"对现代性的超越与反思"这一判断的极为重要的理论家,他发表于1979年的著名论著《后现代知识状况》让我们看到所谓"后现代"不仅是对于现代性的突破,而且是一种反思,反思中包含着某种继承,而不纯是"打碎",是在"现代性中不断地孕育着后现代"。这种对于"后现代"的阐释不仅是"解构",

————————
①《利奥塔崇高美学思想研究》,刘冠君著,中国社会科学出版社2015年10月版。

而且有"建构"，意义深远。刘冠君的论文较为忠实地体现了利奥塔的解构与建构并行，重在建构的思想追求，因此论文具有建设性意义是十分明显的。同时，论文还深入论述了利奥塔不同凡响的、积极的"后现代"美学与艺术理论。在通常的意义上，"后现代"作为一种对于现代的解构，其美学与艺术应该是一种意义的瓦解，破碎与零散化，是一种对于市场的迎合与俗化。但利奥塔独具慧眼，将后现代艺术实际上区分为消极与积极两种，所谓消极的后现代艺术是一种一味迎合现实的后现代艺术，他称之为"金钱现实主义"，具有极强的媚俗性与消极性，可谓一语中的。利奥塔则要在后现代艺术中追求一种具有"崇高"之美学精神的艺术，这不是意义的消解而是意义的重建，具有积极的意义，对我国当下的美学与艺术建设都有参考价值。

　　刘冠君恰是以"崇高美学"作为自己论文的主旨，较为深入地论述了利奥塔"崇高美学"的三大要旨。首先，崇高是一种呈现不可呈现性的情感。这是对于崇高的一种新的"后现代"的阐释，是一种由传统认识论的崇高理论到当代存在论崇高理论的转型。从西方美学与艺术史上来看，崇高都是对于一种具有较大价值的物象与精神实体的追求，或者是表现一种伟大的事物，如亚里士多德对于悲剧的论述；或者是对于一种永恒正义的表现，如黑格尔的美学理论；或者是面对强大感性而诉诸理性精神，如康德之崇高理论；如此等等。但利奥塔则独树一帜，将崇高归结为"呈现不可呈现性的情感"，这种不可呈现性的情感，刘冠君将之归纳为"个体生命意义的存在"的逐渐展开，这就离开了传统认识论实体性美学走向当代对于人之生存意义关怀的存在论美学，是崇高美学的一种突破。她较为深入准确地论证了这种新的当代存在论崇高美学。其次，崇高发生在"现在"的状态下。这又是一种对于西方传统认识论美学的突破，西方传统的认识论美学是一种静止的美学，主客之间是一种仅凭视听感觉的距离美学，但当代包括利奥塔崇高美学在内的存在论美学则是一种现象学的阐释学美学，只有在阐释之中凭借主体的构成能力，对象才得以呈现。这就是一种艺术活动中"此在与世界"之关系，此在即人，所有的艺术活动都是个体的人的当下、现在的活动。这在一定程度上肯定了"先锋艺术"，因为所有的"先锋艺术"都是现在的、当下的，是一种参与性的、身体性的，这就是"先锋艺术"的特点与价值所在。最后，崇高这种情感的中心是歧论。这是对于传统认识论之中心论的解构，传统认识论之崇高都指向一种中心论，或是亚里士多德的恐惧与怜悯，或是康德的"理性的偷换"，但利奥塔则将这种崇高的精神归于"歧论"，是一种两方与多方之间"不可决定的"判断。不可决定是一种模糊性，但也意味着一种选择性、开放性，为当代后现代艺术提供了多种解释的可能。总之，利奥塔的崇高作为后现代的崇高是一种对于传统崇高理论的突破，具有诸多崭新的因素，也正因此而具有诸多不稳定性。

刘冠君的论文尽管是2010年答辩的，已经过去了4年，但现在看仍不陈旧，说明利奥塔崇高美学的研究还是一块有待继续开发的领域，对于利奥塔的研究需要进一步深入，也说明刘冠君的论文所具有的学术价值。

刘冠君在论文中阐发利奥塔的贡献的同时也指出了利奥塔的局限，但对于后现代崇高理论的研究却还需要继续下去。在这里，还要给予充分肯定的是，刘冠君在本论文中做了比较好的文献工作，她认真梳理了利奥塔崇高美学的理论来源，利奥塔与胡塞尔、弗洛伊德、康德、海德格尔、列维纳斯等人的学术继承关系，特别是阐释了利奥塔的欲望美学与弗洛伊德的"力比多"理论的关系，她的"反思判断"审美理论与康德崇高理论的学术关系，她的"呈现不可见性"与海德格尔的存在论美学的关系等。这都说明刘冠君在学术态度与学风上是端正而严肃的，说明她的学术起步是坚实而稳固的。利奥塔的崇高美学是一个有待继续研究的领域，刘冠君开了一个好头，希望她有机会继续做下去，也可以由此思考后现代的美学与艺术，在这方面做出成绩。学术的追求是终生的事业，无论做什么工作，希望刘冠君不要放弃学术的追求，这是一种旨趣，也是一种境界。

祝贺并期望着冠君。

（2015 年 5 月 26 日）

赵奎英《生态语言观与生态诗学、美学的语言哲学基础建构》序①

　　本书是奎英由山东师范大学调到南京大学后的第一本书,书名是《生态语言观与生态诗学、美学的语言哲学基础建构》,应该是国内第一本把生态语言观与生态诗学、生态美学结合起来进行集中研究的论著。本书的创新之处甚多,包括对生态语言观进行系统的界定;对西方哲学史上的自然语言观的生态意义进行系统的梳理;对海德格尔的生态伦理学进行创新性研究;从语言的视角对生态审美观念进行本源性探究;对戴维·艾伯拉姆的身体现象学语言观进行发掘;对道家的生态语言观进行研究;等等。本书其实也是奎英20多年来对于语言学美学进行研究的拓展和结晶。赵奎英的硕士与博士论文做的都是与语言学美学相关的研究,那还是上世纪90年代初期的事情,后来研究生时期的成果在答辩时获得好评,其中的有关文章在《文学评论》等重要期刊发表。2011年,赵奎英到英国伯明翰大学做访问研究,其中一项重要内容就是生态语言学,吸收了西方最新的生态语言学成果,结合中国的实际,和自己原来的生态语言观和生态美学等方面的研

---

①《生态语言观与生态诗学、美学的语言哲学基础建构》,赵奎英著,人民出版社2017年10月版。

究,将自己的语言学美学研究推进到新的高度和新的阶段。本书就是赵奎英近十年来在这一领域研究的新成果。我想它的出版对于我国的当代生态美学与生态文艺学建设,乃至整个美学与文艺学学科建设都会起到推进的作用。

我国生态美学研究从1994年开始至今也只有短短的23年时间,这是一个全新的充满争议的领域,从"生态"一词的使用开始在看法上就出现分歧,有的说是"生态"美学,有的则说是"环境"美学。但无论如何,目前生态美学(或者是环境美学)已经基本被学术界接受。从目前的情况来看,可以说对于生态语言观的研究是生态美学的新发展。西方早在生态美学产生之初就涉及到生态语言观的问题。欧陆现象学美学,以海德格尔为其代表,将语言看作存在之家,是真理的澄明之境,是人的本真的展开。到梅洛-庞蒂进一步将语言与人的身体相联系,在"身体间性"之中阐释一种生态语言观,可以看作是对生态美学也是对生态语言观的新发展。英美分析哲学中的环境美学实际上也涉及到生态语言观的问题,只是它是从另一个角度涉及语言问题的。英美分析哲学从分析语言的合适与不合适着眼,认为将自然视为对象的自然美学和"如画"风景观对于环境审美是不适合的,只有人与环境融为一体的环境模式才是适合的。这种语言分析具有某种科学色彩。当然,还有就是中国古代的语言观,因为中国古代是一个农业经济前现代社会,以农为生是中国古代的基本生存方式,天人合一,主客相融是基本的文化模式,所以中国古代的语言观大体上都是"万物一体"的生态语言观,赵奎英在本书中特别论述了道家的语言观,特别是道家的"道法自然""大美无言"以自然的方式"言"的"言无言"的语言观,完全是一种人与自然一体的生态语言观。我想赵奎英能否在此基础上建立一种以中国古代传统为基础的生态语言观,因为中国古代还没有受到工具理性主客二分的浸染,还没有赵奎英书中讲的那种理性主义的语言霸权,是完全的自然生态状态的语言形态,这对于新的生态语言观的建设将更加富有价值意义。

赵奎英在书中从探索"生态学"的原义入手,对生态审美的基本范畴进行了自己的梳理,认为生态概念包含三个关键义项:家园、生命与关系性,如果说一个人是具有生态观念、生态意识的,就意味着他是关心栖居家园的,关心生命存在的,关心关系整体而不是主客分离、人类中心主义的。按照这一界定,那种对自然的生态审美,也应该是关注生命存在的审美,关注家园栖居的审美,是注重相互关系的作为"栖居者"的"在之中"的审美。我觉得这是一种新的富有创新的概括。"家园"是指人与自然的关系,是一种温馨的融为一体的"在家"之感,即是海德格尔所说的"在之中";而生命则是生态美学的要旨所在,生态美学不是冷冰冰的以形式美为主的认识论美学,而是活生生的生命美学,是生存之美的核心所在。至于关系性则是道出了生态美学的相异于传统美学之处,传统美学是一种实体性美学,强调实体的美,而生态美学则是一种关系性美学,是"此在"的生命体验。赵奎英的概括、论述包含了她的新思考,并且指出了常常被人所忽视的这种生态审美观与生态语言观之间的关系。

本书的出版是生态美学的新收获,也是奎英学术工作的新收获,标志着奎英走向更加成熟的学术道路,我为她高兴并衷心地祝贺她。在仲春时节写了以上的话,作为自己学习奎英这本论著的一点感受,也作为本书的序言。

(2017 年 3 月 21 日于济南)

杨建刚《马克思主义与形式主义关系史》序①

　　杨建刚博士的国家社科基金项目结项成果《马克思主义与形式主义关系史》即将付梓出版，嘱我写一个序言。有关本书的评价已经有国家社科项目鉴定为优秀的结论，以及本书有关章节已经在《文学评论》《文艺研究》《文艺理论研究》等重要期刊刊发，多篇被人大复印资料转载，充分说明本书的水平和质量。我想着重围绕本书及马克思主义与形式主义研究的有关问题谈几点感想。

　　其一，本课题是一个非常重要的论题，关系到文学理论与文学研究的走向。为什么要讲这样的问题呢？因为学术界在这个问题上还有不同的看法。有人认为研究这个课题有将马克思主义引向形式主义的危险。我想这种担心是没有必要的，马克思主义是科学的战斗的开放的理论，它与任何学术传统的关系研究都无法动摇它的立场、观点与方法。而且，特别重要的是，马克思主义与形式主义的关系实际上早就发生于现实之中，关系到文学理论与文学研究的走向。我本人有限的学术经历就说明了这一点。我从上世纪50年代后期进入高校学习文学开始就面对着文学与政治以及内容与形式的关系之争，也就是所谓向内与向外之争。

---

① 《马克思主义与形式主义关系史》，杨建刚著，人民出版社2017年11月版。

直到今天，所谓外转与内转、文学研究与美学研究仍然是学术界的热点问题。记得1959年我刚入校不久文艺界就批判巴人的人性论，当时认为巴人最主要的错误就是将人性问题形式化抽象化，割裂了人性的阶级性内容。我帮助高年级的师哥师姐们整理批判资料，真的给我上了入校后的生动一课，从此知道，形式主义是一个不能触动的敏感问题。以后的历史发展建刚在书中已经有所叙述，大家也都明白，直到新时期改革开放以后，政治与文学以及形式与内容仍然是最敏感的问题。上世纪80年代初期，我参加了激动人心的庐山会议，会议的议题就是讨论政治与文学以及内容与形式等学术问题。此次会议成为几派政治观点交锋的战场，其激烈程度不是亲历者都难以想象。上海的《文艺理论研究》杂志发表了部分会议论文，徐中玉先生选择的其中十余篇也是观点纷呈，各不相让。此后，文学界讨论的中心就是大家熟悉的内转与外转、文化研究与意识形态研究等问题。这些讨论没有一次离开过文学与政治、内容与形式的关系问题。这充分说明内容与形式问题是文学界，尤其是文学理论界最重要的基本问题。对于这么重要的文学基本问题我们为什么不能作为学术问题加以研究呢？杨建刚博士在本书中详尽地描述了马克思主义与形式主义这两个流派在整个国际学术界的发展历程及其关系史，这也更加说明这个论题是一个最基本的论题。

其二，本课题是几代学者接力研究的重要成果。有关文学形式问题的研究早在改革开放初期就已经开始，许多老一代学者都有研究成果，其中南京大学中文系的包忠文先生及其弟子赵宪章先生等就已经在文学的形式研究方面努力开拓，成果累累。赵宪章的论著《西方形式美学》我最早还是听到复旦大学章培恒先生的推荐。在复旦大学的一次学术会议上章先生向我推荐赵宪章的这本书,他认为写得不错。大家都知道,章培恒先生是古代文学领域非常重视理论并较好运用理论的著名学者,他的《中国文学史》就成功地运用了人性的观点分析古代小说与戏剧人物,章先生的推荐是经过他自己的研究的,非常有眼光。赵宪章的学生汪正龙,还有本书的作者杨建刚,继承前辈学者,继续文学形式问题的研究。因此,可以说,杨建刚的研究是几代学人在本领域持续努力的成果。

其三,本书的一个非常重要的特色是将论题放到历史的视野中加以研究,使之具有科学性与可信性。从俄国形式主义、布拉格学派、法国结构主义、符号学、英美新批评到解构主义等形式论学派都是历史的形态,其产生都有历史的原因,它们与马克思主义的关系也都是在历史中展开的。建刚对二者关系的研究史论结合、论从史出、避免空谈。因此,本书的论述具有历史的说服力,研究的历史感也使本书具有其自身的科学价值。

由于本书涉及的论题过于广泛,不可能都论述得详尽周密,加之论题自身的繁难,因此不足之处难以避免。建刚正值壮年,学术的生命还很长很长,每一本书的出版与每一个课题的完成都是学术道路上的重要一步。希望建刚走得更远更好。

(2017 年仲夏于济南六里山下)

赵奎英《美学基本理论的
分析与重建》序[①]

奎英主持完成的教育部基地重大项目成果,《美学基本理论的分析与重建》就要出版了,嘱我为之作个序。我是这个项目的子课题负责人之一,参与了这个项目的前期讨论和后期写作,了解这个项目成果的思路和所取得的进展,也了解做这个重大项目的艰辛和不易,所以便欣然应允下来,谈几点自己的看法和感受。

我们知道,随着社会文化现实和审美活动实践领域的变化,传统的美学学科已经无法适应新形势的需要,以往美学学科中存在的问题日渐突显,美学基本理论的重建也成了一个日渐迫切的问题。但目前从全球范围来看,伴随着传统形而上学理论模式被消解,对美和艺术的本质进行哲学思考的美学基本理论的地位也开始被削弱,并且在一个多元化时代,人们似乎对专门性、差异性的具体问题的研究更感兴趣。虽然学界普遍感到美学基本理论重建的必要性,但从正面切入的那种整体性重建研究,还是比较少的。在这种情势下,进行美学基本理论重建,就成为一种更为紧迫的任务。这也决定了本课题研究首先是一项高难度的、具有重大意义的研究。奎英勇于并长于攻坚克难,带领团队完成出版

----

①《美学基本理论的分析与重建》,赵奎英著,人民出版社 2019 年版。

这样的宏大课题就尤其值得赞赏。

　　奎英主持完成出版的这项成果的第二个值得肯定的地方在于,它不是凭空进行美学重建,也不把自己的重建工作看成是从头开始的,而是立足于美学研究和社会现实中出现的新问题,立足于审美活动领域出现的新变化,密切关注中西当代美学理论研究的最新进展,尤其是中国当代美学重建研究的四大形态,生态美学(和环境美学)、生活美学、身体美学、文艺美学(或艺术美学),总结吸收当下美学具体形态研究和重建所取得的最新成果,在美学重建目标上提出既具有创新性、普遍性又切实可行的看法。本著作提出要重建一种以生态审美为指向,以回归生活世界为基底,以艺术审美为依托,注重身体各知觉在审美活动中的作用的,既具有理论解释性又具有价值批评性和实践构成性的美学基本理论,这显然是切实、高远而又具有新意的。

　　本人致力于生态美学研究多年,先后提出生态存在论美学观、生态存在论美学范畴、生态审美本性等观点或命题。随着研究的逐步深入,我也逐步认识到,我建立在生态存在论基础上的生态美学,并非简单地是一种美学形态或新的分支学科,而应该将其看作是美学学科的新发展与新延伸,广义的生态美学就是生态文明时代的美学,它具有相当的"普适性"。这也就是说,生态美学作为一种更具有本土性质的当代美学,它具有对中国传统的美学学科进行改造和重建的可能。奎英主持完成的这部著作,吸收了生态美学研究的成果,和国内外学界其他美学重建研究的重要成果,进行综合创新,提出把生态审美看作美学重建的根本指向,把生活世界作为美学重建的根基,这就是说,生态审美不仅是生态美学坚持的原则,而且应是贯穿到环境审美、生活审美、身体审美、艺术审美等一切审美活动之中的。同样,回归生活世界的根基也不只是生活美学的事,关注艺术审美、注重身体各知觉在审美中的作用,也不只是艺术美学、身体美学才要求的,而是那种重建后的整合性的"新美学"所涵盖的。而这只有通过综合创新才能达到的。

该著作第三个突出之点在于,它对美、审美、审美活动、审美学、感性学等基本概念进行系统反思,并从现象学存在论哲学、具身认知科学、当代艺术实践的角度对其进行重新界定,对什么是美,什么是审美,审美活动发生的条件是什么,审美活动的基本问题是什么等,都做出了一些新的解释,并提出要重塑一种"非对象性"的"新审美学"的看法。提出从非对象性美学来看,审美关系不是认识论的对象性关系,审美也不是人在世界之外对对象表象的观审,而是作为审美"缘构"的人与作为审美"缘素"的存在者相遭遇、相激发,共同生成一个审美世界并在这个世界之中经验或亲历这个世界的发生和显现的"具身行动"。这些观点无疑是具有创新性的。

该著作不仅对美、审美、审美活动进行重新思考和界定,还把时间、空间和身体作为美学研究的重要问题,不仅一般地探讨日常生活审美、当代艺术审美和生态环境审美模式对于美学重建的意义,还具体探讨了生态审美、环境审美、生活审美中的一系列重要问题,提出或探讨了生态存在论美学观、生态存在论美学范畴、生态审美本性、时间性语法、"感知星丛"、生态和谐等概念和命题,这对美学基本理论重建也都具有重要意义。

但美学基本理论的重建是一项系统而复杂的工程,它有赖众多学人的共同参与才能完成。奎英主持完成的研究或许只是这项系统工程的基本的架构,但它的确在每一个重要的关节点上立下了"地标",使人们更加明了美学基本理论的"大厦"应该什么样,它应该具备哪些基本的"区间"、功能和指向等,这对当今中国的美学基本理论重建无疑是具有推进意义的。因此,我这里既作为参与人也作为见证人,对奎英主持完成的这部著作的出版是充满欣慰和期待的。

(2019 年 6 月 9 日于济南)

韩清玉《艺术自律性研究》序[①]

韩清玉博士赴美访学一年,给我发来近期成果《艺术自律性研究》,共 9 章,30 余万字,从古今中外多个层面深入探讨了艺术自律问题。首先是内容新颖全面,包含了国内外有关艺术自律研究的主要成果,特别是近期成果;其次是角度科学,清玉没有就事论事,而是从宏阔的世界美学发展之中来探索艺术自律问题,呈现不同历史时期艺术自律的不同面貌及其特殊内涵价值,为我们更加全面认识艺术自律问题提供了准确的历史视角。最重要的是清玉所坚守的学术立场,他没有简单地持赞同与反对的立场,而是以一种"超越而不否定"的立场,给我们以引导,也作为全书的要旨。

首先,我认为韩清玉选择了一个很好的题目:自律与他律。这真的是中外美学史一直争论不休,同时关乎理论基本要旨的重要学术课题。传统美学的研究对象主要就是艺术,所谓美学即艺术哲学也。而艺术也无不存在内在与外在、自律与他律等两种要素。其实从古希腊开始就有柏拉图与亚里士多德的"哲与诗"之争,这就关乎到自律与他律的问题了。此后的理性论与感性论,乃至欧陆现象学哲学美学与英美分析哲学之美学,也都

①《艺术自律性研究》,韩清玉著,人民出版社 2019 年 9 月版。

包含自律与他律之争的内涵。当然,直接的冲突表现为汉斯立克与李斯特的音乐自律与他律之争。至于中国,本来以儒家礼乐教化为代表的美学理论,以"礼乐刑政统一"为其要旨,当然是一种他律论美学,但魏晋时期嵇康以其"声无哀乐论"开启了以乐声乃自然现象本无哀乐这样的自律论观点,成为突破传统儒家思想的先声,为中国传统音乐史,也为传统美学史留下辉煌一页。直到明代之李贽与王阳明,逐步走出了传统儒家他律论的窠臼。现代以降,所谓自律与他律的讨论,围绕政治与艺术、启蒙与救亡等命题的争论从未止息,直到当代的"日常生活审美化"的争论等。

上述介绍旨在说明清玉选题与论述的价值意义。我个人认为到了康德美学,并非仅仅是开启了"自律论"的核心命题,而是给这一命题的解决找到了一条较好的也较为符合艺术与审美规律的路径。那就是,"无目的与合目的的二律背反",其实就是"自律与他律的二律背反"。黑格尔认为这就说出了"关于美的第一句合理的话"。我个人认为在这里无论是康德还是黑格尔都作出了无与伦比的重大学术贡献。因为,他们没有在传统的外在与内在的意义上,而是从美学的内在的意义上,将自律与他律看作一种相互紧密联系,无法隔开的审美"二律背反"。可以说,这种二律背反直抵审美的核心之处。我们可以审视一下古今中外一切优秀的艺术,无一不是这种"二律背反"的呈现,无一不由此使之具有了特殊的张力与魅力。单一的自律或单一的他律均无法具有震撼人心的力量,也无法称为真正的艺术!审视我国诸多当代缺乏美的力量的艺术作品,其要害恰恰是缺乏了这种震撼人心的"二律背反",从而难以扣人心弦,也难以留在艺术史中,特别是难以留在人民的心中。

　　以上就是我在如此盛暑酷夏之时学习了韩清玉的这本书，特别是学习了他的"超越而不否定"的理论立场后的一点体会，勉强作为本书的序言之一，仅供清玉参考之用。

（2019 年 6 月 18 日于济南南山寓所）

山东社会科学研究的科学总结

——评《山东省志·社会科学志》

　　由陈建坤主编,贾炳棣、郭墨兰副主编的《山东省志·社会科学志》经过全体编撰人员13个春秋的艰苦努力,终于在2001年11月付梓出版。这是山东社会科学界的一件大事,必将有力地推动全省社会科学的繁荣发展。这本社会科学志涉及社会科学研究各个领域,并列专篇总结"社会科学事业管理与建设"。其时间跨度为1840年至1995年,重点在1978年改革开放以来社会科学研究的总结。本志编纂坚持以马克思列宁主义、毛泽东思想、邓小平理论为指导,坚持辩证唯物主义和历史唯物主义,努力做到实事求是。它是山东社会科学研究工作的科学总结,不仅全面展示了全省社会科学研究的丰硕成果,而且归纳了社会科学研究的一些规律性的东西。因此,它既是一个有分量的理论成果,又是一本具有极高史料价值的信史,填补了山东在这一方面的科研空白。

　　这本史志不仅体现了社会科学发展的一般规律,而且具有山东社会科学研究的地方特色。首先,充分体现了山东作为齐鲁之邦文化底蕴深厚的特色。山东不仅是举世闻名的儒学、墨学、稷下学和孙子兵法的发源地,而且有着20世纪30年代文史研究的辉煌。新中国建立后特别是新时期文史哲基础学科的进一步发展,形成了处于全国前列的儒学研究、美学研究、易学研究、科社研究与齐文化研究等学科领域,涌现了一大批在全国具有相当知名度的老中青学科带头人。其次,突出了山东作为革命老区在马克思主义研究与传播方面所做出的突出贡献。早在20世纪20年代就有以宣传马克思主义为宗旨的"齐鲁书社"与王尽美、邓恩铭组织的"马克思主义学说研究会",抗日战争和解放战争时期,山东作为著名的革命根据地,更加成为马列主义、毛泽东思想研究的重要地区。新时期以来,山东在马克思列宁主义、毛泽东思想、特别是邓小平理论研究方面更有了长足发展。尤其是对于有中国特色社会主义理论的研究取得一系列影响全国的丰硕成果,推动了全省的马克思主义理论建设。同时,本志还紧密结合山东作为农业大省、海洋大省和人口大省的省情,在农业发展研究、海洋经济研究和人口理论研究方面具有鲜明特色,某些成果享誉海内外,得到权威机构的充分肯定。总之,这本史志面向全国,服务山东,成为山东社会科学研究的百科全书,必将有力地推动山东的经济与文化建设。

江泽民同志去年8月在北戴河座谈会上强调了哲学社会科学的重要性,提出了"五个高度重视"和四个同样重要。这本史志的出版正是反映了我们党一贯重视马克思主义指导下的社会科学研究的优良传统。它的编纂与出版一直在山东省委、省政府的正确领导与大力支持下。1988年7月25日由省政府批准编纂,并由山东社会科学院负责承编,1989年,本志又列入山东省哲学社会科学七五规划重点课题计划。同时,这本史志也是以山东省社科院为承编单位的众多科研单位和社科工作者克服困难、联合攻关的成果。面对这样一个史无前例的庞大工程,面临着经费、资料短缺、任务繁重、敏感问题较多等重重困难,本志的主编、副主编与编撰人员,坚持马克思列宁主义、邓小平理论的指导,不畏艰难,攻克难点,历经十数载,五易其稿,终于向党和人民交出一份满意的答卷。当然,正是由于任务的繁难复杂,这本史志所存在的疏漏与局限也在所难免。在史与论、点与面的处理上还有待于进一步探索。但从总体上说它是一部具有重要理论价值与应用价值的优秀史志。

（原载《发展论坛》2002 年第 8 期）

欧美文学研究的超越与创新

——评张志庆《欧美文学史论》①

从历史发展的角度来研究外国文学,尤其是欧美文学,考察源流,评判思潮流派,使后学者了解文学发展的脉络与走向,更好地把握和思考当今文学现状,一直是学术界一项意义重大而又充满艰辛的课题。如今,张志庆先生的力作《欧美文学史论》的出版,更令人欣慰地看到在各种纷繁复杂因素激荡的今天,青年学者并未因为课题的艰难而停止探索的脚步,而是不断在前人基础上更上层楼。该书为我们展示了新一代研究者在异质文化交流碰撞、多元并存时代里独具价值的敏锐而深刻的思考。

《欧美文学史论》(以下简称《史论》)是作者在长期教学工作的基础上写成的一部具有明显特色、贯穿强烈时代精神并适应当前本科教学的教材,是欧美文学课程建设的重要成果。本书论述了欧美文学的发生、流变及其自身的规律和特征,并不是对前人工作的简单复制。除了尽可能地揭示欧美文学发展的历史主流外,《史论》的价值在于更为丰富独特的论述。它一方面强化历史的观点,从各种文学现象在历史发展中的位置出发进行阐述,同

---

① 本文是为张志庆《欧美文学史论》(科学出版社 2002 年版)所写的书评,副标题为收入《论集》所加。

时该书突出了欧美文学贯穿始终的两大特征:人道主义传统和宗教信仰的深刻影响。

作者吸收并反映了近年来的研究成果与发展趋势,打破狭窄格局,扩大研究领域,详细论述了其他文学史很少或不曾提及、如今却备受关注的新文学现象以及米兰·昆德拉、厄普代克等一批当代著名的欧美作家及作品,在一定程度上填补了学术上的空白。《史论》舍弃平均用力的方法,突出重点,分析有详有略,重点强调古希腊文学和中世纪文学作为传统源头的地位及影响。同时,作者运用历史与审美相统一的方法,以将近五分之一的篇幅对20世纪欧美现代主义、后现代主义诸种文学思潮和现象进行精当的论析,展示了欧美文学发展的丰富性、多样性与统一性,力图真实地写出文学发展历史的全貌。

(原载《中华读书报》2003 年 06 月 04 日)

厚积薄发，勇于创新

——读赵炎秋教授的《形象诗学》①

赵炎秋教授嘱我为他的新著《形象诗学》写一个序，为此我饶有兴趣地读了该书的绪论和有关章节，所受启发很大。首先，使我非常感动的是赵炎秋教授从 1994 年开始，历时 10 年之久探索文学作品的形象理论这一课题，可谓锲而不舍。而这段时间恰恰是各种西方现当代美学和文学理论不断传入并十分流行之时。但炎秋却执着于"文学形象"这样一个似乎已经"过时"的课题。这是否真的如他自己所说的是一种"愚钝"呢？我认为，恰恰相反。这倒充分反映了炎秋对于学术真理的执着追求、不轻易放弃己见、不随意跟风的学术风格。应该说现在太需要这种学术品格了。炎秋对于文学形象的研究实际上抓住了文学文本的一个最主要的问题。而目前正缺乏对于文学文本本身特性的认真研究，而常常不免流于空泛无当的所谓"宏大叙事"。最近，美国加州大学圣地亚哥分校张英进教授在《文学理论与文化研究：美国比较文学趋势》一文中指出，"20 世纪 90 年代美国文科的一种倾向是注重理论而忽视文本，这种方法的缺点是其本质上的被动性，总是跟着新兴的理论观点跑（结构主义、后结构主义、后现代主义、

---

① 本文是为赵炎秋《形象诗学》所写的序。《形象诗学》，赵炎秋著，中国社会科学出版社 2004 年 12 月版。

后殖民主义、新马克思主义、新历史主义、全球化等等)"①。我国无例外地也存在着这种倾向。但我们并不是完全否定对于各种新兴理论的研究,而是主张在重视新兴理论研究的同时,对于文学的基本问题,包括文本理论和文本本身的研究不能轻易放弃。炎秋在新论迭出的时代能始终抓住"文学形象"这一基本问题不放,其精神的确是难能可贵的。而且,对于文学文本的研究也的确是文学理论的一个基本问题。恰如炎秋自己在书中所说"文学形象,便是这样一个重要的基本问题"。不仅现实主义文学家高尔基说过:"艺术作品不是叙述,而是用形象、图画来描写现实。"②而且,众多非现实主义,乃至现代派的美学家也是不主张放弃形象的。德国唯意志主义理论家尼采在《悲剧的诞生》中指出:"艺术的不断演进是由于阿波罗和狄俄倪索斯的二元性,正如种族的繁殖是基于两性间不断的矛盾和协调活动一样时,我们便在美学上得到了很大的收获。"③这里所说的二元性恰恰是一种梦幻、适度、形象和癫狂、醉态、情感的有机结合。阿波罗作为造型力量之神、预言之神恰恰提供前者,包含着形象和外观的内涵。甚至连现象学美学家杜夫海纳也十分重视形象。他说:"形象——自身是使对象被人们感受的原始呈现和使对象变成观念的思维这两者之间的一个中项——使对象得以呈现,亦即使对象作为再现物呈现,而想象则可以说是精神和肉体之间的纽带。"④

---

①四川省比较文学学会主办《比较文学报》总第 30 期,2004 年 8 月 15 日。

②《文学理论学习参考资料》上,春风文艺出版社 1981 年版,第 709 页。

③[德]尼采:《悲剧的诞生》,刘崎译,作家出版社 1986 年版,第 13 页。

④[法]杜夫海纳:《审美经验现象学》下,韩树站译,文化艺术出版社 1996 年版,第 382 页。

也就是说，在杜夫海纳看来，形象是人的主体构成能力凭借想象使审美对象得以呈现的必要途径，是感受性和思维性得以统一的中介。由此可见，在古往今来的文学理论家和美学家眼中，形象都占据着十分重要的位置。只是各从不同的视角来审视形象，赋予形象不同的内涵和价值，但其重要性却是无可置疑的。当然，现代以来也有极少数先锋派艺术家和理论家曾经完全抹杀文学艺术的形象性，力倡一种无形象、无意义、无内容、无情节的所谓"艺术"。但其结果只能走向艺术的反面，和之者甚寡。本书的一个重要特点是，努力从文学理论发展的新视角来探索文学形象。作者首先从形象论和语言论的比较中研究文学形象，将当代语言论的诸多成果吸收到形象论之中，并且运用了当代接受美学、原型批评理论和价值论美学等新兴理论成果，将其融汇于文学形象论之中。而作者对于从生活到形象的质的转换之关键环节"形式化"的论述，其中所包含的主观化、简化、情感化、变形、定型与外化六个环节，又明显地吸收了现象学美学和格式塔美学有关主观构成性的理论因素。而且，炎秋的文学形象理论还表现出特有的细致性。例如，本书关于文学语言的"构象性"、文学形象的内部结构、文学形象的四个层次、文学形象的相互组合与文学形象的接受过程等论述均具有特有的细致性。正因为细致，所以本书的诸多论述都具深入性。正是从这样一个角度，我们说本书是一本当代文学形象新论，表现出作者的科学精神和创新精神。本书通过形式化、构象性等崭新的理论观念，对传统的典型论所导致的生活与艺术、个别与一般的二元对立理论进行了尽可能的突破。这恰是19世纪中叶以来整个世界文学理论与美学理论探索的主题，也恰恰符合中国传统美学与文论的特点。但这种突破似乎还不太够。而文学研究，包括文学形象研究，除本书所持的本体论视角,还有阐释论视角、主体经验论视角等。而对于文学形象的审美经验研究已成为当代美学与文学理论研究的前沿。恰如 V.C.奥尔德里奇所说,审美经验已成为当代"讨论艺术哲学诸基本要素的良好出发点"。① 而对美学与文学理论由传统的认识论到现代存在论的发展也是一种值得重视的理论趋势。由此,可以看到,文学从根本上说是人类的一种审美的生存方式,是人类美好生存的精神家园。这些看法只是自己的一得之见,仅供炎秋教授参考。我国文学理论界在世纪之交正处于新老交替的关键时期。我们这一代学人由于众所周知的原因,学力有限,思想框框较多,难有更大作为。因此,文学理论的新发展就寄托于炎秋教授等中青年学者身上。《形象诗学》这本书呈现了炎秋教授执着勤奋创新的学术风格,这恰恰代表了我国中青年学者新的学术风貌,正是其可贵之处。我衷心期望炎秋教授在未来的研究工作中继续发扬这种精神,取得更大成就。

（原载《中国文学研究》2005 年第 1 期）

---

① [美]V.C.奥尔德里奇:《艺术哲学》,程孟辉译,中国社会科学出版社 1986 年版,第 22 页。

新世纪发展文化产业的重要借鉴

——评《欧盟各国文化产业政策咨询报告》①

李庆本与吴慧勇两同志所编写的《欧盟各国文化产业政策咨询报告》一书即将出版,我认为这是一件非常及时,也非常具有现实意义的事情。众所周知,刚刚结束的党的十七大将文化建设提到从未有过的高度,指出"当今时代,文化越来越成为民族凝聚力和创造力的重要源泉,越来越成为综合国力竞争的重要因素,丰富精神文化生活越来越成为我国人民的热切愿望"。同时指出"中华民族伟大复兴必然伴随着中华文化繁荣兴盛",要求"提高国家文化软实力","增强中华文化国际影响力"。总之,文化建设成为十七大的关键词之一,这是具有远见卓识并关系到国家与民族前途命运的战略性举措。而文化产业又是文化建设中不可缺少的重要内容。十七大报告以较长的篇幅论述发展文化产业的有关方针与指导思想。报告指出"大力发展文化产业,实施重大文化产业项目带动战略,加快文化产业基地和区域性特色文化产业群建设,培育文化产业骨干企业和战略投资者,繁荣文化市场,增强国际竞争力",并对文化产业的发展途径与传播提出

---

① 《欧盟各国文化产业政策咨询报告》,李庆本、吴慧勇编著,大象出版社 2008年6月版。

明确要求。

事实证明，从 20 世纪后期开始，随着信息时代与消费社会的迅速到来，文化也随着电子技术的发展与人们精神消费需求的扩大大踏步地走向产业化，文化产业逐步成为社会生活、经济生活与精神生活的重要方面。据有关方面统计，在某些发达国家，文化产业已经成为仅次于 IT 产业的第二大产业，成为社会经济发展的主流部分。在当代社会经济发展中，如果缺少了文化产业，必将极大地影响经济、社会的正常运转。而且，文化产品也越来越与人们的生存息息相关，成为人们生活不可须臾离开的部分。在当代，难道可以想象在一个人的生活中缺少电视、网络、广告与手机吗？而这些载体统统与文化产业息息相关。我国从改革开放以来，特别是 21 世纪以来，文化产业得到长足的发展，可以说是从无到有、从小到大。目前，文化产业已经成为我国社会经济的重要支柱之一，而且也逐步走进广大人民的生活，成为其不可缺少的部分。同时，我国的文化产业也开始走向世界，许多具有中华特色的文化产品在国际文化市场受到欢迎。但我国文化产业的发展与我国作为经济与文化大国的地位并不相称，与发达国家相比无论在规模、比例、份额、影响力与竞争力等方面都还有明显差距。据权威机构统计，目前美国电影占世界市场份额的92.3%，信息网络占全球网站的 76.8%，IT 企业产值占世界同类企业的 82%，美国控制世界电视节目的 75%、广播制作节目的82%。而我国在这些领域所占的份额却十分有限，据文化研究者统计，我国文化产品的进口与出口之比是 10∶1。由此可见，在文化产业领域竞争的激烈与形势的严峻。而且，文化产业又不同于其他产业，文化产品也不同于其他产品，它具有明显的双重性。首先，在当代消费社会，所有的产品都具有商品的性质，而商品都具有价值极大化追求的属性,因而所有的文化产品都必然具有从众和媚俗的特性;但作为文化产品又必然要求它具有提升人的精神的重要功能。另一方面,作为文化产品,在当前全球化的背景下,又必然要求它具有国际的市场价值,并参与到国际市场竞争之中;但同时它又是一种具有明显意识形态倾向与民族色彩的产品。由此可见,文化产业包含着明显的价值取向,文化产品的出口同时也是一种民族文化价值的传播,在全球化背景下文化产业的发展也标志着民族文化在国际上的地位与影响。而且,文化产业也是当代经济发展的新的增长点。这是一种无污染的高附加值的产品,对于改善我国经济结构具有重要的价值与意义。正是基于以上理由,我国近年来始终将文化产业作为经济与文化建设的重中之重。同时,也正由于文化产业的双重性特点,我们将文化产业的发展作为一项十分重要的研究课题,迫切地需要借鉴有关国家发展文化产业的经验。

正是在这样的情况下,李庆本与吴慧勇编写出《欧盟各国文化产业政策咨询报告》。这是我们所知的有关欧盟文化产业发展全貌的最全面的文献综合。本书涉及欧盟 27 个国家,几乎穷尽了欧盟所有的国家。而且所用资料是最新的,据我所知,这些资料大都是庆本于 2005 年至 2007 年在马尔他使馆工作期间所收集,真的是弥足珍贵。而且从我们所接触到的资料本身来看,对于我国的借鉴意义非常之大。首先,从这些资料中可以明显看到欧盟在文化与文化产业上走联合之路的重要目的,是对于某些国家单边主义的挑战,从经济与文化价值两个角度发出欧洲自己的更强音,抵制某些国家的文化扩张。这种精神是特别值得我们借鉴的。应该说相比于欧盟,我国文化产业面对的挑战与压力更大,因而我们应该有更高的发展具有自主性的文化产业的自觉性。而欧盟发展文化产业的价值取向也非常明显。他们制定文化产业政策的重要原则，就是"充分认识文化的民主化要求，并以此方式来避免文化的不良倾向"。文化产品作为一定价值承载物与物质产品有着明显区别，它不仅具有经济价值，而且具有文化导向作用。因此，欧盟文化发展所遵循的一个重要原则，亦即其民主化的重要目的之一是"避免文化的不良倾向"。目前，某些文化产品有着明显的"种族中心主义""后殖民主义"的思想倾向，甚至有的文化产品试图借此推销某种政治模式与特定文化价值观念。这些均与我国国情相悖，属于"文化的不良倾向"，是我们在文化产业建设中需要避免的。欧盟对文化产业发展的认识也值得我们借鉴。他们在其文化发展纲要中明确指出"文化既是经济因素，也是社会居民的综合因素之一"。也就是说，欧盟不仅从经济的角度看待文化建设与文化产业的发展，而且更加从人的综合因素的改善与提高的角度着眼，将文化产品的社会效益放在重要位置。这种方向性的选择值得我们学习。不仅如此，他们还充分看到了文化的"作用力"，明确地在经济与军事之外将文化提高到"作用力"的高度加以认识。这是非常正确并具有远见的。事实证明，文化产业不仅是经济实力的标志，而且，文化产品具有强大的凝聚力、影响力，甚至是渗透力。正因此，我国将文化作为综合国力竞争的重要因素，是一种"软实力"。欧盟文化产业发展的方针也值得我们借鉴。他们在文化发展纲要中既强调了文化的共享性，又强调了文化的差异性。文化是人类的共同财富，具有极大的共享性。但文化又是民族的、地域的，甚至是一个民族的重要象征。因而，在当前经济全球化迅速发展之时，我们在文化领域强调的是对话交流与多元共存。没有对话交流就没有文化的融合吸收，而没有多元共存就没有文化的异彩纷呈和多民族文化的生态平衡。欧盟"共享性与差异性统一"的经验值得我们深长思之。

　　总之,《欧盟各国文化产业政策咨询报告》的出版不仅对于我国文化产业的实践具有借鉴价值,而且对于我国正在蓬勃发展的文化产业研究也提供了十分紧缺并极为可贵的材料。为此,我们要感谢李庆本与吴慧勇两位同志的辛勤劳动。

　　　　　　　　　　（原载《淮阴师范学院》2008 年第 3 期）

新世纪康德美学研究的新进展

——评胡友峰著《康德美学的
自然与自由观念》①

　　胡友峰博士的新著《康德美学的自然与自由观念》是一部颇富新意的论著,反映了我国新世纪康德美学研究的新进展。康德美学研究在我国新时期一直是显学,其原因无疑是由于康德美学自身所特有的丰富性与魅力正好在很大程度上回答了我国美学研究领域长期以来所存在的许多困惑。早在康德哲学刚刚问世之时,歌德就说过,读了康德的哲学犹如从黑暗的房间走出而突然看到光明,我们刚刚接触康德美学论著也有这样的体会。而在康德逝世 200 周年纪念之时,日本的安倍能成说道,"康德是个蓄水池,此前两千年的水流进这个池,而后来的水又都从这个池流出",这形象地说明了康德在整个西方哲学史上的承前启后作用。但诚如邓晓芒教授与本书作者胡友峰博士所说,我国的康德美学研究在世界上又是相对落后的,原因无疑是因为在语言和国际学术对话的参与方面存在问题。有一位访美多年的华人学者曾经向我说到过,每年世界上有分量的康德美学研究论著与论文少说

---

① 《康德美学的自然与自由观念》,胡友峰著,浙江大学出版社 2009 年 11
月版。

也有二三十种,但中国学者大多不了解。学术研究是需要新材料、新视角与对话的,而且还有译本方面的问题等。诚如本书作者胡友峰所说,李泽厚先生于1979年出版的《批判哲学的批判》及其以之对实践美学的充实就曾经在我国美学界引起震撼,直到现在我们仍然不可能离开上述论著与论题。但进入21世纪的今天,在许多新的课题摆在人类面前之时,康德美学研究应该是有新的发展了。学术界的许多同人都认识到这个问题,都在做着自己的努力。

胡友峰博士的新著就是这种努力之一,而且是一种富有探索精神和新意的努力。其新意主要表现在以下三个方面。

第一,本书从康德哲学入手研究康德美学,将《判断力批判》的上下两部分结合进行研究这是非常正确的,因为康德作为哲学家,他的美学研究本来就不是完全从美学出发的,不是为了美学而研究美学。他是从哲学出发来研究美学的,是为了他的批判哲学的周延完整而研究美学的。康德的三大批判是不可分割的整体,而且在一定程度上,《判断力批判》成为前两大批判的总结,而前两大批判则是第三批判的基础。离开康德哲学去谈其美学,犹如离开了地基盖房子,其根基是不牢靠的。本书从哲学入手研究康德美学是正确的路径。

第二,本书准确地抓住了康德美学的两个核心概念:自然与自由。这显然是康德努力突破与综合西方哲学与美学的重要探索。因为启蒙运动以来,西方出现经验论与理性论两大哲学思潮。前者偏重于自然,后者偏重于自由。在美学领域也出现感性派与理性派的对立,难以调和。而康德则试图通过自己的三大批判,对这种自然与自由的对立进行调和,其中《判断力批判》即是对前两大批判的综合,也是对整个西方哲学的综合。从美学本身来说,这也在很大程度上将感性派与理性派统一了起来。所以黑格尔说,康德说出了关于美学的第一句合理的话。这句合理的话就是康德的基本美学观:美是无目的的合目的的形式。正是这个有关审美的定义与公式为前两大批判,为自然与自由提供了沟通的桥梁。本书对这种桥梁作用进行了充分的论述,包括由纯粹美向依存美,经过崇高,最后实现由美(形式、自然)向崇高(主体、自由)的过渡,完成自然与自由的统一。当然,这里也包含了自然向人的生成,这也正是康德哲学与美学的人学精神所在。本书在宏阔的背景下,对自然观念与康德先验美学体系的关系以及自由观念与康德本体论美学的关系作了深刻的阐释,并在深入研究的基础上,对康德美学有关自然与自由两者的统一进行了富有说服力的论证。当然,我想补充的是,康德之所以说出了关于美学的第一句合理的话,还在于他运用其特有的"二律背反"运思方式,将自然与自由、感性与理性放到一个各自合理但又相悖的地位,从而使得审美具有了无穷的张力与魅力。我们体会到这真的是审美之真谛也。以此出发研究所有的文学艺术作品,凡是包含两种相反而相成的力量的作品都是特别感人的,可以回味无穷。

第三,本书采取了古今对话的立场,结合当代审美与文化的发展来重新认识康德,包括当前实际存在的日常生活审美化等新的现实与问题。的确,康德是伟大的,但康德毕竟是200多年前的历史人物,他的美学不可能解决当前所有的美学与艺术问题。例如,康德的静观的无功利的美学观,就难以解释当代的日常生活审美与生态美学;他的"人为自然立法"的论断显然是人类中心主义的体现,是不适合当代的;他的"判断先于快感"的理论也难以解释当代大众文化与美学现象。康德毕竟是德国古典哲学时期的美学家,他还没有完全脱离认识本体论与工具理性那个大的语境,在我们今天的美学更需要关注人的生存层面之时,研究康德并超越康德成为我们今天的新的任务,在这方面,本书作了一些新的有意义的探索。当然,我们已经有了邓晓芒教授的新的三大批判的译本,也有了李秋零教授对于康德全集的译本,这也为我们提供了更好的研究条件。当然,我们还有一批像胡友峰博士这样的新的具有更好学术素养与外语素养的青年学者,我们完全应该而且有能力参与到国际康德研究的对话当中。当然,更加重要的是,从我们今天现实语境出发,将康德研究推向新的境界是我国美学界的同仁们在新世纪需要做的一件大事。

（原载《温州大学学报》2011年第2期）

反思·对话·共建

——读祁志祥教授的《乐感美学》①

祁志祥教授的国家社科基金后期资助项目《乐感美学》出版了。这是一本经过深思熟虑的论著,初读一过,收获良多。

这是一本给包括我在内的很多学界同仁以反思的论著。因为本书以"建设性的后现代"为基本方法,力主传统与现代并取、本质与现象并尊、感受与思辨并重、主体与客体兼顾,反对以今非古,反对去本质化,反对去理性化等。本书对于新时期以来开始发展的存在论与现象学美学提出异议,目的是"提供另一种不同的思考维度"。本人恰好是祁志祥教授本书所指的存在论与现象学美学的倡导者之一,因此该书的确给本人以反思的机会。随着阅读本书的进展,我不断地反思自己近十多年来的研究工作,进入与作者的对话之中。美学是哲学之一维,是自由思想的广阔空间,因此,越是有更多的不同声音,越是能够促进人们的思考与学术的发展。本书的出版的确给包括我在内的诸多学人提供了反思的空间,是促使我们深入思考的一个机遇。

本书非常重要的一个特点是具有自己的学术立场和学术观点,论述翔实而富有条理,知识面深广,且有极强的现实针对性。

①《乐感美学》,祁志祥著,北京大学出版社 2016 年版。

志祥教授是从事中国古代美学研究的,著有三卷本的《中国美学通史》《中国美学原理》《佛教美学》等,见解独到,给人启发。他还撰有其他多种论著,如《中国古代文学理论》《人学原理》《国学人文导论》等,涉及的领域非常广泛。本书发扬了作者学术面深广的特点,体现了极强的综合性。其对于"美是有价值的乐感对象"的论述广泛涉及古今中外,有强大的理论和现实依据。而且,志祥教授的论述广泛涉及当代美学与文学艺术的各种问题,诸如本质与反本质、解构与建构、现象学美学、日常生活审美化、美的终结、生态美学、行为艺术等,对于这些问题都有自己独特的解答。打开本书,感到仿佛是一部百科全书,举凡美学研究的各种问题几乎都能在其中找到答案。

本书的另一特点是在兼顾西方美学成果的情况下吸收了许多中国古典美学资源,这在同类著作中是比较少见的。例如,本书在基本概念方面使用了壮美、阴柔、阳刚、适性等中国古典美学概念,在各种观点的论证中都尽量使用了中国古典美学材料,并与现代美学相联系,具有古今汇通的特点。本书还采取了特有的生态美学视角,在生态平等理论的指导下,论证了动物也具有审美能力的问题;在分析人感受对象形式美的五觉审美能力时,则运用了量化的生物感觉表达方式。这些都显示了作者试图突破与创新的努力,使人耳目一新。

在这里需要说明的是本人是力主当代中国美学由认识论到存在论转型的,同时也认为现象学方法是当代美学研究的一种相对比较科学的方法,现象学与存在论是本人所强调的生态美学的哲学立场。当代中国美学研究由认识论到存在论的转型以及对现象学方法的运用是一种历史的必然。长期以来,我国在苏联时期僵化的机械唯物论影响下,尊奉一种唯物与唯心二分对立是两条哲学路线、两条政治路线斗争的思维理路，在美学领域将这种机械唯物主义奉若神明，以是否承认美的客观性作为正确与错误的标准。文学领域遵循的是现实主义与浪漫主义两种创作方法的斗争，美学领域则是客观美与主观美的斗争，我国美学的发展受到严重制约，在很大程度上脱离了国际美学研究的大道。1978年之后，我们有了学习、借鉴当代国际哲学与美学的机会，发现当代存在论哲学与现象学方法是黑格尔逝世后西方理论家挣脱工业革命时期工具理性主客二分对立哲学与美学的重要成果，甚至马克思也在其《关于费尔巴哈的提纲》中批判了旧唯物主义只从客体或直观形式观察事物与现实的弊端，而主张从感性与实践方面观察事物，实际上已经包含某种现象学与存在论的内涵。其实，现代西方哲学中的叔本华与尼采的生命论哲学、杜威的实用主义哲学、分析哲学、存在论哲学等，都是试图通过某种途径将传统的工具理性哲学中的主客二分加以"悬搁"的，因此这些哲学和美学都是广义上的现象学。而存在论哲学与美学则是现象学方法更加彻底的实践。在我国美学界，这种现象学方法也逐步被运用。著名美学家蒋孔阳曾经在其1993年出版的《美学新论》中论述了美与美感的关系问题。他认为从存在与意识关系的哲学角度看当然是先有美然后有美感，但从审美的实际看则美与美感犹如火与光那样同时诞生同时存在并无先后之分，这实际上已经将美与美感的对立加以了悬搁。所以美与美感的对立在现实中是不存在的。例如，美是乐感对象，而美感是乐感本身，这其实是对于"乐感"这一件事情的两种语言表达，还是说的乐感这一件事。其实，美与美感在现实中乃至在论述中是难以区分的。此外值得指出的是，人们对于现象学美学也存有诸多不准确的表达与误读。如关于本体与本质的关系问题，现象学哲学与美学并不同意所谓"中心性"的本质研究,但从来也没有抹杀本体的研究,都强调由"存在者"进入作为本体的"存在",这实际上是一种本体的研究方法与思考路径。至于是否有客观美的问题,现象学与存在论美学力主审美是人与对象的一种关系,审美对象也是一种关系性概念,但并不否认对象所具有的客观存在的审美质素与艺术质素,正是这些质素使得某些事物可能成为审美对象。不过,审美归根结底还是一种主客体之间的关系,这些"质素"在没有被审美之前是处于一种沉睡状态的。

当然,值得指出的是,现象学方法与本质论方法是当代美学研究中两种不同的治学方法与致思路径。前者是将美学作为人文学科,坚持美学是人学,审美是人的一种肯定性的情感经验,因此更多使用的是对这种经验的描述性论述。而"本质论"则是试图从某种逻辑起点出发的研究方法。这种本质论研究方法与致思路径,当然承认美的客观性、概念的逻辑起点等。我个人认为这种逻辑的研究方法也不失为一种可以运用的有效方法。当代我国美学大量存在的实践论美学很多就是使用的这种方法,本书也运用了这种方法。我认为这种方法完全可以在建设性后现代的视阈下得到新的发展,与现象学方法等相互讨论,共同推动美学研究的进步。在这个意义上,我由衷地祝贺志祥教授在基本美学原理研究方面取得的重要成果。

(原载《中华读书报》2016年5月25日第015版)

第一部完整的中国现代美学史

——评祁志祥《中国现当代美学史》①

祁志祥教授的国家社科基金项目《中国现当代美学史》最近由商务印书馆出版了,读后真的是耳目一新,感触良多。

首先,这是我读到的第一部完整的中国现代美学史。世纪之交前后,虽然学界也出版过一些中国现代美学史、20世纪中国美学之类的著作,写法各种各样,但是中国最早的美学概论是哪些,主要观点是什么,后来的发展脉络如何,在这些著作中难见踪影。本书则聚焦中国现当代美学学科的发生、发展、演变历程,而美学学科的集中反映是美学概论、美学原理一类的著作。这是本书用力最多、贡献最大的一条线索。可以说一书在手,百年来美学概论、美学原理的代表性论著历历可按。从文献的角度看,祁教授的这部美学史是空前齐备的,几乎穷尽了作者能够收集到的现代以来美学家的美学论著,许多理论家与理论著作是我这个做美学的人第一次接触到。从学科发展史来看,本书虽然横跨通常所说的现代和当代,其实揭示了中国美学从古代的有美无学到现代的有美有学的转型历程,是一部中国现代美学学科的形成演变史。

---

① 《中国现当代美学史》(上、下),祁志祥著,商务印书馆 2018 年版。本文副标题是收入《文集》时所加。

需要特别说明的是,本书紧密结合 20 世纪以来中国社会政治风云变幻的实际,以革命与学术的二重变奏来论述美学学科在中国现当代的发展,这是值得称道的。正如祁教授在前言中所说,该书"以超功利的形式美和有价值的内涵美双重视角来考察中国现当代美学史","不能局限于超功利的形式美与艺术自律,而是要密切联系百年政治风云变幻决定的价值观念的起伏变化,它们是主宰不同时代不同美的观念的幕后之手"。祁教授此言可谓深得中国现代美学之精髓。确实,如果从纯学术的角度看中国现当代美学,它并非与世界哲学与美学发展相叠合,其学术话语与运行轨道均有其特殊性。特别是长期以来有关唯物与唯心的美学之争,尽管在世界视野中有学术发展滞留之憾,但如果结合中国现当代的革命实际,在中国革命与俄国十月革命之特殊关系及进程中加以审视辨析,则唯物与唯心之争自有其价值意义。作者能够看到革命这一主宰美学观念的"幕后之手"并给予适当肯定,是具有历史主义眼光的,也是符合中国现实的,对于现当代美学史的科学书写有其独特价值意义,值得加以肯定并借鉴。

本书的另一特点是将众多文学概论收入中国现当代美学研究与书写的视野,这自有其道理与意义。现代以来,文学从古代广义的杂文学演变为狭义的美文学,文学具有感动人、愉悦人的审美意义,因而中国现代以来的美学研究大量存在于文学理论著作中。例如毛泽东著的《在延安文艺座谈会上的讲话》、周扬编的《马克思主义与文艺》就是中国现代最重要的美学论著,它恰恰以文论的形式呈现。而以群主编的《文学基本原理》,则代表了一个时代的文艺美学思想。这是本书的又一亮点。

联系百年社会风云变幻,以超功利的形式美和有价值的内涵美双重视角来考察中国现当代具有代表性的美学概论与文学原理、艺术通论,本书得出了对中国现当代美学史的独特分期。作者将中国近代美学视为中国现代美学学科诞生的基础,将中国现代美学划分为中国现代美学学科宣告诞生、主观价值论美学占主导地位,以及主观论美学让位于客观论美学两个阶段,将中国当代美学划分为50年代末美学大讨论中催生中国化美学学派、80年代中国式美学学科体系的建设与创新、新世纪以来美学的解构与重构三个阶段。不同于用现代与当代这两个大而化之的时间概念对学术史大而化之的划分,这是源于大量的材料阅读与思想提炼之上的,言之有据,自成一说。

本书还有一个特点,即作者自有其学术立场。这个立场就是祁教授此前就提出并成书的"乐感美学"。作者认为美学是美之哲学,美是"有价值的乐感对象"。作者以此为统一的评判依据,在描述各种美学学说、观点时或明或隐加以评论,形成了一种对话关系和阅读张力,有助于读者体会其间得失。这正是本书成为真正学术论著的重要原因。而带着自家观点写史,历史上不乏成功先例。如鲍桑葵之《美学史》,正因其所坚持的从审美意识出发重写美学史的学术立场而成为美学史研究的名著。

当然,本书也不是没有可以进一步完善之处。一方面,本书具有较强的历史感,但这种历史感是否能够发挥得更好,则是我的一种期待。例如,对于在中国现代极为重要的实践美学,我觉得应更多地放到时代历史的视角加以审视。实践美学可以说是中国现代最重要的美学成果,这是革命与学术的双赢。从革命的角度,它坚持了马克思主义的唯物辩证法,坚持了长期以来对于唯心主义的批判立场;而从学术的角度,它继承了马克思《1844年经济学哲学手稿》和毛泽东《实践论》的成果,也继承了德国古典美学的成果。但从历史的眼光看,实践美学已经基本完成其历史使命,其工具理性与人类中心立场,今天观之是落后于当代的,必然被新的理论取代。而新时期的"后实践美学"便是对实践美学的一种反思与超越,是对于美学本真的回归,诚如蒋孔阳所说"美与审美如电光石火须臾难离",说这种研究有学无美,可能有失允当。另外,新时期以来特别是近期美学研究中,针对所谓"失语症",存在一种对于中国古典美学的回归之态势,其中包括对方东美"生生美学"等的重提,而这在本书中尚缺少必要的关注。这是我的一些不同看法,仅供祁教授参考。

我是在 2005 年国家社科基金项目评审中初次了解祁志祥的。当时他报了一个普通项目,题目叫"中国古代美学史的重新解读",但准备提交的结项成果居然是 150 万字的《中国美学通史》,而且团队中没有其他人,只有他一个人。依据他的前期成果,当时我投了赞成票,并拭目以待。后来的一次会议上,我把名字与他本人对上了号,并问他项目情况进展如何,他说已完成送审。2008 年年底,人民出版社出版了他的三卷本《中国美学通史》,我收到后感到很欣慰。不过,这部书只写到"五四"以前。而这部《中国现当代美学史》则是《中国美学通史》的续篇。有了这部书,作者关于中国美学史的书写可以说就完整了。值得肯定的是,本书涉及的材料虽然非常浩繁,但据说作者从查材料到校对出处,仍然保持亲力亲为、独立作战的一贯风格,实在难得。本书是祁教授对于中国美学史建设的另一重要贡献,至此,祁教授已经完成了中国古代美学与现代美学之研究与书写的所有过程。这里,我要特别对祁教授表达我的敬意。

(原载《理论月刊》2018 年第 10 期)

第 三 编

教 育 杂 论

深化教育改革，办好文科学报①

我校文科学报终于在有关部门的关心与学校同人的努力下复刊了，我能为复刊第一期写一点文字实在是十分荣幸的事。我想围绕办好学报与深化教育改革的关系发表一点粗浅的意见，聊表对于学报的期待之情。

党的十一届三中全会以来，改革已成为一股不可抗拒的历史潮流。最近，觉中央在强调三中全会两个基本点的同时，进一步把改革、开放、搞活提到总方针与总政策的高度。国家教委正在考虑深化教育改革的问题，我校也只有通过改革才能得到真正的发展与振兴。在这样的形势下，希望恢复后的我校文科学报认真考虑如何推动教育改革、特别是文科改革深化的重大问题。

首先，希望学报把培养德、智、体、美全面发展的合格人才作为自己的办刊宗旨之一。学报是一种学术性的刊物，但又不同于一般的学术性刊物。它作为学报应无例外地将高校的根本任务作为自己的根本任务。党和国家为高校规定的根本任务就是培养更多的德、智、体、美全面发展的合格人才。学报也应以此作为自己的办刊宗旨，无论在写作队伍的组织与稿件内容的安排上都应体现这一精神。从写作队伍来说，应以我校广大文科教师为主

---

①原载《山东大学学报》1987 年第 1 期。

体,并为研究生与本科生开辟适当园地。从稿件内容来说,应与我校的教学科研有更加密切的关系,直接反映这方面的成果。因此,文科学报从某种意义上说应成为我校文科教改的一面镜子。

其次,学报应以马克思主义的研究及其对各个学科的指导作为主要内容。目前,文科改革所面临的一个极其重要的问题就是如何在各个学科领域中坚持与发展马克思主义的问题。只有较好地解决了这一问题,才能坚持文科改革的正确方向,也才能更好地回答各种西方思潮的挑战。而恰恰在这样的根本问题上不断受到来自"左"的和"右"的各种错误倾向的干扰。我们的态度是:首先应坚持,只有坚持才谈得到发展,同时,也应重视在总结新的实践经验基础上的发展,只有发展才是真正的坚持。为此,要十分重视马克思主义理论本身的研究,即所谓基本原理的研究。这对于我校文科的发展前途将会起到至关重要的作用。恩格斯认为,一个民族想要站在科学的最高峰,就一刻也不能没有理论思维。同理,一个学校冀图在文科研究中站到前列,就绝不能忽视马克思主义基础理论的研究。目前,有一种鄙视理论研究的看法,以为只有史料才是学问,只有考据才是学问。这是十分片面的。我们从来都主张史与论相结合,历史的研究与逻辑的研究相统一。同时,还应重视将马克思主义的指导渗透于各个学科领域。那就要努力做到以马克思主义的立场、观点、方法为指导去进行具体的学科研究。近几年来,随着对外开放的发展,西方各种社会科学的研究方法随之传入我国,诸如自然科学中"三论"的研究方法、心理学研究方法与历史的研究方法等。这些方法中无疑包含着许多有价值的成分,可供我们借鉴。但它们都不能代替马克思主义的基本方法,并需以此对其进行鉴别,决定取舍。

再次,文科学报应努力促进学科建设的发展。教育改革深化的一个重要内容就是学科建设的发展。学科建设是教学建设的永恒主题之一，也是教改深化的难题之一。目前，我校在文科的学科建设方面面临着一系列亟待解决的问题，希望我们的学报促进这些问题的解决。学报的发展应从以下几个方面入手：一是大力支持薄弱、新兴、边缘和应用学科的发展。近几年，为适应"四化"建设的需要，我校文科的学科发展较为迅速，从专业来说已由1978年的七个专业发展到最近的十九个专业，新建十二个专业，新开设的课程与新开展的科研课题数量更多。这些新发展的学科，大都是社会急需的新兴、薄弱、边缘与应用类的短线学科。它们的发展适应了社会的需要，受到普遍的欢迎。但它们在教育质量，特别在学术水平上还较低，亟须扶植与支持。学报也应持这样的态度，应尽可能多发表这些学科的文章，反映它们的学术动态。二是希望学报努力促进交叉研究、综合研究与文理渗透。20世纪，整个科学的发展趋势已逐渐走向综合。正是在这种综合的过程中出现了众多学科领域的新突破。这种综合包括文科各学科本身相互之间的互补与促进，也包括自然科学与社会科学之间的渗透。我们学报要对这种各个学科之间的综合起到催化作用。对于这方面的成果，即使不太成熟，只要言之有理，有一定价值，也应予以支持。三是有助各学科正确处理中外古今的关系，贯彻"洋为中用""古为今用"的方针。尤其是对于各种西方文化，一方面要肯定其中必然包含有价值的成分，是人类共同的财富，从而大胆地给予介绍；另一方面也要充分指出其消极错误的方面，实事求是、旗帜鲜明地给予应有的批评。四是在学科建设上，最重要的就是贯彻我党一贯倡导的理论联系实际的原则。学报应对这一方面的努力持鼓励态度，大力发表社会实践与开展文科应用中产生的种种成果，包括经验总结、调查报告、咨询意见，规划建议等。

　　第四,学报应成为师资培养的一块重要阵地。决定教改成败的关键性因素之一就是:是否具有一支德才兼备、素质良好的教师队伍。而学报就是培养这支队伍的重要阵地。它为广大教师提供了参加各种学术活动的机会,发表自己成果的阵地。一个好的学报常常培养出具有自己特色的一代学人。解放初期,我校华岗校长领头创办《文史哲》。目前我校文科的许多著名学者,当年都是《文史哲》的活跃的撰稿人。特别要支持、扶植年轻教师的成长。他们是我校文科的希望。我校文科35岁以下的青年教师占整个文科教师总数的近40％。他们当中的许多人是研究生毕业,业务基础与外语水平较好,思想比较活跃,但马克思主义的理论素养有待于加强,良好的学风有待于进一步培养,学术研究的水平也有待于提高。学报应对他们努力扶植,应坚决反对各种形态学阀作风,真正贯彻在学术面前人人平等的原则,充分发扬学术民主,打破常规,扶持新人,为未来的学术带头人脱颖而出铺平道路,为十年以后的山大呈现人才辈出的局面奠定基础。

　　第五,希望学报在形成良好的学风上做出自己的努力。学风是优秀人才成长的必要条件,也是一个学校办学水平的重要标志。我校作为具有八十多年历史的老校,以良好的学风闻名于世。我校文科更以严谨、创新的特点被世人称道。文科学报作为我校重要的学术阵地之一,在树立良好的学风上是可以大有作为的。它应力倡严谨、创新、求实的治学态度,反对浮夸、守旧、虚假的不良风气。在文风上,多发表有内容、有见解的短文,鼓励清新、活泼,具有一定的可读性,力戒空洞无物、佶屈聱牙、难以卒读的长文,使我们的学报在有限的篇幅中容纳更多的信息量,给更多的同志以发言的机会。还应逐步改变学院作风,赢得更多的读者,具有更大的社会价值。在学风问题上,我还想谈一下关于民主地开展学术讨论的问题。学术讨论的健康开展无疑是促进学术进步的重要动力。解放初期，我校《文史哲》曾经开展过《红楼梦》研究、中国古代历史分期与中国文学史分期等一系列学术讨论，影响深远。当前，随着"两个文明"建设的深入，许多新的课题不断提出，可供讨论的学术问题很多。我校文科学报应在这一方面有所作为，选择重要课题，组织必要的讨论和争鸣，以促进我校学术空气的活跃和学术新人的成长。

第六，在改革中复刊的我校文科学报一定会以改革的精神办刊，一定会同《文史哲》一起成为推动我校文科教改深入发展的重要阵地。我校向以文科见长，目前仍在不少学科领域处于领先地位，文科学报一定会在推动我校文科继续发展上起到重要的作用。

我们预祝并期待着它的成功。

应从素质教育的高度
看待外语教学①

一、什么是素质教育

对于外语教学有两种根本不同的认识，一种是将外语教学同其他众多的课程一样看作是一般的知识与技能的教育，另一种是将外语教学看作是不同于一般知识与技能的素质教育。所谓素质教育，不是仅仅着眼于眼前的具体的知识与技能的传授，而是着眼于未来的一种基础教育，使受教育者成为德、智、体、美、劳全面发展的合格人才。因此，素质教育就具有这样三大特点：第一，从时间上来看，着眼于未来和长远；第二，从性质上来，侧重于打好基础；第三，从目标上来看，是为了培养全面发展的合格人才。

二、为什么说外语教育是素质教育

我们之所以说外语教学是素质教育，因为它完全符合素质教育的三大特点。首先，从时间上来看，外语教学是一种立足于未来的教育。当今的世界是一个开放的世界，未来的世界是一个更

---

① 本文系作者在山东外语教学研究会 1989 年年会上的讲话。

加开放的世界。现代化交通工具的出现,世界变得更小了。而当代科技与经济的飞速发展,又使世界各国之间的联系更加紧密。我国执行更加开放的政策,更进一步地走向世界、走向未来,就应极大地提高我国人民,特别是青年一代的外语水平。目前,我国的许多县城连一名合格的外贸翻译都很难找到,这不能不影响我国现有经济开放政策的实行,更不用说进行多侧面的立体式的开放与交流。因此,提高国民素质,理应包含外语素质,特别要使我国现有的 200 多万大学生具有较高的外语水平。

其次,从性质上来看,外语教学不是一般的知识与技能的教育,而是一种基础教育。它实际上成为学习其他知识的前提与今后更新知识的必要手段。因为,各国在文化科学知识方面都需要互相借鉴、互相吸收,特别在当前我国的科技与经济发展水平同世界先进水平尚有较大差距的情况下,各个学科吸收国外先进科技与有益经验的任务更加繁重,每个学科都需要借助于外语直接地阅读大量的国外文献资料,因而外语成为学习其他知识的前提。而一个人的业务学习是终生的,特别在当前所谓"知识爆炸"的时代,更需不断地更新自己的业务知识,吸收各国在本学科、本专业所取得的最新成果。因此,外语就成为一个人更新知识的必要手段。

最后,从培养目标上看,外语教学是培养德、智、体、美全面发展的合格人才的重要措施。目前,在世界范围内一些有见地的教育家都主张教育,特别是高等教育的培养目标,不应局限于一个侧面,而应是培养"全面的人",也就是着重于人的全面素质的提高。当然,各国由于社会制度与文化背景的不同,对于全面发展的人的素质有不同的理解和要求,但也有许多共同之点。外语就是当代社会对于人,特别是受过高等教育的人的基本要求。它已成为当代社会一个受过高等教育的人所应具备的基本文化素养之一,并成为衡量各国教育水平的重要指标之一。同时,外语对于德育、智育、体育、美育的发展也有所助益。在德育上,可帮助人们正确地了解世界各国的政治思想、文化概况,有利于正确世界观的形成;在体育上,可帮助人们了解其他各国先进的体育水平,有利于体育技术的提高;在美育上,外语可帮助人们了解各国著名文学艺术的历史与背景,提高鉴赏能力。

三、如何从素质教育的高度加强外语教学

1. 明确地将外语作为四大基础之一,列为主干基础课

我们从业务教学的角度,给全校文、理、技术、财经、政法等 21 个系,44 个专业规定了共同的四大基础:语文、外语、数学、计算机,并将外语列为主干基础课,要求从教材、教师、教学效果等方面加强建设,并以外语教学成绩作为衡量各系、各专业教学水平的重要指标之一。

2. 在公外教研室建设上给予必要的支持

在各高校进行普通外语教学的组织实体就是公外教研室。因此,公外教研室的建设成为加强外语教学的中心环节。同志们都知道,公外教学任务重,课时多,但广大公外教师工作十分努力、认真,付出了艰辛的劳动。许多老教师为此献出了毕生的精力。但终因多方面原因,队伍难以稳定,需要给予特别的支持。我们在人员配备上,每年都给予优先考虑,在电化教学设备等其

他方面也在可能的情况下给予应有的支持。当然,这种支持还是很不够的。目前公外教学困难仍然很大,我们准备进一步研究落实加强公外教学措施。

3. 抓好四级英语教学,做到领导、教师、学生三重视

四级英语教学是国家采取的加强外语教学的一项十分重要而又比较科学的措施,已经取得了较好的效果。它作为一种可比性的指标已成为促使各校加强外语教学,展开友谊竞争的强大动力。我们力争对四级英语教学逐步做到领导、老师与学生三重视,调动三个方面的积极性。从领导上来说,认真研究并采取了加强四级英语教学的各项措施,通考后,认真总结经验教训,采取切实措施加以补救、提高,并抓住文科这一薄弱环节。特别是充分调动了各系积极性,使各系真正将四级英语教学作为衡量教学水平的重要指标,并积极地采取了各项措施,包括改善设备条件,严格要求学生,鼓励任课教师等。从教师方面来说,由年级组责任制发展到个人承包班级责任制,调动了积极性。从学生方面来说,以启发式的教学观点调动他们的积极性,更加重要,我们采取逐系动员,晓以利害的方法,收到一定成效。

4. 从大文化的观点抓好外语教学,逐步做到使广大学生既掌握语言规律,又能正确对待西方文化

语言现象不是孤立的,而是一种文化现象,任何语言都生长在一定的文化背景之上。我们注意从大文化的观点看待外语教学,不仅培养学生掌握并运用语言规律的基本素质,而且培养学生正确对待西方文化,这也是一种基本的素质。结合当前情况,在对待西方文化的问题上需要重新确立这样三个观点:一、树立

洋为中用的观点,即确立学习西方文化的正确动机与态度,为了祖国文化的发展、繁荣去学习西方文化,而不是为了否定与阻碍祖国文化的发展和繁荣。这就要进行必要的爱国主义教育与国情教育。二、树立分析的观点,防止全盘肯定与全盘否定,当前特别要防止全盘肯定的倾向。列宁提出两种文化的观点,毛泽东提出剔除糟粕,吸收精华的观点,都是分析的观点。目前,应看到西方文化具有反映当代科技成果与社会发展水平的先进一面,同时又要看到其唯心主义、拜金主义、非理性主义、个人主义等腐朽落后的一面,而且有些思想流派则主要反映这一侧面。三、树立阶级的观点。阶级分析好长时间不讲了,但它毕竟是马克思主义进行社会分析的重要方法,对西方文化的阶级分析就是要清醒地看到从总体上说,西方文化作为西方资本主义经济基础的上层建筑,其为资本主义经济基础服务的性质是非常明显的。这一基本性质就是决定了它们同社会主义文化有着根本区别。因此,我们对其必须批判地继承与吸收,而不能全盘地接收或兼容并蓄。总之,我们应尽力结合外语教学,培养自己对西方文化的鉴别力与抵制思潮渗透的免疫力,使他们成为社会主义事业合格的接班人。

(原载《山东外语教学》1989 年第 2 期)

办好高校图书馆，按照全新的模式培养全新的人才①

图书馆在高校的重要地位，已为许多专家所论证，并被无数事实所证明，无须我这个外行在此赘言。但我想特别强调一下图书馆建设在我国高教改革中所具有的特殊作用。

众所周知，我国在经济体制上正经历着由计划经济到社会主义有计划的商品经济的巨变。这一巨变对高教提出了一系列全新的要求，高教改革已是不可抗拒的历史趋势。这种改革是全方位的、深入的，在教育观念、办学模式、培养规格与课程设置等各个方面都提出了全新的要求。最突出的要求是实现从计划经济形成的"三统式"（统招、统培、统分）办学模式到开放、灵活、多元的办学模式的转变。使培养出来的人才多层次、多规格，具有极强的适应性和在商品经济的大海中自如游泳的能力。

这样一种全新的人才，怎样才能培养呢？办好高校图书馆就是重要途径之一。事实证明，办好高校图书馆已不仅是一项具体的业务建设，而是关系到办学模式转变的重大改革问题。这就突破了传统的对于课堂教学的依赖，将教学活动的空间扩展到教室之外的图书馆这个更为广阔的天地，从而大大减少课堂教学的时

---

① 原载《山东图书馆季刊》1990 年第 1 期。

间,特别是讲授的时间,让学生按照一定的教学要求,自己到图书馆去阅读和研究,变被动学习为主动学习,变硬性灌输为极富吸引力的启发,变消极接受为主动发现。这样的教学是极富活力的、充分发挥人的主体能动性的教学,决不会产生所谓"厌学"现象,也不会造就死读书、读死书的"呆子"。

图书馆的充分利用还可在教学手段上发生革命性的变化,彻底改变传统的有关教学的观念,再也不是一位教师、一本教材、一支粉笔、一块黑板,而是图文并茂、声像并举,图书、录音、录像、胶卷、幻灯、计算机,都是教师、教材。教学手段的丰富,将使教学效果产生突破性的提高。同时,图书馆的发展与充分利用,还可进一步打破校园的界限,使高校更好地面向社会,同社会相结合。高校图书馆向社会开放,吸收更多的电大生、函授生与夜大生到高校图书馆按一定的要求刻苦攻读。这就可以使成人教育得到进一步的发展。目前的成人教育基本上是普通本科的照搬,极少考虑成人学习的特点。而图书馆的充分利用则可充分考虑到成人教育讲授课时宜少、自学时间宜多、教学安排宜于灵活多样、学制更富弹性的特点。这就可以使目前面临困境的成人教育得到更大的发展,提高高校人才培养的效益。而且,图书馆的充分利用还可打破目前学历教育的局限,使更多的在职人员为了更好地适应科技与社会的发展,利用业余时间到高校图书馆有针对性地继续学习、提高,从而极大地提高我国各类工作人员的素质,在一定意义上,这也是一种极为有效的发展生产力的智力投入。

从上述意义上说,我们高校培养出来的人,将不仅通过课堂、实验,而且还可以通过图书馆。并且,在人才培养所起的作用上,图书馆的地位应该越来越显著。目前,对图书馆在高校人才培养中所起作用的比例,不知有没有一个调查。但我想比例一定不会太高。今后，应充分发挥图书馆的作用，使这一比例成倍的增长。在将来的有一天，我们甚至可以声言，我们高校的人才在某种意义上就是从图书馆培养出来的。因为从教师、教材、教室这教学的三要素来说，图书馆所起的作用都会日益增大。

而这种"从图书馆培养出来的人"一个最突出的长处就是具有极强的自学能力。而这种自学能力则是一个人自立于社会、服务于社会的最基本的能力，是商品经济中各类人才所应具备的最基本的品格，这种自学能力就是通常所说的发现与研究的能力。一个人掌握已知的世界固然重要，但发现未知的世界更为重要。这是一种对于社会、对于事业的极强的适应力。具有了这种能力就能在商品竞争中根据市场需求不断地更新产品，转换服务内容。不论是工程技术人员，还是管理人员，都将是商品竞争中的优胜者。这种以培养自学能力为目标的教育就是所谓的"不仅授之以鱼，而且授之以渔"。但我们传统的教学却仅仅局限于授之以鱼，这种人才尽管满腹经典，也只不过是掉书袋而已。但那些"从图书馆培养出来的人"，通过自己的摸索、探讨与钻研，在思维模式上一改封闭的线性思维为开放的发散思维。具有极强的举一反三、由已知到未知的能力。

同时，"从图书馆培养出来的人"还会具有极为宽广的知识面。因为图书馆是知识的海洋，一个善于在这个海洋中漫游的人，其知识面一定是极宽的，可以做到学贯中西、兼通文理。许多知识，绝非在课堂中所能学到，需要求知者根据自己的兴趣，特别是今后走向社会时的实际需要选择自己的学习内容。这样培养出来的人，不仅具有某一方面的专长，而是广为涉猎。在不同的方向上都能掌握一定的知识。这就是某种意义上的"通才"。这种"通才"，具有较强的适应性，对于商品社会中对人的社会职业多次转换的要求能够应付裕如。其实,既然商品社会可以自由地选择人才,那么,各类人才为了适应这种选择,也应具有选择学习方向的自由,塑造自己品格的自由。高校适当压缩课堂教学,加大自学时间,充分发挥图书馆的作用,就是为各类人才具有这种自由创造必要的条件。

　　以上论述,根据当今社会的需要与高教改革的趋势提出。在很大程度上对高校图书馆的地位在观念上给予了刷新。目前,图书馆在高校的人才培养中只起到辅助的作用,不论其教育功能,还是情报信息功能,都是一种辅助的功能。但这种辅助的作用与功能显然是不适应于社会的发展与高教改革的要求的。我认为,应该将图书馆在高校人才培养中的辅助作用,逐步提高到作为主要作用之一的重要地位,这种观念的更新同我国目前高校图书馆的实际状况实在反差太大。目前的高校图书馆经费少、面积小、管理落后,在发挥其全方位功能方面受到极大限制。这就要求高教系统的各级领导将加强高校图书馆建设作为高教改革的重要组成部分。从按照全新的模式培养全新人才的高度,在经费、房舍、设备与其他物质条件方面给予更多的投入,在管理方面力争做到现代化。使我们的高校图书馆真正起到自己应有的作用。高校图书馆的水平在某种程度上是一个国家高教水平的标志。我相信,随着党和国家对高教的逐步重视,高校图书馆的建设在改革的大潮中一定会有大的发展。而各个高校图书馆的专家与同仁也应以全新的观念努力于改革自己的管理与工作,以期在现有的条件下,在高教改革中发挥更大的作用。

认真贯彻十五大精神，
实现高教事业的跨世纪发展①

党的十五大提出高举邓小平理论伟大旗帜,把建设有中国特色社会主义事业全面推向21世纪的主题。如何将这一主题落实到高教领域,实现我国高教事业的跨世纪发展,这是我们每个工作在高校的同志都在认真思考的问题。自己通过学习十五大精神,对高教事业的跨世纪发展有这样五点想法。

第一,充分认识党的十五大所具有的里程碑意义,将学习贯彻十五大精神作为重要政治任务,作为推动学校发展的契机。

党的十五大意义深远,在我国建设史、革命史和马克思主义的发展史上都具有里程碑意义,对我国各行各业都具有巨大的指导作用,对广大人民群众具有巨大的鼓舞作用。学习贯彻十五大精神一定会对高教事业的发展起到巨大的推动作用。因此,一定要抓好学习贯彻十五大精神这样一个极好的契机,而不能放过这样一个契机。对十五大伟大意义,应该说无论如何估价都不过高,但归结到一点就是她具有里程碑式的伟大意义。这表现在:一、高举作为当代马克思主义发展新阶段的邓小平理论的伟大旗帜,给国人以方向和信心;二、系统制定了我国社会主义初级阶段

---

① 原载《高校政工》1997年第3期。

的纲领、路线和任务,为现代化建设的全面发展奠定了基础;三、全面规划了我国 21 世纪发展的目标,给广大人民以巨大鼓舞,起到了极大的凝聚作用。因此,我们一定要把学习贯彻十五大精神作为长期的政治任务,以此为精神动力推动学校各项事业的发展,调动广大教职员工的社会主义建设的积极性。

第二,高举邓小平理论伟大旗帜,用以武装广大教职员工的头脑。

高举邓小平理论的伟大旗帜是党的十五大的主题和灵魂,贯彻十五大精神最核心的就是深刻理解和把握这一主题和灵魂。抓住了这个问题就掌握了全面理解十五大精神的钥匙,抓住了贯彻十五大精神的关键。旗帜就是方向,就是形象,高举邓小平理论伟大旗帜就是坚持社会主义办学方向,也就是与以江泽民同志为核心的党中央保持高度的一致。因此,我们应着重研究如何在高校高举邓小平理论的伟大旗帜。我个人认为,有两个方面的含义,一个是用以武装广大教职员工的头脑。这里包括三部分人,三个层次,应有不同要求。第一个层次是青年学生,这是工作量最大的方面,除了已有的进一步做好邓小平理论进课堂的工作外,在目标上要提一个明确的要求。那就是大学阶段要初步解决学生社会主义信仰问题,使广大学生真正成为邓小平理论的信仰者、继承者和实践者。使广大青年学生能较自觉地运用邓小平理论的立场、观点、方法,观察世界、处理问题,这样才能解决我国社会主义事业跨世纪发展,代代相传的问题。第二个层次是教师,这是初步解决青年学生信仰问题的关键。难度较大,要求应更高。目前应着重研究广大青年教师的理论武装问题。因为,他们也是跨世纪人才,同青年学生最接近,影响也较大,而本身系统接受马克思主义教育又相对较少。第三个层次是党员干部,这是学校的骨干与核心，同教师学生相比应有更高要求。党员干部的理论武装问题应以党的十五大修改后的党纲党章来进行规范，提到党规党纪的高度。可通过日常的中心组学习与学校党校学习等渠道。高举邓小平理论旗帜的第二个方面的含义就是以邓小平理论为指导，搞好学校的事业发展。当前，十分重要的是认真贯彻十五大制定的我国社会主义初级阶段的基本纲领，全面推进学校事业的发展。

第三，解放思想，坚持改革，做好高校适应社会主义现代化这篇大文章。

党的十五大在社会主义建设的一系列理论与实际问题上有新的突破，特别在经济理论上有新的突破，是一次新的思想解放。必将促进我国经济体制改革中一系列深层次矛盾的解决，加大社会主义市场经济体制建立和完善的步伐，加速经济与社会的发展。这样的形势，必将对高校的发展既提供机遇，又提出挑战。面对迅速发展的社会与经济，面对迅速完善的社会主义市场经济体制，我们高校应怎么办？这个问题尖锐地提到我们面前。解决问题的唯一出路，根据党的十五大精神就是坚持改革方向。高校改革要根据十五大的要求抓住关键问题，关键措施。关键问题就是江泽民同志在《高举邓小平理论伟大旗帜，把建设有中国特色社会主义事业全面推向二十一世纪》的报告（以下简称《报告》）中所提出的教育"同现代化要求相适应"的问题，关键措施就是"加快高等教育管理体制改革步伐，合理配置教育资源"。从山大的情况说，当前要进一步推进同省、市共建工作，着重落实为省、市服务的措施。同时，要进一步推动学校与有关地（市）及大企业的共建工作，推动院（系）与地（市）、大企业的二级共建。通过共建一方面解决多渠道筹措办学经费问题，同时也为学校与学科建设注入活力。在高校"出人才、出成果"两大基本任务方面要认真贯彻江泽民同志《报告》中的有关精神。从人才培养看,要着重贯彻江总书记关于"提高教学质量和办学效益"与"重视受教育者素质的提高"的指示精神,牢牢确立"素质教育"的教育思想,以提高人才培养的质量、效益为重要办学目标。从"出成果"即科技工作看,要着重贯彻江总书记关于基础研究、成果转化与同企业结合的论述。关于基础研究,江泽民同志指出要"统观全局,突出重点,有所为有所不为"。从山大看,应集中力量加强"211 工程"立项论证的五个重点学科,使之保持国际先进水平或尽快达到国际先进水平,同时保持反映基础研究水平的国际学术榜国内前 10名的位置,并尽力争取前移。在应用研究上,要贯彻江总书记关于"促进科技成果向现实生产力转化"的指示,一方面办好校办科技产业,同时加大向社会转化的力度。科技工作中,江总书记《报告》中还有一个重要精神,就是要求高校与科研单位"以不同形式进入企业,同企业合作"。这是适应新形势对高校科技工作提出的新要求。因为,正如江总书记在《报告》中所说,随着社会主义市场经济体制的完善,将"使企业成为科研开发和投入的主体",这既对高校提供了机遇,同时又提出新的要求。

第四,认真贯彻党的知识分子政策,建设一支德才兼备、结构合理的教师队伍。

要实现高教的跨世纪发展,非常重要的是要搞好教师队伍建设。要把一个高水平的高等教育带入 21 世纪,从某种意义上来说就是把一支水平更高、结构合理、充满朝气的教师队伍带入 21世纪。要按照《报告》要求,认真贯彻党的知识分子政策、充分发挥他们的积极性和创造性。要按照《报告》的精神,充分认识知识分子在现代化建设中的重要作用,充分认识知识分子是工人阶级一部分。同时，也要对广大知识分子提出更高的要求。要求他们按照江总书记《报告》的指示，加强学习、提高自己，"努力成为先进思想的传播者、科学技术的开拓者、'四有'公民的培育者和优秀精神产品的生产者"。还要按照江总书记的指示"建立一整套有利于人才培养和使用的激励机制"，包括有利于中青年骨干脱颖而出的政策和有利于引进国内外人才的优惠措施等。

第五，关键是按照党的十五大精神，把高校党组织建设好。

江总书记在《报告》中明确指出，我国实现跨世纪发展，关键在于把党组织建设好，这一精神同样适用于高校。高校党的建设，应将思想建设放在首位。"坚定不移地用邓小平理论武装全党，充分发挥党的思想政治优势。"要将运用邓小平理论对广大党员的教育，作为长期坚持的根本的政治任务。在领导班子建设中，要根据《报告》的精神"完善和发展"民主集中制，提高党委班子把握方向，驾驭全局，凝聚全党的能力。在干部工作中，要加快改革步伐，建立起有利于干部"四化"的机制，扩大民主进程，加强民主监督，做到干部定期交流，能上能下。同时，要认真贯彻党的十五大关于反腐倡廉、从严治党的各项要求，落实江总书记关于"在党内决不允许腐败分子有藏身之地"的指示精神，充分认识到在当前形势下，反腐倡廉在高校同样是一场"严重政治斗争"，一定要从保持党的先进性、纯洁性、增强党的凝聚力和战斗力考虑，带领群众同腐败分子和腐败现象进行坚决斗争。

培养更多高层次高素质专门人才,实现研究生教育的跨世纪发展①

　　党的十五大提出了建设有中国特色社会主义事业跨世纪发展的目标和任务,如何将这一任务落实到研究生教育工作之中,实现我国研究生教育的跨世纪发展呢?我们应根据江泽民同志《高举邓小平理论伟大旗帜,把建设有中国特色社会主义事业全面推向二十一世纪》的报告(以下简称《报告》)的精神,在研究生教育的目标、人才培养的要求、人才的类型与培养方式等方面加大改革力度,进一步提高研究生教育的质量和水平。

　　从研究生教育的目标看,应进一步考虑我国研究生教育如何同现代化要求相适应的问题。党的十五大提出我国下世纪实现现代化的三步走的发展目标,到下世纪中叶基本实现现代化,的确鼓舞人心,但这样的宏伟目标需要大量人才,特别是高层次人才的支持。我们的研究生教育要努力适应三步走的要求。而且,党的十五大在邓小平理论的一系列问题,特别是经济理论上有大的突破,意味着一次新的思想解放。我国社会主义市场经济的发展步伐进步加大,对研究生教育将会提出新的要求,需要同其适应。

---

①原载《学位与研究生教育》1997 年第 6 期。

　　从人才培养的要求看，要进一步落实江泽民同志《报告》中"重视受教育者素质的提高"的精神，将素质教育的思想贯穿到研究生教育之中。高层次人才应有高的素质要求，应大力克服目前程度不同存在的研究生教育中"四重四轻"的倾向：重智力因素，轻非智力因素；重专业轻基础；重知识轻能力；重理论轻实践。要坚持全面贯彻党的教育方针，全面提高教育质量。特别要重视用邓小平理论教育与武装广大学生，加强思想政治工作。

　　在人才培养的类型上，除理论型的人才外，要进一步加大应用型人才培养的力度。即便是理论型的人才，也要重视应用能力的培养，使之更好地适应社会与经济发展的需要。

　　在人才培养的方式上，要贯彻《报告》中谈到科技与教育体制改革时所说的"以不同形式进入企业或同企业合作，走产学研结合的道路"的思路，加大同企业联合培养研究生的力度，更好地推动研究生在职培养的步伐。

　　以上四个方面，最核心的是加强研究生的素质教育，培养更多高层次、高素质的专门人才，为实现我国跨世纪发展的宏伟蓝图输送更多的业务和管理骨干。这的确关系到我国21世纪社会主义事业的全局。我国研究生教育任重而道远，我们应在党的十五大精神鼓舞下，加大改革力度，进一步推动事业发展。

实现高教的跨世纪发展①

　　江泽民同志在报告中提出了"高举邓小平理论伟大旗帜,把建设有中国特色社会主义事业全面推向 21 世纪"的鲜明主题。如何在高教领域落实这一主题,将一个更加适应社会和经济需要、水平更高、充满朝气的高等教育带入 21 世纪,这是高教战线每一个同志在贯彻十五大精神时需要思考的问题。

　　在高教战线高举邓小平理论的旗帜,就是坚持高教事业的社会主义方向。当前,十分重要的是要用邓小平理论武装广大师生员工的头脑,特别要用以教育广大青年学生,使青年学生在大学期间初步解决社会主义信仰问题,以邓小平理论作为自己观察世界、处理问题的立场、观点和方法,使青年大学生作为跨世纪的新一代,真正成为邓小平理论的信仰者、继承者和实践者。还要以邓小平理论指导高教事业的改革发展。要根据十五大精神更好地完成把高校建成教学、科研"两个中心",出人才、出成果的重要任务。要加强基础研究和高新技术研究,要面向经济建设主战场,加强科研成果的转化,要建立一支素质优良的教师队伍等,这些任务都要逐项落实。

---

① 原载《人民日报》1997 年 9 月 15 日。

发挥高等学校作用，
迎接知识经济时代①

我们正面临一个知识经济的新时代，知识成为最重要的资源，创造知识和运用知识的能力成为最重要的经济发展因素。高等学校不仅仅是新知识、新技术的重要发源地，而且能为社会造就有创新素质的优秀人才，使科技创新能持续发展。此外，高等学校还将是哺育知识型企业的场所，在高校可以直接实现高新技术的转化。可见高等学校包含着创新体系的所有重要环节，具有特殊地位，负有重要的历史使命。山东应根据我省高校实际，全面规划，集中力量，重点突破，迎接知识经济时代的到来。

一、以重点高校和科研单位
为主建立知识创新体系

自 1987 年实施"科教兴鲁"战略以来，山东的科技实力有了很大提高，与知识经济相适应的信息基础设施、教育培训体系等方面也都有了长足的进步，为知识的生产、传播和应用创造了一定条件，但从总体上看，仍处于起步阶段，与知识经济发展的要求

---

① 原载《科学与管理》1998 年第 4 期。

还有相当差距。从目前看我省虽已跻身于经济大省的行列，但仍处于工业化中期阶段，传统产业在国民经济构成中占主导地位，高技术产业增加值占工业增加值的比重仅为 6.7％。面对知识经济发展的机遇和挑战，我省应确立以重点高校和科研单位为主建立知识创新体系，实施知识创新工程的战略方针，结合国民经济发展的需要和已经具备的条件，整体规划，对重点高校和科研单位的优势领域给予重点支持，以带动相关高技术产业的发展。加大相近优势学科、专业横向联合的力度，集中力量，重点突破，以期部分优势领域或技术在全国乃至世界占有一席之地，以促进我省经济增长方式的转变，提高经济运行质量和实力，努力实现由经济大省向经济强省的跨越，最终实现从工业经济向知识经济的转型。

二、山东大学是山东省知识创新
体系的重要组成部分之一

高技术企业是知识经济时代的支柱产业，而基础研究则是高技术产生的源泉。SCI（科学引文索引）收录的论文数及被引用论文数从一个重要方面反映了基础研究的水平与实力，反映了知识创新的活跃程度，山东大学这两项的排名近六年一直稳定在全国高校前十名，美国《科学》杂志 1996 年将我校基础研究综合实力排序列全国高校第八位。优势需要发展，知识需要创新，山东大学将在以下几个优势领域通过山东省的整体规划为山东省实施知识创新工程做出重要贡献。

1. 建立山东"金融硅谷"

国际金融业的发展已经进入了一个高度信息化的时代，网络

系统的飞速发展，使金融机制发生了重大变化，我省要实现由经济大省向经济强省的跨越，迫切要求金融系统高效运行、高质量运作。目前，国企改革能否取得突破，已成为改革成败的关键。十五大明确指出：要以资本为纽带，对国有企业实施战略性改组。而要实现这一点，一个非常现实的问题是，如何通过资本安全运营实现企业的战略性重组。参照国外的经验，我们认为这种策划、推动不能只是政府行为，投资银行应承担重要的任务。但我国尚未建立起真正意义的投资银行。目前我省的金融机构在金融技术、人才方面严重不足，难以承担安全地资产运营和国企改制的重任。

事实上，我们要建立起几个真正意义上的投资银行，最缺乏而又最关键的是一批有经验的高级金融银行家以及以他们为主体形成的真正意义上的金融咨询机构，如果我们能像当年台湾执行"集成电路示范工厂计划"那样地下大决心，重金投资策划，建立起三四个"金融咨询示范机构"并将它们推向市场，以它们为核心建立起"金融硅谷"，为培育投资银行营造必要的环境、条件，则由此自然形成强大的金融中心。"金融信息硅谷"，利用各种现代化金融网络实时地收集、分析、综合瞬息变化的金融信息并利用现代金融高技术来处理金融风险问题，提供现代投资咨询服务，资本运营技术策划以及其它有关金融技术服务。这对全省乃至全国的金融风险防范及国企改制的健康发展有着极其重要的意义。山东大学彭实戈教授是国际知名的金融数学专家，其研究工作处于国际前沿，并在省政府支持下成立了以彭实戈为首的山东金融高级人才基地，在这方面应发展其应有的作用。

2. 功能材料

材料是人类赖以生存和发展的物质基础，当前基础产业和支柱产业的升级换代及高技术产业的发展对材料提出了极为迫切的需求。

多年来,山东大学晶体材料国家重点实验室致力于光电材料科学技术领域发展前沿的关键材料与技术的研究,先后承担了几十项国家级课题,并取得了一大批具有先进水平或国际首创的科研成果,这些成果均有进一步开发使之为国民经济建设服务的必要性。积极参与山东省高技术产业和经济发展已成为晶体实验室全体科研人员的共识。

根据山东省高技术产业发展的需要,结合我校的优势和特色,近期我校拟在高亮度发光二极管(LED)外延材料的开发与产业化和压电水晶高技术产业化两方面开展工作。高亮度发光二极管有着巨大的市场潜力和广阔的应用前景,因而引起发达国家和地区的高度重视,例如,以台湾交通大学为依托的光电公司(主要生产高亮度发光管),成为台湾地区发展最快的企业之一,在这次东南亚金融风波中是唯一逆势飘红的一只股票。但大陆在这方面的研究技术水平较低,制作上述器件外延片尚未产业化。山东省在此领域具有较好的产业化基础,单晶材料、器件制备已形成规模,下一步的关键是解决外延材料这一领域的问题。我校有多年的工作基础,同时也得到国家"863计划"的资助。该项目致力于高亮度发光二极管材料与器件产业化研究,以求缩短产业化进程,促进我省光电子和信息产业的发展。

山东省水晶产量约占全国总数的1/3,但产品档次低,效益差,我校是较早掌握水晶生产技术的单位之一,先后用自身技术扶持建厂五个,生产规模在国内属中、大型。水晶产品均达到国际标准。目前我们致力于开展高品位水晶的研究,以期逐步提高山东省水晶产品在国内外市场的声誉和占有率,实现山东省水晶产品的集团化经营。

3. 生物技术育种

现代分子标记研究发现,小麦的遗传基础比其他作物狭窄,采用常规育种方法已很难突破。因此,必须从小麦的近缘及远缘植物向小麦引入外源基因,才能有效地对现有小麦品种进行改良。小麦与属间植物的体细胞杂交是山东大学经过近 10 年的研究而建立的育种技术。由于杂交在细胞水平进行,不仅克服了远缘不亲和性的障碍,而且使双亲的细胞质基因也共存于杂种细胞中,可以使杂种性状快速稳定,比常规育种缩短 5—10 年的时间,直接形成小麦新品系或新种质。

应用此技术,我们已在世界上首次获得小麦与具有抗盐、抗旱、抗病、高蛋白质含量的四种属间禾草的体细胞杂种植株,经过进一步研究,实现了育种实践上的重大突破,已获得小麦与高冰草的第二代杂种植株,经观察与遗传分析,表现出性状稳定、抗寒、抗倒伏、多分蘖、大穗大粒(千粒重 62.1 克,现有品种一般为40 克左右)、高蛋白含量(高达 20％以上),即将用于育种实践,可望获得有价值的小麦新品系,为我省的农业发展做出贡献。

4. 信息技术产业

山东大学在信息技术产业方面已初具规模,并已组建成了以光学标记阅读机,农副产品收购系统等产品为拳头产品的山东山大欧玛信息产业有限公司。在研究与开发方面已具有雄厚的工作基础和一支稳定的科技队伍,在软件开发、网络安全、电力调度系统、社会劳动保险系统等方面已取得了较大的经济效益和社会效益,其中为烟台东方电子信息集团研制的《电力调度计算机智能系统》已成为该公司的电力远动主导系列产品,并已在全国 20 个省市电业局推广应用;与华光集团联合研制的"智能化电子印花分色系统"成为华光集团一个支柱产品,对于用高技术改造传统产业有重要意义,并已创造了巨大效益;我校开发的"社会劳动保险系统"已在全省市地全面投入运行,得到国家劳动部保险局的高度评价和认可,为山东省社会保险系统信息化建设做出了重要贡献;公钥密码的研究,成功地解决了长期困扰我国信息安全系统建设的公钥密码快速实现技术,并已在广州、深圳、国家外贸金融交易中心得到应用,山大被国家密码委员会定为高密试点单位。山大独特的指纹识别技术在公安系统开始得到应用,并得到公安部门的支持。为加速我省信息产业的发展,建议设立以山东大学牵头联合省内有关院校和科研院所共同参与的高校科技园。

5. 能源与环保等方面

山东大学微生物技术国家重点实验室在可持续发展的微生物技术、可再生资源的利用等方面具有多年的研究工作基础,在生物质能源开发和废弃物资源化技术、生态保护产品的开发、生物法清洁生产工艺、污染物的微生物处理、纤维素利用等方面开展了大量的基础和应用研究,为我省高技术的发展作了大量的技术储备。

山大的教育部胶体化学开放实验室在油田化学品研究开发方面已具有近 30 年的历史,开发了包括正电胶、黄原胶、表面活性剂驱油体系等在内的多项技术和产品,并获得多项国家奖励,带动了我省一批相关企业和新兴产业的发展。

另外,山大在高分子材料、数值模拟、新型生物农药、油气水资源的勘探、开发、环境保护等多方面具有多年的工作积累和较高的学术水平。

三、高校应为知识经济的发展培养和输送高素质人才

高素质、高技能的人才是知识生产、扩散和应用的载体。人的智力在知识经济中处于核心地位，发展完善教育培训系统，培养具有高素质、高技能的劳动大军，是发展知识经济的必要条件。面对知识经济的挑战，高等学校担负着培养高级专门人才的重要任务。山东大学拥有数量较多的博士点，国家重点学科、重点实验室、博士后流动站，我们将进一步努力，使山大更好地发挥山东省培养高层次人才重要基地的作用。

要培养高素质的跨世纪的专门人才，关键是建设一支高素质的跨世纪的教师队伍。正如江泽民主席所说，"振兴民族的希望在教育，振兴教育的希望在教师"。高校高素质人才培养的根本问题是队伍建设问题。展望21世纪，谁拥有高素质的教师和科技队伍，谁就拥有社会发展和经济建设的人才优势。国家科技教育领导小组第一次会议决定，"要加大对科技和教育的投入"，"进一步采取措施，缓解科学家和高校教师住房困难问题"，就是科教兴国战略的具体体现。我省已在改善高校教师和科技人员工作生活条件方面做了大量的富有成效的工作。但目前高校教师和科技人员队伍不稳，青年学术骨干流失严重，以及高素质人才难以引进的问题未得到根本改变，应给予高度重视，采取更加切实有效的措施，增加投入，改善条件。同时，科研基地是新知识的发源地、高技术的孵化器和辐射源，既生产知识又生产人才。因此，

必须采取切实的措施巩固和加强现有高校的为数不多的科研基地，加大建设力度，使人才、基地建设一体化，以适应知识经济对高素质人才的需求，培养更多的能够进入知识前沿的高级专门人才。

高举邓小平理论伟大旗帜，开创山东大学改革与发展的新局面①

十一届三中全会以来，以邓小平同志为核心的第二代中央领导集体，坚持把马克思主义基本原理同中国社会主义现代化建设的具体实际相结合，领导全国人民进行了以经济建设为中心的第二次伟大革命。在改革开放和社会主义现代化建设的伟大实践中，在总结我国建国以来社会主义建设的经验教训和借鉴其他社会主义国家兴衰成败的历史经验的基础上，逐步形成了建设有中国特色社会主义的理论，即邓小平理论。邓小平理论是当代的马克思主义，是马克思主义的新发展，它对社会主义在当代的命运问题做出了坚实有力的回答，是中国第二次革命的行动纲领。在过去的 20 年间，它曾指引着我们取得了一个又一个辉煌的胜利；在未来的改革和发展中，它仍将是指引我们完成新的历史任务的强大思想武器。

一、邓小平教育思想特别是其教育改革理论，是当代中国教育改革与发展的行动指南

邓小平教育思想是邓小平理论的重要组成部分，它内容十分

---

①原载《山东大学学报》1998 年第 4 期。

丰富,涵盖了教育改革、教育在社会主义现代化建设中的地位、党对教育工作的领导、思想政治教育、教育培养目标、教育管理、成人教育、师资队伍建设等教育的每一个领域,其中教育改革论是核心,它像一根红线,贯穿于整个教育思想。

邓小平同志认为,教育是我国社会主义现代化建设的战略重点之一,十一届三中全会以后战略重心的转移包括教育,教育必须进行相应的改革。早在1978年3月18日,邓小平同志《在全国科学大会开幕式上的讲话》中就明确提出:"我国要全面正确地执行党的教育方针,端正教育方向,真正搞好教育改革,使教育事业有一个大的发展,大的提高。"他还指出:"我们国家,国力的强弱,经济发展后劲的大小,越来越取决于劳动者的素质,取决于知识分子的数量和质量。一个十亿人口的大国,教育搞上去了,人才资源的巨大优势是任何国家比不了的。有了人才优势,再加上先进的社会主义制度,我们的目标就有把握达到。"这两段话,深刻说明了教育的重要性和教育改革的迫切性。

教育改革应该怎么进行呢?首先应明确指导思想。邓小平同志认为,我国教育改革和发展的指导思想是"教育要面向现代化、面向世界、面向未来",即我们通常所说的"三个面向"。"面向现代化",就是教育要适应社会主义现代化建设的需要,树立现代化的教育观念,用现代化的内容、方法和手段,为社会主义现代化建设培养各级各类合格人才。"面向世界",就是教育要向其他国家学习先进的科学技术和管理经验,要赶超世界先进水平。"面向未来",就是教育要有预见性,根据社会的未来发展和变化的趋势,确定培养目标,教学内容和教学方法,培养能够适应时代发展的人才。一句话,"三个面向"就是要求教育要从社会主义现代化建设的需要、当今世界的特点和未来的发展趋势出发,努力为社会主义建设造就大批合格人才。

邓小平同志不但为我国教育的改革和发展提出了明确的指导思想，而且对教育改革的具体实践做出了许多重要指示，其主要观点有：转变思想，更新观念，一切以实践为检验真理的唯一标准，创造性地建立健全开放的有中国特色的社会主义教育体系；根据国民经济发展的要求，对不合理的教育结构进行调整和改革；改革高度集中的管理体制，建立适合学校教育特点的岗位责任制，教育质量考核制度、劳动人事制度，充分调动各方面的积极性；认真抓好教学改革，努力提高教育质量；加强和完善党的领导，坚持社会主义的办学方向；等等。在邓小平同志的这些教育改革思想中，更新观念是关键，体制和结构改革是基础，教学改革是核心，党的领导是保证。

在邓小平教育思想特别是其教育改革思想的指引下，我国对教育进行了全面改革，逐步建立了具有中国特色的社会主义教育体系，各级各类教育蓬勃发展，为我国国民经济的持续发展和社会的全面进步作出了不可磨灭的贡献。

二、在邓小平理论指引下，山东大学的改革与发展取得了显著的成绩

十一届三中全会以来，在邓小平理论特别是其教育思想的指引下，山东大学全面贯彻党的教育方针，坚持走改革发展的道路，积极探索适应经济建设和社会发展需要，符合山大特点的办学模式，取得了显著的成绩。

1.实行中央和地方共建体制，确立了"立足山东，服务山东，面

向全国,面向 21 世纪"的办学方针,为学校发展注入了新的活力。

山东大学是国家教育部直属高等学校,它既要为山东的经济建设和社会发展服务,又要为全国的经济建设和社会发展服务。改革开放以来,我们一直坚持"两个服务"的办学思想。1994 年 7月,国家教委与山东省人民政府签订协议,山东大学由国家教委与山东省人民政府双重领导,共建共管。自实行中央与地方共建体制以来,山东大学确立了"立足山东,服务山东,面向全国,面向21 世纪"的办学方针,将办学的基点放在为山东经济建设和社会发展服务方面,提出了"三个基地和一个中心"的办学思路,即把我校办成山东省高层次人才培养基地、基础研究和高新技术研究基地、弘扬传统文化尤其是齐鲁文化的基地以及山东经济和社会发展咨询研究中心,强化了为地方经济建设和社会发展服务的意识,全面开展与地方的合作,为学校的发展赢得了广阔的空间,增强了学校的办学实力,同时也促进了地方经济、文化、科技等的全面发展。

2.大胆进行教学改革,人才培养的数量和质量都有了显著提高。

人才培养是高等学校的主要职能,也是学校工作的重心。山东大学坚持把人才培养工作放在学校各项工作的首位,力争为国家培养更多更好的人才。1978 年,我校仅有 11 个系、27 个专业,在校本专科生 2483 人,在校研究生 96 人。经过 20 年的发展,我校现有 14 个学院,45 个系、教学部,设置本科专业 61 个,在校普通本专科生 7300 多人,研究生 1300 多人,成人本专科生 6000 多人,已成为全国规模最大的高等学校之一,为经济建设和社会发展培养了大批高级专门人才。

山东大学在扩大人才培养规模的同时,始终把教学工作放在经常性的中心工作地位,在培养目标课程体系、教学内容、教学方法等方面进行了改革，不断优化教学条件和育人环境，提高人才培养的质量，增强人才的社会适应能力。

3.坚持教学与科研相结合的办学思想，科学研究有了很大的发展。

邓小平同志指出，高等学校，特别是重点高等学校，应当是科学研究的一个重要方面军。我校根据邓小平同志的指示，坚持教学与科研相结合的办学思想，积极开展基础研究、应用研究和开发研究，取得了丰硕的研究成果，使山东大学逐步成为既是教育中心，又是科研中心的现代化大学。

山东大学素以文史见长而著称于国内外，人文社会科学研究注重弘扬文史特色，加强应用文科建设。其中，中国古代文学、文艺学、现代汉语、中国古代史和科学社会主导领域的研究在全国处于领先地位，达到了较高水准，并在国际上有一定影响。

在注重文科建设的同时，自然科学和技术科学方面也取得了令人瞩目的成就，在解析数论、晶体材料、运筹学和控制科学、宇宙超高能物理、量子化学、微生物学等方面的研究达到了国际先进水平。近年来，对胶体与界面化学和金融数学的研究，又在国际学术界引起了重大关注。从1991年以来，每年在国际核心学术刊物发表并被SCI（科学引文索引）收录的论文数及累计总数稳定在高校前10名。近年来，有108项科研成果达到国际先进水平，201项达到国内先进水平，490项获国家或省部级奖励。

4.强化大学的社会服务职能，开拓了为经济建设和社会发展服务的新领域。

在邓小平同志"教育要为社会主义建设服务"的思想指导下，20年来，我校积极开拓为经济建设和社会发展服务的新领域，强化大学的社会服务职能，从原来的只强调人才培养职能，转变到人才培养、科学研究、社会服务三种职能并举。山东大学在通过出人才、出成果为社会服务的同时，还以向社会提供咨询服务，开办各类培训班，建立教学、科研、生产联合体，与企业联办经济实体，创办校办企业等各种形式，直接、经常、具体地为社会服务。学校开展的各种社会服务活动，促进了社会经济、文化、科技诸方面的发展，同时也增加了收入，提高了自身改革、发展和适应社会变化的能力。

5.坚持对外开放，积极开展国际交流与合作。

根据邓小平同志的"三个面向"精神，学校积极开展国际教育交流与合作。现已与美国、日本、德国、韩国等国家的30余所著名大学签订了长期学术交流合作协议，与世界上100余所大学或学术团体有学术往来，每年都派出一定数量的本科生、研究生和教师出国进修或讲学。同时有20多个国家和地区的近300名留学生在山大学习。

总之，经过20年的改革与发展，山东大学已经发展成为一所学科齐全、学术力量雄厚、在国内和国际上都有较大影响的现代化大学。山东大学现有24个博士点，3个博士后流动站，65个硕士点，3个国家基础科学人才培养基地，2个国家重点学科，2个国家重点实验室，1个国家教委部门开放实验室，6个山东省重点实验室，17个山东省重点学科，3个省级工程研究中心。1996年1月，学校通过国家教委和山东省人民政府共同组织的"211工程"部门预审。1997年6月，学校"211工程"立项工作顺利完成，从而成为全国58所国家立项重点建设的高校之一。这一切都标志着上级主管部门对我校工作的肯定，标志着山东大学的改革与发展已进入一个新的阶段。

三、高举邓小平理论伟大旗帜，努力开创山东大学改革与发展的新局面

当前，经济、社会迅速发展，党的十五大关于社会主义市场经济的新的理论突破，将使经济体制改革向纵深发展，这必然对高等教育改革起到推动作用；不断增长的经济和社会发展需要，又必然进一步巩固和加强教育的战略地位，为高等教育的发展提供更强有力的支持和推动，高等学校面临着难得的机遇。同时，社会主义现代化的加速发展和向市场经济转轨，对高等学校提出了新的任务和要求。国际、国内和省内高校间竞争日趋激烈，加上世界科技和信息革命对高等教育改革产生的巨大影响，尤其是伴随着"知识经济"新时期的到来，大学在未来社会发展中担当着十分重要的角色。这就要求我们认真探索高校如何适应社会发展的重大课题。

在这种新形势下，山东大学确立了跨世纪的奋斗目标，就是要在现有基础上，到下世纪初叶，把山东大学建成一流的教学科研型名校，并在国际上有较大影响。具体应从以下三个方面去定位：一是山东省高校的龙头。我们各项工作都要在省内高校中处于领先地位，起带头、领头作用；二是国内一流。我们已进入全国61所"211工程"重点建设高校行列中，我们要真正成为教学科研型高校，使我校在重点综合性大学中的排名在现有位置的基础上前移；三是国际上有较大影响。我们要有几个学科或研究领域进入国际前沿，培养造就数名国际知名学者。

为了实现跨世纪的奋斗目标，我们要进一步高举邓小平理论

伟大旗帜，做好以下几个方面的工作：

1. 以邓小平理论为指导，广泛深入地开展教育思想大讨论。山东大学的改革与发展正处于一个承前启后的重要时期，进一步转变观念，解放思想，摒弃陈腐落后的教育观念，树立现代教育观念是至关重要的。我校要在深入学习邓小平教育思想和党的十五大有关高教改革的论述的基础上，发动广大教职员工和学生，就高等教育管理体制改革、高等教育的改革与发展、教学改革等问题，紧密结合我校教学、科研工作的实际，进行深入的讨论，最后达到转变观念、统一思想、提高认识的目的，从而以崭新的境界搞好教育教学改革，提高教育质量。

2. 进一步明确"立足山东，服务山东，面向全国，面向 21 世纪"的办学方针，提高为地方经济建设和社会发展服务的自觉性、主动性。在人才培养方面，坚持在基本稳定办学规模的前提下，压缩专科，加强本科，逐步扩大研究生教育，积极发展成人教育，使学校在人才培养层次上大大提高，成为国内特别是山东省培养高层次人才的重要基地。在科研方面，要在"科教兴国"的战略思想指导下，坚持深化科技体制改革，建立与国家科技发展战略和国民经济建设需要相适应的基础性研究、高技术研究、应用技术研究与开发的研究结构体系和运行机制；重点建设和发展若干能体现学校实力并具有较高水平的科研基地和高技术成果转化基地；稳定精干的基础性研究与高技术研究队伍，发挥特色与优势，进步突出重点，瞄准国际先进水平，攀登科学技术高峰；针对国家尤其是山东经济建设和社会发展的热点、难点、重点问题，大力开展应用技术研究与开发。在科技开发方面，要积极支持和发展科技产业，坚持以高新技术为主的发展方向，坚持以市场为导向，积极开发拳头产品，有重点地集中办好几个能代表学校科技水平、反映学校特色并能形成规模效益的高新技术骨干企业，逐步形成光机电、计算机软件生物技术、晶体材料和器件、精细化工和电子清洗技术等六大骨干企业，并尽快组建山大科技产业集团公司，争取成为上市公司。

3.以学科建设为突破口，认真搞好"211工程"建设。学科建设是学校建设的关键，也是"211工程"建设的关键。学校要根据现有学科的特色和优势以及山东省经济建设、科技进步、社会发展的需要来制定我校的学科建设规划，强化山大的学科特色，使具有优势的学科能尽快达到国内外同一学科一流水平。通过努力，功能材料科学技术、数学、微生物学、化学、粒子物理等学科点在某些研究方向上要有重大进展，取得突破性成果，并在国内外产生影响；中国古代文学、文艺学、现代汉语、中国古代史、科学社会主义和考古学等学科领域达到国内一流水平，并在国际上有较大影响；同时，还要有计划、有步骤地加快发展新兴、交叉边缘和应用学科，如经济、法律、英语、社会学、计算机软件与信息技术、电子工程学等，争取达到国内先进水平。通过学科建设，提高学校的综合学术水平。

4.深化教学改革提高教学质量。为适应市场经济对人才的需求，学校要结合教育思想，讨论加强课程体系建设，深化教学内容和方法的改革。加强主干基础课建设，有计划地对100多门主干基础课在教师、教材和教学效果等方面强化建设力度。采取切实措施保证更多的高水平教师走上本科教学第一线，确保教学质量不断提高。成立山东大学教学指导委员会，以完善学分制为重点，以教师为主导，以学生为主体，建立全校协同、上下协调的教学运行机制。加强教学评估制度，促进教师改进教学方法，提高教学效果。

　　5.采取得力措施,建设一支高水平的跨世纪的学术队伍。要实现跨世纪的发展,必须建设一支跨世纪教师队伍。在改革和发展中,学校要把师资队伍建设放在突出位置,强化"教师队伍是关键"的意识,努力建设一支业务和政治素质优良、结构合理、充满活力、相对稳定的跨世纪师资队伍。要进一步明确优秀学术带头人的标准,通过引进和培养,在每个学科,特别是重点学科,采取超常规的有力措施,选拔、扶持一批能站在学科发展前沿,在某个或几个方面取得具有共识的突出成就,能参与国内外重要学术决策,与国内外同行有着广泛接触和联系、学风正派、有团结精神的优秀学科带头人。要注意吸引外校优秀毕业生来山大任教,并采取定向培养的方式,选派优秀青年教师到外校或科研院所攻读学位,鼓励中青年教师提高学历水平,从而改善教师队伍的学缘结构和学历结构。到 2001 年,力争使具有博士学位的教师占 50 岁以下教师总数的 20％以上,具有硕士以上学位的教师占教师总数的 80％以上;争取培养出 10 名国家级跨世纪人才(其中包括1～3名中科院院士)、100 名青年学科带头人、100 名青年学术骨干,使山东大学的学术队伍的整体素质有一个质的提高。

　　在世纪之交,山东大学面临着严峻的挑战,同时也拥有一个难得的发展机遇。只要我们高举邓小平理论伟大旗帜,坚持把实践作为检验真理的唯一标准,坚持走改革开放的道路,锐意进取,努力拼搏,山东大学就一定能更好地实现跨世纪的发展目标,一定能以崭新的姿态迎接具有重要意义的百年校庆,为国家和山东省做出更大贡献。

在山东大学九八级新生
开学典礼上的讲话①

各位老师,同学们:

今天,我们在这里隆重举行 1998 级新生开学典礼,迎接同学们跨入山东大学。在此,我代表校党委和行政以及全体教职员工向你们致以衷心的祝贺,并表示热烈的欢迎。

我们山东大学创建于 1901 年,是教育部直属的全国重点大学。经过近一个世纪的风风雨雨,无数前辈学人与祖国同呼吸、共命运,发扬了艰苦奋斗、勇于创新、理论联系实际的优良传统,为国家培养了一批又一批有用的人才,在国内外保持了自己的办学特色、学术地位,并产生了广泛的社会影响,形成了"团结、勤奋、求实、创新"的优良校风、学风。尤其是改革开放以来,我校全面贯彻党的教育方针,牢牢把握社会主义办学方向,抓住有利时机,进一步解放思想,转变观念,以学科建设为龙头积极探索办学体制改革,逐步建立主动适应社会主义市场经济发展的办学模式,各项事业取得了较大进展,学校的规模有所扩大,办学层次有所提高,专业结构趋于合理,教育质量、科研水平、办学效益显著

①原载《山东大学年鉴 1998》,《山东大学年鉴》编辑委员会编,山东大学出版社 1998 年 12 月版。

提高,并顺利通过了"211工程"的预审与立项,成为全国58所国家立项重点建设的高校之一。

山东大学自创办以来,特别是解放以后,办学成果卓著,人才辈出。学校几十年来已为国家和社会输送了数万名毕业生,他们在不同的工作岗位上,勤奋工作,拼搏奉献,普遍受到社会的好评,他们中有的已成为著名学者、有的走上了重要领导岗位。今年秋季,你们从祖国四面八方汇集泉城,相聚山大,成为新一代山大人,为学校增添了活力,应该感到无上光荣。我相信,广大新同学一定会继承并发扬山大的优良校风、学风,通过自己的努力,以优异成绩为山大的历史增添光彩。

今天,你们中间的本科同学即将结束为期二十天的军训,与研究生、专科生一道开始新的学校生活了。希望你们今后注意把在军训中从解放军身上学到的无私奉献、吃苦耐劳、严明的组织纪律性等优良传统和作风融汇到自己的学习和生活中,不断严格要求自己,以实际行动促进学校的改革和发展,真正把自己锻炼成为合格的社会主义现代化事业建设者和接班人。

为此,我对大家提出几点希望:

一、认真学习马列主义、毛泽东思想,尤其要学好邓小平理论,不断提高自己的理论素养和政治觉悟。

在长期的办学实践中,我校始终坚持用马列主义、毛泽东思想和邓小平理论教育学生,把坚定正确的政治方向摆在首位,培养了一届又一届有理想、有道德、有文化、有纪律的社会主义新人,形成了注重德育的传统。在今后的大学生活中,大家应继承这一优良的传统,自觉认真学习马列主义、毛泽东思想,尤其要学好邓小平理论。大家知道,邓小平理论是一面旗帜。她为中华民族的共同理想奠定了坚固的基石。为中华民族精神的现代革新确立了强大支柱,为中国的可持续发展提供了强大的精神动力源泉。这已被改革开放 20 年的实践所反复证明。处于世纪之交,你们作为跨世纪的一代,尤其要不断增强学习邓小平理论的自觉性,确确实实让邓小平理论进头脑里,并能自觉运用这一理论进行思考和判断。从而坚定社会主义政治方向,树立起正确的世界观、人生观和价值观,努力成为主动适应社会主义市场经济发展需要的一代新人。当前,还要结合我国今夏抗洪斗争的伟大胜利进行爱国主义教育和国内国际形势教育。希望大家积极参加这些重要的教育活动。

二、树立远大理想,勤奋学习,刻苦钻研,努力提高综合素质,做到德智体全面发展。

在即将到来的 21 世纪,是已见端倪的知识经济新时期,你们肩负历史赋予的重要使命。希望大家树立远大理想,按照江泽民总书记在北大百年校庆讲话中提出的"坚持四个统一"的要求,珍惜青春时光和学习机会,勤奋学习、刻苦钻研、脚踏实地、勇于实践,努力锻炼和培养适应 21 世纪发展需要的创新意识和能力,成为社会主义现代化建设的高素质人才。

为此,要做到勤于学习、善于学习。掌握过硬的本领。要尽快适应新的环境,努力克服各种学习上和生活中的困难。大学与中学不同,你们会发现,大家同中学相比更多的时间要靠自学,靠图书馆、实验室等。因此要努力培养自己的自学能力,独立思考能力和创新精神,掌握科学的学习方法,学好基本知识,基本理论和基本技能。作为跨世纪的一代,需要具备良好的思想、业务和心理素质,尤其需要知识创新意识。这就意味着科学抱负、社会责任感和历史使命感的统一,意味着丰富的想象力、创造力和求实精神的统一。这是时代对你们提出的要求。同时学校也将为同学们的成才提供更多的有利条件。

三、遵守校规校纪，加强自我管理，在良好的学风和校风的熏陶下尽快成才。

纪律是成才的保证。作为来自全国各地的优秀学生，希望你们继续把中学时期的好作风、好习惯带到学校来，按照学校的规范严格要求自己，关心和爱护学校的名誉。为加强校风校纪建设，学校长期以来建立了一系列严格管理的制度和规定，希望大家认真学习，严格遵守，做出榜样。大家要真正树立起新一代大学生的形象，在刻苦学习，活跃思想，丰富生活的同时，还应牢记学校的校规校纪，注意加强自我管理，认真配合学校和系所管理措施的落实，服从辅导员和班主任的指导和管理，严格党团组织的政治生活和各项活动，加强法制和纪律观念，维护好学校的名誉。为我校的校风校纪建设做出积极的贡献。

各位同学，我们即将跨入一个新世纪，一个蕴含着发展机遇、又充满着挑战的新世纪。党的十五大从世纪之交的历史高度，提出了下一个世纪中叶我国基本实现社会主义现代化的宏伟目标。处在这样一个伟大时代，希望大家要十分珍惜短短几年的大学时光，满怀信心，刻苦学习，加强修养，顽强拼搏，为漫长人生的事业发展打下坚实的基础。

最后，衷心地祝愿同学们身体健康、学习进步、一切顺利。

谢谢大家！

1998 年 9 月 28 日

教师队伍:高等教育发展的关键[①]

高等学校担负着培养高级专门人才的任务,面对新世纪的挑战,高等学校必须努力培养大批高素质的跨世纪的高级专门人才。要培养高素质的跨世纪的高级专门人才,关键是建设一支高素质的跨世纪的教师队伍。正如江泽民主席所说,"振兴民族的希望在教育,振兴教育的希望在教师"。从这个意义上说,将一个高素质的高等教育带入 21 世纪,实质上就是将一支高素质的教师队伍带入 21 世纪。高教实现跨世纪发展的根本问题是教师队伍建设问题,而高教改革的根本问题也是教师队伍建设问题。

改革开放以来,特别是第八个五年计划,1991—1995 年中国国民经济和社会发展计划以来,随着经济体制改革和高等教育改革的深入,我国高校教师队伍建设取得了显著的成绩,教师队伍的结构逐步得到改善,教师的总体素质有了较大的提高,学术梯队建设取得明显进展,学科带头人和骨干教师队伍不断壮大,教师队伍建设开始步入良性循环的轨道。但从总体上看,从培养高素质的跨世纪的高级专门人才的要求看,高校教师队伍建设还存

---

①原载贺立华、杨守森主编《青年思想家》1999 年第 1 期,山东文艺出版社 1999 年 7 月版。

在着一些亟待解决的问题。

缺乏高水平的学科带头人。一所高等学校要想在未来的激烈竞争中立于不败之地，必须建设在国内和国际上有影响的重点学科，培养一批在国内和国际上有影响的学科带头人。拥有一批高水平的学科带头人，是高素质的跨世纪的教师队伍的重要标志之一，而目前我国高校学科带头人队伍却面临着严峻的挑战。三四十年代毕业的第一代学科带头人都已超过退休年龄，就连五六十年代毕业的第二代学科带头人也将陆续到达退休年龄，到2000年前后，这些学科带头人90%以上将要退休或者退居二线，而中青年学科带头人数量不足，素质也有待进一步提高。这是我国高校教师队伍建设面临的一个十分棘手的问题。

教师队伍不稳。虽然多年来各级政府为提高教师的社会地位和待遇做出了不懈的努力，教师的生活工作条件有了明显的改善，但与其他行业同资历的从业者相比，教师的工资待遇仍然偏低，工作条件和住房条件也比较艰苦。在这种情况下，教师队伍流失问题难以遏止。在流失的人才中，高水平的教师和思想活跃的青年教师占相当比重，这种现象在某些应用性的专业表现得尤其明显。与此同时，高校教师的"隐性流失"现象也十分突出。教师队伍的这种显性流失和隐性流失，给学校的教学科研工作带来了严重影响。

教师队伍的结构不尽合理。教师队伍的结构是指教师队伍的各种要素的数量构成比例及其组合关系，主要包括学历结构、职务结构、年龄结构、学缘结构、科类专业结构等。从学历结构看，我国1996年具有研究生学历的教师只占教师总数的26.5%，与发达国家高校教师中绝大多数拥有博士学位的情况相比仍有很大的差距。从职务结构看，1996年教授和副教授占教师总数的比重为 35.8％,也相对较低。从年龄结构看,40 岁以下的年轻教师占教师总数的 63％,40～50 岁的中年教师出现断层。从学缘结构看,"近亲繁殖"现象十分严重,许多高校本校毕业生留校任教者占全校教师总数的 70％甚至 80％以上,出现"三代同堂""四代同堂"的局面,不利于形成民主的学风和专业的深化。从科类专业结构看,基础课教师数量不足,专业课教师的科类专业结构也不尽合理。

教师队伍的整体素质有待进一步提高。如前所述,在全国普通高校 40.25 万专任教师中,研究生以上学历者仅占 26.5％,这表明教师队伍的整体素质仍然偏低。就教师队伍的主体青年教师而言,他们有许多优势,正在教学与科研工作中发挥着越来越大的作用。但也有部分青年教师过于浮躁,急功近利,缺乏敬业精神和严谨的治学态度,疏于基本训练和扎实的积累,集体协作精神相对较弱,同时也相对缺乏坚韧不拔,持之以恒的毅力。

展望 21 世纪,谁拥有高素质的教师队伍,谁就拥有在新世纪建设一流大学的主动权,谁就拥有社会发展和经济建设的人才优势。我们必须站在跨世纪的历史高度,采取更加切实有效的措施,建设一支素质优良、结构合理、高效精干、相对稳定的跨世纪的教师队伍。

提高高校教师的社会地位和工资待遇,稳定教师队伍。根据国外的经验教训,我国要想稳定高校教师队伍,应认真执行科教兴国战略,落实教育的战略地位,增加对高等教育的投入,进一步提高教师的工资待遇,改善他们的教学科研和生活条件,切实提高教师的社会地位和职业声望,增加教师职业的吸引力,使之真正成为"太阳底下最崇高、最优越的职业"。

全方位组建教师队伍，不断优化教师队伍结构。在学历结构方面，学校一方面要严把进人关，改善教师队伍的学历结构。在职务结构方面，真正实行职务聘任制，实行低层相对流动，高层相对稳定制度，适当提高高级职务的比例，调动广大教师的积极性。在学缘结构方面，逐步做到减少直接从本校毕业生中补充新教师的比例，而更多地从社会上进行公开招聘。国内有些地区和学校已对本校毕业生留校任教所占补充教师总数的比例进行了限制，在优化学缘结构方面迈出了可喜的一步。在科类专业结构方面，要根据学校发展规划、学科布局和教学、科研任务定岗定编，加强薄弱学科教师队伍建设，优化教师的科类专业结构。

抓好学科"帅才"的培养，集中力量培养跨世纪的新一代学科带头人。著名学科带头人作为一个学科的"帅才"，不仅应具有很高的学术水平，能够敏锐地把握学科的发展动向，不失时机地抓住学科的发展机遇，而且还应具有很强的组织管理能力和高尚的风范。学校在充分发挥本校现有学科带头人的作用的同时，还要花大力气从社会上引进高水平的人才，也可以按照"哑铃型"人才的模式，吸引海外留学人员和专家为国内高校服务。由于第二代学科带头人将陆续到达退休年龄，集中力量培养中青年拔尖人才，造就跨世纪的新一代学科带头人尤为重要。国家已先后建立和实施了"资助优秀年轻教师基金""留学回国人员科研启动基金""优秀拔尖留学回国人员科研重点基金""博士点科研基金""跨世纪优秀人才培养计划""国家杰出青年科学基金""百千万人才工程"等基金项目。各地区、有关部门和高校也都制定了各自的学科带头人培养计划和措施，并取得了显著的成效，一大批具有发展潜力的优秀人才脱颖而出。

但从总体上看，无论是国家级的基金项目，还是地区、部门或者学校的培养计划，资助范围和资助强度都不够大。今后应扩大资助范围，增强资助强度，扶持更多的优秀中青年拔尖人才，壮大跨世纪的新一代学科带头人队伍。特别应采取超常规的政策措施，采取岗位竞争的方式，支持资助极少数特别优秀的中青年"帅才"。

全面优化青年教师的素质，不断提高教师队伍的整体水平。青年教师是高校教师队伍的后备军，是 21 世纪高校教师队伍的主体，因此，青年教师队伍建设是高校教师队伍建设的重点。要加强对青年教师的思想品德教育，培养他们的敬业精神和严谨的学风。要定期或不定期组织青年教师到国家重点学科和重点实验室进行短期培训或进修，更新他们的知识，提高其业务水平。要给青年教师压任务、压担子，让他们在教学科研第一线锻炼成长。要创造条件让青年教师开展校际和国际学术交流与合作研究，使其及时了解科技发展的前沿动态。只要青年教师的素质和水平提高了，跨世纪的教师队伍的整体水平也就有了保证。

创造优秀人才脱颖而出的学术环境，充分调动和发挥广大教师的积极性和创造性。学校要牢固树立依靠教师办学的观念，努力在全校形成尊重知识、尊重人才、爱护人才的良好风尚。要按照"百花齐放，百家争鸣"的方针，鼓励开展学术讨论，活跃学术空气，营造民主、平等、团结、协作的学术氛围。要改革人事管理制度，破除论资排辈的旧习，建立优胜劣汰的竞争激励机制。要改革现行的工资分配制度，消除分配中的平均主义倾向，真正做到"效益优先，兼顾公平"，拉开工资档次，为水平高、贡献大的中青年教师解除后顾之忧。只有这样，才能充分调动和发挥广大教师的积极性和创造性,形成人人竞相成才的可喜局面。

在当前两个世纪之交的高教发展的关键时期,只要我们紧紧抓住教师队伍建设这个根本环节,尤其是抓住青年学术带头人建设这个重中之重,采取有力措施,加强工作力度,我国高等教育就一定能更好地实现跨世纪发展,为现代化建设和人类进步做出更大贡献。

我对做学问的一点理解[①]

2000 年 7 月,我所从事多年的行政工作卸任,回到业务岗位,马上在我面前产生了一个如何做学问的问题。尽管多年来我一直没有离开过业务岗位,但终究是行政为主业务为辅,一旦专职做业务工作,真有一个如何对待做学问的问题。现在人们常说的一句话就是,态度决定命运。这倒真有点道理。因为有什么样的态度就会遵循什么样的原则,从而决定了所从事工作的状态。我想,对于我来说,最重要的就是要以平常心对待业务工作。所谓平常心,就是要以一个最普通的教师的心态对待业务工作,而且应该是以一名业务有所荒疏的普通教师的心态对待业务工作。我的一位朋友曾经劝我不要写东西,以免暴露自己业务的缺陷,不写反而让人摸不到深浅。我没有采取这种办法,而是将自己定位在一名普通教师的位置上,积极地参与,有了错误就大胆承认,就改;评不上奖和项目就坦然接受;许多年轻的朋友精力充沛,思想创新,业务上很有见解,那就虚心地向他们学习。这样,基本上摆脱了自己曾经是领导的面子问题。

平常心的另一方面是勇于积极参与,勇于探索,不怕失败。以前,一位非常爱护我的老师曾经教育我:每个人都要守住自己

---

① 原载《人民政协报》2005 年 1 月 10 日"学术家园"。

的业务方向。一般来说，一个人过了 50 岁就不应再开辟新的课程和科研方向。这位老师说的是有道理的。因为一个人老是改变业务方向，就很难有更深的开拓。但我们面临的是一个改革时代，我所从事的美学与文艺学也在不断地变革之中。因此，在坚持大的专业方向前提下，还是应有所创新，与时代同步。长期以来，我们由于受某些教条理论的影响，常以政治和哲学的理论取代美学和文艺学的理论。这就形成把审美与文艺与人的认识等同。这就是包括我自己在内，长期坚持的认识论美学和文艺学理论。马克思曾经说过，艺术的掌握世界是人们掌握世界的特有方式，不同于哲学的、实践的和宗教的掌握世界的方式。因此，坚持唯物主义认识论的指导无疑是正确的，但以认识论代替美学与文艺学却是不妥的。因此，我努力突破认识论美学，试图从人的美好存在的角度探索美学规律。20 世纪 70 年代以来，生态问题日益突出。我国也先后提出环境保护问题和可持续发展理论。最近提出的科学发展观，就包含生态文明的重要内容。因此，对生态维度的重视不仅是经济与社会发展的重要变革，而且是哲学与人文学科建设的不可绕开的极为重要的视角。为此，我与许多中青年学术界朋友一切积极推动生态美学观的发展。从马克思与恩格斯的生态观、当代现实生态问题、中国传统生态智慧和西方基督教文化等多个层面探索生态美学观问题。在探索过程中，自己的认识不断地加深发展，所以，我也不断地修正自己。

　　平常心的再一方面，就是业务工作中一定要真诚地欢迎不同的见解，特别是批评意见。因为，一切的学问都是在切磋砥砺中发展的。如果只有一种声音，学术肯定得不到发展，自己也不可能有所提高。因此，我真诚地欢迎各种批评意见，包括自己的学生的批评意见。在一次学术研讨会上，我的一位学生发表了与我不同的意见,有的朋友很奇怪。我告诉这位朋友,我的这位学生的发言其实是我鼓励他讲的。我认为,每个人都有自己的头脑,都应有自己的独立思考。对老师的尊重绝不等于盲从于老师的观点。而勇于发表不同的看法,不仅是一种良好的学风,而且也是一个学者逐渐成熟的标志。我总觉得,一切事业的发展都是前浪推后浪。我们这些人的一个重要责任就是把更多的年轻学者推到学术的前沿。而且,我们自己应该对自己有一个清醒的评价。不可否认,我们有自己的长处。但像我这样的情况,一方面思想中的框框较多,知识较为老化,另一方面自己长期做行政工作造成一些知识的盲点。而且,年龄也使自己不可避免地受到精力的限制。这些都使自己应该更多地向年轻的朋友学习,尽力帮助他们发展。

转瞬间,我完全回到学术岗位已经4年多了,我也早过了耳顺之年。古人说,人生有涯但学而无涯。应该说,学术的追求是永无止境的。我的许多老师一生追求学术,已经把学术作为自己最基本的生存方式,作为自己生命的一部分。同我的这些老师相比,我自己的差距还很大。我仍然要以平常心去做学问。永远在做学问中学习做人,追求真理,追求审美的生存。

学术评价体系应该
从重数量转到重质量[①]

21世纪以来,我国各高校逐步建立了学术评价体系。首先应该肯定的是建立这种学者与学术成果的评价体系是完全必要的。学术评价体系的建立是学术管理工作走向科学化与正规化的标志之一。事实证明,一种科学的评价体系的建立,必将对学者和学术工作产生极大的激励作用,对于学术的发展与创新产生重要的推动作用。在很大程度上,学术评价体系带有导向性和指挥棒的作用。对于学者的成长、学风建设与我国整体学术水平的提升都有着极为密切的关系。有的学者将学术评价体系比喻为好似体操比赛中的评分标准。如果这种评分标准将错误的动作评了高分,那么这个错误的动作就将会被许多人模仿,从而对整个体操运动产生误导甚至是破坏。这个比喻是有道理的,学术评价体系的偏差必将对整个学术工作产生误导甚至破坏作用。我国目前的学术评价体系正在建设与实施的过程之中,也正处于逐步完善的过程之中,它对调动学者的科研积极性也产生了一定的积极作用。

---

①原载《中国高等教育》2007年第17期。

一、学术评价体系的建立是学术管理由传统走向现代的标志

　　我国对哲学社会科学的学术评价,过去基本上是依靠行政系统对学者与学术成果进行评价,这种评价方式带有很强的主观性,这种主观性在很大程度上制约了哲学社会科学发展。随着我国哲学社会科学繁荣、发展的需要,各高校都相继建立了相应的评价体系,这种评价体系的建立不管它是否完善,相对于主观评价来说它更具客观性,尽管目前的学术评价体系的确存在一些明显的弊端,引起学术界与社会上较多的批评,特别是一些青年教师与学者对于这种评价体系的批评更为激烈,但从没有健全的学术评价体系过渡到现在建立相对独立的学术评价体系,无论从哪个角度说都是一种进步,是学术管理由传统走向现代的标志。特别在我国高等学校实行教师学术评价体系的确是适应时代要求的一种进步。我国高等学校在很长时间内的基本工作,科研与研究生培养都只有很小的比例。因此,对教师的主要评价体制是学衔制,也就是通常所说的教授、副教授、讲师与助教职称评定。这种职称的评定在教学占绝对比例的时代主要以资历与教学情况为参照标准。后来为了体现多劳多得又出台了"教学工作量"制度。新世纪开始后,随着我国高等教育事业的发展,科研与研究生工作在高校迅速扩大,原有的学衔制加工作量的评价体系不能适应现实要求,才在借鉴国外经验的基础上,各个高校出台了现有的学术评价体系。现有的评价体系除了教学要求外,还较大地增加了科研与研究生培养的要求,而且在评定机制上也力图体现"客观性"。因此,现有评价体系是一种历

史发展的结果,即便从这个角度说也是一种进步。在目前高校的情况下,如果再回到过去的评价与指标体系也是行不通的。所以,目前的问题不是完全推翻现有学术评价体系,而是改革,使之完善。

二、改革评价体系,促进由重数量向重质量转变

在现有的评价体系实施了一段时间后,大家普遍认为现在到了必须要改革的时候了。陈至立同志在今年教育部人文社科颁奖会上的讲话中指出,"改革评价制度,克服重数量轻质量,急功近利的做法",大家普遍认为陈至立同志的讲话指出了我国学术评价体系改革的方向,即目前我国学术评价体系改革的主要方向是解决重数量轻质量的问题。

在肯定我国学术评价体系建立的必要性与成绩的前提下,我们现在重点看看这种评价体系所存在的主要弊端。

一是功利化的倾向明显。现在的学术评价体系基本上都与学校的评估、经费的划拨、"211工程"建设、"985工程"建设以及学者的职称评定、岗位津贴的等级,甚至住房分配等实际利益挂钩。这样,在学术评价体系中就必然人为地对论文与成果规定了许多数量与等级的要求。发表论文的要求是所谓的 SCI、EI、CSSCI 等,以及奖项、专著与经费等各种数量的要求。甚至对于硕士与博士研究生毕业都提出这样的要求,不在上述刊物发表文章不能参加答辩等。搞得高校老师除了要帮助研究生把好论文质量,还要帮助他们发表论文。有人说,中国现有的上述刊物数量有限,如果高校教师与研究生都要在这类刊物发表论文,那么

这些刊物根本承载不了。于是出现了各种"开后门"等不正之风。而且,评定什么奖励与项目到处找人活动已经成为"常态"。在盲目追求数量的氛围下又出现了各种所谓排名。诸如 SCI 发表数排名、院士数排名、博士点数排名、全国优秀博士论文数排名……名目繁多。为了追求这种排名的提升,有的高校无所不用其极,从经济奖励到大肆攻关,既阻碍了学术又败坏了风气。我们认为,作为评价体系没有任何功利目的是不可能的,但主要以功利为出发点也是不正常的,会导致一系列严重的不良后果。因此,学术评价体系的建设主要应该回归"学术",应将学术水平的提升放在首位。

　　二是理工化倾向严重,常常以经费的数量与经济效益的多少作为最重要的评价指标。我个人的一次最荒唐的经历是填过一个所谓的"博导表",这个表当中只有一个项目,那就是"经费"。连学术研究所必须包含的"成果""论著"等都没有。当然,经费与效益等内容对于一所大学也十分重要。但这决不仅仅是对于所有学科共同的要求,只是对于以应用为目标的某些理工类学科的基本要求。而当前高校学科有 9 大门类,89 个一级学科,包括理、工、农、医、文、法、艺、社会、军事等等。其中,每一个学科都有自己的特点,甚至同样是文科,社会科学与人文学科也都各有其不同的特点与规律。即便是理科,以基础研究为其目标的学科就不能完全以经费与效益作为衡量学科的最基本指标。这种以经费与效益为学科评价最重要指标的做法实际上是抹杀了学科之间的区别,以部分应用类理工科的要求要求所有的学科,后果当然是严重地违背了学术规律,阻碍了学术发展。我们认为,学科评价体系的建立应该充分考虑各个不同学科的特点,要有利于学科的发展而不是相反。

三是严重的数量化倾向,常常以论文、成果与奖励的数量作为最基本的评价标准。当然,作为评价体系,有一定的数量要求是应该的,没有一定的数量也就不会有一定的质量,这是一种辩证的关系。但完全讲数量则是不科学的,必将起到不良的导向作用,一窝蜂地都去追求数量必将忽视质量。目前,学术成果的注水现象,学风的浮躁,高质量成果难于产生等,不能不说与这种评价体系没有一点关系。我国目前 SCI 发表数上去了,但其影响因子却并没有得到相应提升就是明证。至于剽窃之风的屡见不鲜也不能不说与追求数量的功利要求完全无关。目前,有的高校提出"代表作"的要求就比较科学,可以加以试行。我们的学术评价应该尽快地从重数量转到重质量,这已经是刻不容缓的事情。

四是短期化行为,常常是统计近三年,至多是近五年的成果,甚至是当年的成果。一个学术成果,特别是人文社会科学成果,其学术价值与影响一般应有一定的时间间隔,只有在更长的时间里才能检验一个学术成果的学术价值。许多诺贝尔奖获得者其成果都是在 10 年、20 年,甚至更长的时间里接受社会检验才被证明有价值而获得奖励的。特别是创新性成果,更要在较长的时间内才能得到验证。而一个创新性成果的产生也常常需要时日,甚至要耗费一个学者的一生。不少国际著名的学者为了攻克一个关键性课题常常是几年,甚至是十几年没有成果,这些学者要是在我国目前的学术评价体系下恐怕连教师的饭碗都保不住。因此,这种短期化行为不仅影响了评价的公正,而且也不利于创新,更不利于重大的攻关项目的完成。大家都去追求"短平快",以满足评价体系的要求,最后高水平的长效益的成果就很难产生。而且,这种短期化与数量化结合,造成在短期内追求数量,乃至形成某些人学术上的粗制滥造,甚至弄虚作假,后果是十分严重的。当然,完全没有时间要求的学术评价实际上也难以实行,因此在学术评价中应该将学术水平评价与效益的评价适当分开。

三、评价体系改革的切入点

学术评价体系的建设是一个非常重要同时又非常复杂的课题,可以说世界各国都在探索这一问题。美国教育部长助理切斯特·芬恩在谈到评价体系时写道:"我们主要没有一套好的测量方法。"由此可见评价体系建设的难度。因此,我们要给予充分的重视,投入足够的精力。对现有评价体系的改革,我根据自己的工作和学习的体会,提出不成熟的建议,认为可从以下几个方面切入。

首先在教育理念上要作必要的调整,要充分认识教育与科研作为精神生产特有的不同于物质生产的规律,认真学习马克思有关精神生产规律的理论。马克思曾经在《"政治经济学批判"导言》中深刻地论述了艺术与教育等精神生产不同于物质生产的特点。他说:"物质生产的发展例如同艺术的不平衡关系。进步这个概念决不能在通常的抽象意义上去理解。现代艺术等等。这种不平衡在理解上还不是象在实际社会关系本身内部那样如此重要和如此困难。例如教育。"①马克思在这里论述了艺术与教育等精神生产与物质生产的不平衡关系,而精神生产的进步也不能在通常抽象的意义上去理解。事实证明,精神生产与物质生产尽管有着相当的一致性,但也有着极大的相异性。不能完全用物质生产的规律来套用精神生产。教育是文化的传承,科研是知识

①马克思:《〈政治经济学批判〉导言》,人民出版社1971年版。

的创新，都是一种精神的生产。作为精神的生产就有着不同于物质生产的规律。例如物质生产是以经济的效益为其目标而完全有可能在短期内实现经济效益的翻番。但精神的生产则是以文化的创新为其目标，其发展需要一个积累的渐进的过程，不可能在短期内实现所谓的翻番与跃进。例如，物质生产的增长可以主要通过物质激励的途径，但精神生产作为知识的创新就不能仅仅依靠物质，而须培养一种探索真理的兴趣与精神。如果单纯依靠物质又如何理解诸多学者甘于清贫为学术事业的终身奉献呢？我们在精神生产中主要就是要培养这种追求科学真理的学术的兴趣与奉献的精神，而不能仅仅依靠洋房、别墅与干部级别等作为鼓励的手段。如果这样就必然产生严重误导。而精神生产与物质生产的具体内涵也有着明显差异。前者是一种知识文化的创新，创新性与学术贡献是其评价标准，而后者则主要以产品的数量为衡量标准。两者的区别是明显的。因此，作为教育与科研等精神生产组成部分的学术评价体系就应遵循这种精神生产的特殊性和规律。

其次，要树立学术本位的观点。学术评价的目标不应是经济效益的追求，也不应以学术的短期"跃进"为其方向，而应以文化与科技的创新为其目标，以按照科研规律的循序渐进为其准则。这样就要求在高校牢牢确立学术本位的观念，特别在一些国家有重大投入、以国际一流或国际高水平大学建设为目标的高校，更应以学术的提升作为自己的历史的与社会的责任，踏踏实实地以长期的锲而不舍的精神进行学科与学术的建设，将兴奋点转到学校学术竞争力的提高上来。千万不能将当今社会上不良的所谓"政绩观"带到高校，搞那些没有实际的长远效益的以短期增长为目标的所谓"政绩工程"。其结果不仅不利于学校学术竞争力的提高,而且会破坏良好学风的形成,十分严重。

第三,要认真地有分析地吸收国际上许多高校行之有效的学术评价的经验。尽管国际上许多发达国家的大学制度,包括其学科制度存在种种弊端,但这些国家的现代教育与科技的发展比我们走得更早,因此不仅有经验而且有教训值得我们借鉴。例如他们所推行的内部与外部两种评价途径,包括外部同行一流专家匿名评审,校内教授会答辩以及严格的教授岗位评定、考评以及教师"终身职"的实行等等,都可供我们借鉴。

第四,要认真总结我国近年来实行学术评价体系的经验与教训。在认真地总结并吸取近年来学术评价中的失误与教训的同时,也要大胆肯定有些好的经验。比如许多高校与某些业务部门已经被大家公认的好的考评办法和经验应该加以总结推广。

第五,一定要改变目前少数行政部门制定学术评价体系的脱离群众的做法,做好必要的社会调查,认真听取工作在第一线的广大教师、特别是青年教师的意见。学术评价体系直接关系到学术的提高与学者的发展,广大工作在第一线的教师是最关心也是最有发言权的,要认真吸收他们的有价值的意见。教师是教学与科研的主力军,学术评价体系直接关系到他们的学术事业与切身利益,理应十分认真地听取他们对于学术评价体系的意见,并吸收其有益成分。这是学术民主的表现,是调动广大教师积极性的重要措施。而且,在上述工作基础上要提出一个初步方案加以试行。当前,学术评价体系的调整与建设已经成为教育战线广大教师的普遍要求与共识。而且,教育部领导也对此给予高度重视,我们相信这一工作一定会取得良好效果,进一步推动我国高校学术事业的发展。

当前,学术评价体系的调整与建设已经成为教育战线广大教师的普遍要求与共识。而且,教育部领导也对此给予高度重视,我们相信这一工作一定会取得良好效果,进一步推动我国高校学术事业的发展。

科研训练与学术规范①

一、关于科研训练

首先,应进一步提高对研究生进行认真的科研训练的重要意义的认识,加强学位论文写作的指导。

对于研究生培养来说,主要是科研能力的提高,而科研训练又是培养独立研究能力的最主要的途径。一般来说,研究生培养有这样三个途径:其一是学位课程学习;其二是专业图书阅读;其三是学位论文写作。而学位论文写作又占了相当重要的地位。因为这是一种独立的科研训练,是任何渠道所不能代替的。因为学位论文写作是一个非常完整的科研训练过程,在一个学者一生的学术生涯中具有十分重要的不可替代的位置,学位论文的成果常常成为一个学者一生中具有代表性的标志性成果。教育部为了提高研究生的论文写作质量,从 1999 年开始就在全国进行百篇优秀博士论文评选,到现在为止已经进行了 9 次,共评出将近900 篇全国优秀博士论文。优秀博士论文评选已经成为推动与提高各个高校研究生培养的重要措施,引起了各个高校的高度重

①原载《研究生教育大家谈》,巩守柳主编,中国石油大学出版社 2007 年 12月版。

视。总的来说这种评选还是比较公正的。从其程序来说就可以看到其严格性。首先要经过学校的评选和推荐，然后再要经过5至7名同行专家严格评审打分，除打出分数外，还要评出特优、优、良和及格等等级。得分91分以上者可以不再经过评审直接入选，得到80—90分的论文才能参选，80分以下的不能参选。如果要获得80分以上就需要全部为优并有1—2个特优。然后这些入选论文再在学科组评选，大体的比例是5∶1，通过认真的评审与投票得出百篇入选论文，一般少于100篇。这项工作目前还要继续进行，当然要有所改进使之更加科学公正。山东省也从2000年开始了优秀博士与硕士论文的评选，总体上与全国一样也是比较严格的。

其次，应进一步认识科研工作的一般规律，提高研究生科研训练水平，包括提高研究生论文的水平。

我们应该先搞清楚什么是科研。所谓科研是一种创造性的精神生产。物质生产是生产标准性的物质产品，而精神生产则生产新的知识。它的过程就是"提出问题，解决问题，产生新的知识"，或者说是"从已有知识出发，提出未知，产生新知"，简化的说法就是"已知、未知、新知"。科研工作包括基本要求、选题、文献材料、方法、论证和得出结论这样6个要素。

1. 科研工作的基本要求

所谓基本要求就是"要创新"，也就是说所有的科研工作都应有新意。所谓新意就是"新观点、新材料、新视角、新知识"，如果没有新意就没有写的必要，就是"炒冷饭"。我们有些研究生论文基本上属于重复劳动，别人已经做过，没有价值。一般写得比较好的论文都有创新之处，有的是一个新的领域或者有新的材料。

例如有一篇博士论文专门研究敦煌书仪。大家都知道,过去我们对于敦煌文献研究主要是研究其变文,而敦煌书仪包括典礼记载与书信范本等是最近被重视的,过去没有研究过,这就是一个新的领域,而且做得非常好,入选了百篇优秀博士论文。再如有一篇论文专门研究康藏地区的"倒话",因为是一种特殊的语言现象,做得也很好,引起国际同行重视,也曾入选百篇博士论文。有一篇论文专门写陕西神木地区方言研究,因为神木方言兼有陕西与山西方言特点,不仅反映了语言的交叉影响,而且反映了人口的迁徙流动,比较有价值,被评为优秀博士论文。有的论文不见得有新领域或新材料,但有新的角度也可以做得很好。例如,有一篇论文是关于中国现代作家的留日经验,还有一篇是关于中国古代文字对文学观念的影响,都是新的角度。这些新角度大都是一些交叉领域。例如,有篇论文写近代苏南地区传染病研究就是地理学、史学与流行病学的交叉。要做到上面说的"四新"(新材料、新视角、新观点和新知识),那就要做好四个环节。一个是做好开题工作,在开题中全体学科的人员都要帮助严格把关,集中集体的智慧认真讨论,有的题目无法做或者难有创新的就不能允许开题。再一关就是文献综述。那就是无论做什么题目都要先做文献工作,将本领域内的有关成果尽量穷尽,作为博士论文要尽量做到国内外的有关材料都做到穷尽。有一篇做英国伯明翰文化学派的论文,不仅穷尽了国内的材料,还尽量收集了国外的材料,而且主要是国外的材料,基本上是没有翻译的,这些材料在国外也是新的。这个论文工作量很大,但都做到了,因此应该说是颇有新意的。特别做西学应该有外语方面的新材料,否则难有出新。再一个环节就是预答辩,我们已经开始实行,效果比较好,将一些有明显缺陷的论文存在的问题解决在答辩之前,有的要修改，有个别的论文则要推迟答辩，我们学校已经有多位博士论文答辩推迟一年甚至还要多。最后一个环节是盲评，就是送到兄弟院校外审，实行双盲，个别有明显问题，特别是有硬伤的论文也能被挡住。

2.选题

选题要有强烈的问题意识，要选择学术工作、实际工作和理论研究中的重要问题。例如目前我国逐步由工业文明进入生态文明，生态问题是我国经济社会与文化建设的重要问题，因此文学中的生态批评与生态文学问题，包括我国古代的生态智慧引起学术界的广泛关注，不少论文在做生态方面的题目，这就是问题意识，当然学位论文带有学院派色彩，一般要做相对比较成熟的题目。对于探索中的理论问题，因为还不是很成熟，选择这样的题目可能会仁者见仁，智者见智，会造成分歧，所以，此类题目一般不应作为学位论文选题。论文的切入点要相对较小，而不要太大，这样才能写深入，就好像用同样的力，挖一口井肯定比挖一亩田要深得多。目前，一般论文的题目集中在专题、专人与专论等方面，都比较集中。如果做很大的题目就会吃力不讨好。有一篇论文写香港现代艺术研究，做得不错，但题目太大，难有深入，专家们认为作为一本书可以论述得深入，但作为论文有些泛。论文题目一定要明确，不能含混，不能用小说的语言，一般都是比较平稳的论述，带有学院派性质。例如，有一篇写校园文化建设的论文用了一个题目叫"不能承受之轻"，题目不明确让人费解。

3.文献材料

这是科研工作的重要支撑。所有的科研工作都是从"已知"

出发了解"未知"的。例如现在做生态方面的论文有这样几个支柱性的文献就不能没有,包括海德格尔的有关论著,1962 年卡逊的《寂静的春天》,1973 年阿伦·奈斯提出"深生态学",1996 年格劳特费尔蒂的《生态批评读本》,中国古代的《周易》、《老子》与《庄子》,儒家的有关文献等。

4.方法

就是要选择解决问题的途径,基本有历史的与逻辑的两种方法。历史的方法是从事实出发的方法,也叫实证的方法或归纳的方法;逻辑的方法就是理论演绎的方法。我主张两种方法相结合,即逻辑与历史的统一。现在对于论文的实证特别重视,但有的论文不是论从史出,而是先有论点再找材料印证,这其实是一种极其武断的学术上的"独断论",是一种不良的学风。

5.论证

即指论文得出结论的过程,在充分的理论论据和事实论据的基础上得出结论,而且论证本身应该条理清晰,文字表达通顺流畅。

6.结论

也就是对提出问题的回答,应该前后呼应,表述明确。有的论文前后所用概念矛盾,甚至偷换概念,有的则是提出的问题和回答的问题不一致。

论文的形式也非常重要,有一篇研究我国民国时期文化名人沈曾植的论文,作者为上海图书馆的工作人员,查阅了大量材料,写了 50 多万字,内容非常扎实严谨,但将这篇文章写成了年谱,因此没有能够获得奖励,非常可惜。

二、关于科研规范

科研工作是一种具有社会共通性的精神劳动,因而就应该遵循某种共同的规范,也就是遵循共同游戏规则。主要是科研规范、论文写作和发表的规范等。

首先要讲一下有关社会科学的学术规范。

1. 坚持应有的学术道德

教育部于 2002 年下发的《关于加强学术道德建设的若干意见》中列了 5 条:①献身科学的历史责任感和使命感;②实事求是的科学精神;③保护知识产权的法制观念和尊重他人劳动的道德责任;④正确运用学术权力、维护学术评价公正的应有品德;⑤以德修身、率先垂范,为广大学生的治学做人树立榜样。

2. 坚持马克思主义的指导和有关方针政策

坚持马克思主义指导就是坚持马克思主义基本理论和原则的指导。有关方针政策主要指基本路线、"两为"方针、"双百"方针、古为今用和洋为中用方针以及国家有关宗教、民族和边界的方针等。这是有关社会科学理论研究的方向问题,不能含糊。

3. 一定要有充分的文献资料支撑,决不能做无米之炊

一般来说,看一篇文章首先看他运用的材料,如果学术界公认的有关本论题的材料都没有看,没有运用,或者用的是第二手材料,那就极大地降低了论文的分量和可信度。这是为了防止低

水平重复和粗制滥造，制造学术垃圾。而且，应该十分注意引用的准确性，一定不能歪曲原作的原意，各取所需。英国近代著名美学家鲍桑葵在《美学史》中认为，对于一本学术著作只有在读完全书，整体上领会其内涵后方可引用。这个要求是很高的。我们现在要求起码要做到联系上下文，不要断章取义。

4. 要有强烈的法制观念和学术道德观念

其具体表现就是绝对不能抄袭剽窃，不能侵犯知识产权。所有的直接引用和释意引用均应注明出处，超过 500 字以上的引用必须获得知识产权所有者的书面同意。这一点在当前利益驱动强烈的情况下显得特别重要。学术界有许多前车之鉴，我们要记取教训。

5. 写作认真，严防错讹

首先是有的论文可以说错讹比比皆是，有时连简单的错别字都没有改过来，这充分反映有的人进行科研工作的态度不够认真。

其次是支撑学术规范的 5 个底线：一是选题之前尽可能检索中外文献；二是论述注意形式逻辑，不要前后矛盾；三是立论必须有据，概念必须界定，不能无端臆测；四是引文必须注明出处；五是论著附有中英文索引，涉及西学者，中英文索引齐备等。

再次是写作和发表的有关规范。例如，博士论文一般不能少于 12 万字，硕士论文一般不能少于 3 万—6 万字。要有明确鲜明的标题，要有论文摘要，摘要一般不能少于 2000 字，当然还要有英文摘要，英文摘要要写好，尽量不要写中国式的英文或者错误的英文。然后是目录，目录也要写好，要规范，正确反映文章的结构。再就是正文,文章结构要完整,包括导言、主要部分与结论。导言要包括选题的原因、研究状况、主要方法与本文的创新之处等。主体部分包括论题的背景、主要论据与论证等。然后是结论,结论是反映理论水平的重要部分,要写好,不能草率。最后是参考文献,也非常重要,一般从参考文献中就能看出论文的学术水平与学术规范,要认真对待,一般凡是在参考文献中列出的论著就应真正是论文中使用过的。有的论文列了许多外文的参考文献,实际上并没有使用这些材料,细心的评委就会去查找文献出处,从而会发现这是不诚实的做法,影响论文评审。参考文献要有作者姓名、发表年代、文章名、书名或期刊名、卷号或期号、文章起止页码等。这都是起码的常识,应该认真遵循。

新时代的责任^①

　　2012年来临了，作为壬辰年即龙年，是"大哉乾元，万物资始"之年。我们面对新的时代，应该有新的态度，才能开辟新的局面。

　　我们面对的是一个生态文明的新时代。它是对传统工业文明的反思、继承与超越。我们应该改变"人定胜天"、"战胜自然"、对自然无度开发的态度。采取人与自然的"共生"、发展与环保的"双赢"，社会与个人消费的"适度"的态度，国家与人民都遵循"够了就行"的生活方式，力避铺张浪费。从而开辟生态现代化的新局面，事实证明没有生态现代化，我国的现代化是不可能实现的。

　　我们面对的是城市化的新时代。城市人口已经超过农村人口，并以每年1％的速度增长。这是中国前所未有的变革。我们应取"人本、质量、文化、有机与特色"的城市建设方针，建设一座座"天人之和"的富有人性与生命的、利于人民健康生存的宜居之城，杜绝随意大拆大建、一夜间毁坏物质文化与非物质文化遗产的行为，走有中国特色的城市化之路。真正在城市化过程中造福人民，造福子孙后代。

　　我们面对的是文化传承创新的新时代。我们应取文化是"立国之本、民族之根与国之实力"的态度，走古今中西融合之路，力

----

①原载《人民政协报》2012年2月6日第10版。

避全盘西化、低俗化与盲目崇古的弊端，真正走向中华文化的伟大复兴。

我们面对着教育大发展的新时代。我们已经从教育弱国成为教育大国，并提出了建设世界一流大学的发展目标，鼓舞人心。但教育事业乃百年大计，我们应取"质量强教、精神强教、人才强教、特色强教"之路，将健康人格与全面发展的人才塑造放在首位，力避大轰大嗡、一味追求数量、只见物不见人的短期效应弊端。这是一种"缺乏灵魂的卓越"，是一种不可能持久的努力。我们要大力营造新时代中国的"育人第一，自由创新"的大学精神与教育精神，在这种精神的鼓舞下真正由教育大国走向教育强国。

作为一名知识分子，对于祖国的明天怀着无限的期许，在这剧烈转型的新时代，我们要做好自己的本职工作，不断地学习，不断地提高，与时俱进，与祖国共呼吸，与人们共命运，为新的时代贡献自己的微薄之力。

吴富恒校长在改革开放初期对学校稳定发展所做出的重要贡献①

吴富恒校长是我国著名的教育家与美国文学研究家,曾经担任许多社会职务,对于国家社会做出过多方面的贡献。他从1951年到山大工作直到2001年辞世,在山大整整工作了50年,足足半个世纪,对学校的贡献也是多方面的。今天在纪念吴校长诞辰100周年之际,我作为吴校长的学生与下级,着重回顾吴校长在他1978年担任山大校长到1984年因年龄原因离开校长岗位的六年间对学校的贡献。一方面,这六年是学校从十年"文革"灾难中走出、进行拨乱反正的重要关键时期;另一方面,又因为这六年我先后担任中文系副主任和教务处副处长,直接在吴校长领导下工作,从自己的角度对于吴校长的工作有着一定的了解。我想从四个方面归纳吴校长这个时期的贡献。

第一,坚持"解放思想,实事求是"拨乱反正,稳定大局,为学校的长远发展打下基础。

1978年,吴富恒教授被任命为山大革委会主任;1979年,被

---

①原载郭继德主编《吴富恒先生百年诞辰纪念文集》,山东大学出版社2013年12月版。

任命为校长。吴校长是我校新时期的第一任校长。那时山大真是千疮百孔，遗留的问题成堆。1971年，因被强行一分为三而流失了大量优秀教师，仅政治类学科流失的骨干教师就有36人之多。校舍破败，资源缺乏，人心涣散，秩序松弛，"文革"中的所谓派性仍然残存。吴校长与山大领导班子的第一个重大措施就是于1978年10月21日至30日召开"实践是检验真理标准学术研讨会"。这次会议的召开在全国是比较早的，而且还有一定风险。但会议却是非常成功的。何匡、高放、蔡尚思、李秀林、蓝翎等著名学者参加会议，作了重要发言，吴校长在东郊宾馆的会议开幕式上作了重要讲话。各系、各个学科结合学科特点召开了有所侧重的以打破禁区、解放思想为宗旨的学术研讨会。会议起到了解放思想、突破禁区、凝聚人心的作用，也在学术界树立了山大、特别是山大文科的良好形象，为山大的继续前行树立了信心。其次，稳定秩序，建立制度，使学校工作特别是教学工作纳入正轨。为此，在吴校长的领导下召开了教学工作会议，制定了教学计划与教学规范，重申了课表的法规性质，并严肃教学纪律，实行教学事故通报与处理制度等，使学校工作特别是教学工作逐步走上轨道。再次，在全国较早实行教学奖励制度，制定了教学工作量奖励办法，极大地调动了广大教师的积极性。我记得是1982年学校开始酝酿并逐步实行这一制度的，在高校第一次体现了多劳多得，并给奋战在教学第一线的教师特别是中青年教师以鼓励，起到较好的作用。吴校长对于这一举措是大力支持的。我记得在校长办公会讨论这一举措时是存在比较大的分歧的，但吴校长却顶住了各种不同看法，使得这一举措得以实施。最后，为学校的基本学术条件的建设付出辛勤劳动。主要是为《文史哲》《山东大学学报》与出版社的建设呕心沥血，付出艰辛劳动。我记得出版社的成立是吴校长亲自带领我们到省出版局开出证明文件的。对于《文史哲》,他更是分外关注,付出心血,这些基础性工作都是学校发展的重要前提。正是由于吴校长等老一代领导同志对教育事业的坚持执着与辛勤工作,学校才在较短的时间内逐步走上正轨。

　　第二,大力开展外事工作,为学校的对外开放与借鉴国外经验,开拓了新的境界。

　　吴校长由于具有教育家的深远视野,对于外事工作特别重视,在他六年任期中使得山大外事工作在同类学校中处于比较活跃的位置。他较早清醒地认识到外事工作在学校发展中所特具的打开眼界、扩大影响、借鉴经验的重要作用,所以在当时比较困难的情况下将山大的外事工作做得有声有色。吴校长广泛建立校际关系,建立了山大初期外事工作的基本格局,迅速建立了包括哈佛、牛津与东京大学等一批高层次高校的校际交流关系,同时也建立了山口、里贾纳、纽约市立学院、印第安纳等具有长期实质性交流的姊妹高校。吴校长还在外事工作中十分重视学科建设,将外事交流与我校的重点学科与重点学术领域的建设相结合,具体来说,就是与我校晶体、高能物理、微生物、数学、胶化以及义和团研究、美国文学、语言等学科紧密结合。有的在国外建立了科研基地,极大地推动了学校的学科建设。

　　第三,率先开展美国现代文学研究,为我校外国语言文学研究打开新局面。

　　美国现代文学在“文革”前只是英美文学的一个领域,而不是一个独立的学科,但它却具有自己的特点与发展轨迹。吴校长在“文革”后期就预见到美国现代文学的发展前景,开始关注这个新兴学科。改革开放初期具备了发展该学科的条件,以吴校长为首成立了山东大学美国现代文学研究所,出版与发表了一系列有影响的研究成果,如《美国现代文学研究》。为此,吴校长被推选为中国美国文学研究会会长。美国现代文学研究也因此成为山大外语专业与山大文科的重要特色学科与研究方向。

第四,以自己平易近人、平等待人与艰苦自律的精神为确立良好校风树立了榜样。

吴富恒校长长期担任领导职务,是重点大学校长、山东省政协副主席与全国政协委员。但他始终将自己定位于一个普通的知识分子,以平等的态度待人接物,温文尔雅,从不以势压人。他严于律己,我们陪他到教育部汇报工作,外出办事从来都是他自己拿钱请我们吃饭。有一次我陪他到北京外文出版社看望金诗伯先生,那时他已经将近70岁,但却让我陪他乘公共汽车到出版社去。

吴富恒校长离开我们已经10年了,但他的教育思想与奉献精神却是学校的宝贵财富。我们要继承他的遗志,发扬他的宝贵精神,将山大建设得更好。

漫议"书与生命"①

　　报社约我写一点读书体会,按说,从 6 岁上学到现在已经读了将近 70 年的书了,写点读书体会应该是没有问题的。但我却为难起来。因为,我们在高校教书,有自己的专业,读书是我们的本行,有什么具有普遍意义的读书体会好谈呢?一时犯难起来,不知如何下笔。突然,"书与生命"这个词组跳入我的脑海,书的写作是生命的付出,书的价值在于是否有利于万物生命的繁茂,而书的阅读则是一种自由生命的活动,书与生命是紧密相关的。

　　先说书的写作是一种生命的付出。这不仅指书的写作耗费的时间都是生命在时间中的流淌,而且特别是指任何有价值的书都是呕心沥血的生命付出的产品。曹雪芹写作《红楼梦》历尽艰辛,所谓"字字看来都是血,十年辛苦不寻常",从而使《红楼梦》成为感动了无数中外读者的巨著。法国作家福楼拜写作小说《包法利夫人》时倾注了自己的全部生命,乃至在最后写到包法利夫人服毒自杀在痛苦中挣扎时,福楼拜也满嘴砒霜味痛苦不堪。这不也是一种强烈的生命活动吗?正因为如此,《包法利夫人》成为名著。著名的中国古代历史著作《史记》是司马迁的倾心之作,倾注了他全部的生命,是他在受到不公正的"腐刑"之后发愤而作的成

---

①原载《齐鲁晚报》2015 年 3 月 15 日。

果。他在著名的《报任安书》中讲到自己为何写作《史记》时,说道:"草创未就,会遭此祸,惜其不成,是以就极刑而无愠色。仆诚以著此书,藏之名山,传之其人,通邑大都,则仆偿前辱之责,虽万被戮,岂有悔哉!"正因为这种牵动生命的发愤之作,才成就了《史记》成为集历史文学论述为一体的千古名著,流芳青史。作为文学作品和史学作品是生命的付出,那么,学术著作是否也是这样呢?其实也是这样的。记得1961年,一位非常著名的学者给我们上《文心雕龙》课。课余我到这位先生家请教,问这位先生如何度过自己的业余时间,他用手指着满屋的书说道:"其实,我们的业余时间无非是换一种书来读而已,我们的一生就是看书、教书与写书。"他把自己的一生概括为"看书、教书与写书",这是非常准确而形象的,说明这样的前辈学者的生命活动都是与书有关的,最后将自己的生命智慧与生命力量定格在所写的书中了。最近,山大中文系出了冯陆高萧的个人全集,每人都有数百万字。这就是他们的生命积累,惠及后人的生命的力量。甚至,他们已经将自己的生命过程与书的写作连为一体。最近,我阅读冯友兰先生的《三松堂全集》,看到他1979年84岁之时开始重新修改和写作他的《中国哲学史新编》,直至1990年7月16日完稿将稿件交人民出版社。毕生的一件写作大事完成,先生也已经95岁。9月因病住院,11月仙逝。这说明其晚年倾其生命之力完成《中国哲学史新编》,直至力竭。这还不是一种全部生命的投入和付出吗?这样的投入和付出在许多著名学者特别是老一代学者中是很普遍的。所以,每次读到老先生们的遗著,总感到是与其不平凡的生命进行对话,油然产生一种对其著作的敬畏之感。

现在,我要谈一下书的价值在于其有利于万物生命的繁茂。这好像是一个很新颖的评书标准。因为,通常的评书标准无非是政治的、道德的与科学的等。怎么现在来了个生命标准呢？其实，这并非是一个新鲜的标准，而是中国传统文化的发扬。《易传》有言："生生之谓易"，"天地之大德曰生"。"生生"是一个使动结构，前一个"生"是动词，而后一个"生"则为名词。作为动词的"生"，使得万物生命繁茂发达。这就是中国古代传统文化之精髓，说明"生生"乃是天地宇宙给予人类特有的恩顾，贯穿在儒释道传统文化之中，儒家讲爱生，释家讲护生，道家讲养生，均以"生"作为其核心。这样的标准并不为西方工业文明所接受，被说成是一种"没有上升到逻辑高度的表现"，但后工业文明时期则也被西方接受，西方现代的现象学与实用主义倡导一种生命的哲学与美学。由此，我们认为，作为书的评价标准，利生者应予肯定，不利生者则应予否定。只有这样的书籍才有可能成为经典作品。所谓经典，即经得起时间检验的具有恒久价值的书籍。《文心雕龙·宗经》篇说："经也者，恒久之至道，不刊之鸿教也。"为何如此呢？因为书籍的恒久价值说明其凝聚了更多的生命能量，能够促进万物生命繁茂，时代历史发展。现在我们举一个例子，1962年，美国的一位普通的女科技工作者蕾切尔·卡逊出版了《寂静的春天》一书，以其如椽之笔深刻而形象地揭露和批判了农药对动植物与人类的戕害，发出"人类走在交叉路口"的警示之言。她说："我们正站在两条路的交叉路口上。这两条路完全不一样。"一条是平坦的超级公路，终点却有灾难等待着我们；另一条是很少有人走过的路，但却为我们提供了最后的保住地球的机会。这样的有力批判与旷世警告使该书成为生态哲学、生态伦理学与文学生态批评的"里程碑"，促使美国环境保护法出台。但卡逊却在此过程中遭受了母亲辞世、自己罹患癌症，并被农药商人恶毒攻击的种种厄运，但她却以一个女性的柔弱肩膀将之勇敢地承受下来，直到美国的环境保护法出台,于 1964 年 57 岁时去世。直至今天,《寂静的春天》仍然是一部充满生命能量的经典,畅销于世界各国。按照这一标准,有些书籍需要重新认识。例如,英国劳伦斯的小说《查泰莱夫人的情人》就一直被批评为宣扬色情的书籍而引起争议,到上世纪 60 年代才逐步被解禁,但直到目前仍然被许多人所诟病。但如果按照上述生命标准,该书则是应该肯定的。已经有充分的资料说明,劳伦斯写作该书的确是有感于当时英国严重的环境污染,特别是煤矿所造成的空气污染使得当时英国平民罹患肺病人数大增。劳伦斯的亲人就深受煤矿之祸,他的父亲是煤矿工人,长年在地下挖煤,他的哥哥死于肺病,自己从小就受到肺病的威胁。他曾在给友人的信中说:"我不敢去伦敦是为了保命,到了那里就好像走进毒气室,肺受不了。"1928 年,劳伦斯有感而发创作《查泰莱夫人的情人》,用以控诉英国工业革命所造成的严重环境污染给人民的身体与心灵的戕害。他在小说中以环境优美的小树林与烟雾缭绕的煤矿区、只知赚钱不知情爱的丈夫克里夫与青春健壮的守林人梅乐士、无趣乏味的城堡生活与生趣昂然的梅乐士的林中小屋进行了形象的对比,以其有力的笔触形象而生动地揭露了资本主义工业的过度开发与环境污染的恶果,歌颂了人类自然生态的美好生存。所以,林语堂早在上世纪 30 年代就说道,劳伦斯此书是骂英人、骂工业社会、骂机器文明、骂理智的,劳伦斯要归于自然的艺术与情感的生活。林语堂可谓独具慧眼,看到该书要旨所在。

　　说到书的阅读,那当然是一种自由的生命活动。首先,需要一种自由的阅读环境与氛围,需要我们自由地决定自己读什么不读什么。十年"文革"中就没有这样的自由,我的一位师长是历史研究专家,但那时他被"隔离审查"了,不准他进行历史研究,当然看书的自由也没有。他想,读一点微积分总没有问题吧,也是不准。于是,只好让夫人买了一本英文版的微积分,用红书的封面包好送到隔离的地点,这样才偷偷地利用这个时间读了英文版的微积分。你看,那样的时代有自由读书的环境与氛围吗?现在当然有了这种自由读书的环境与氛围,那是我们的幸福,要珍惜这样的幸福时光,好好读书,读好书。阅读也是一种自由的生命活动,是需要我们投入生命的。不仅读书是一种生命时光的流逝,而且读书的过程也是一种生命的付出。过去曾有人说道,一部好书具有动人心魄的神奇魔力,可以使人"神摇意夺,恍然凝想",以至于"快者掀髯,愤者扼腕,悲者掩泣,羡者色飞"。你看,这还不是一种生命的付出吗?高尔基曾说,他小时候很穷,到处打工,他的乐趣就是,工闲时躲到屋顶去读一本叫《一颗淳朴的心》的小说,被其深深吸引,忘了一切苦恼和忧愁。他误以为书里藏着一种"魔术",以至好几次"机械地把书页对着光亮反复细看,仿佛从字里行间找到猜透魔术的方法"。这种使之忘记一切烦恼和忧愁的阅读过程就是一种生命的过程。对于这种生命的过程,我们当然应该珍惜,因为人的生命只有一次,人的生命能量是有限的,我们应该将之投入有价值和意义的阅读活动,选择好自己的阅读其实就是珍惜自己的生命。

书是有生命的,特别是经典,其中凝聚着生命的能量,我们在阅读的过程中都能感受到书的温度,听到书的脉搏,吸收书所提供给我们的生命活力。我们的生活是美好的,其中就包括着我们可以与有生命力的书相伴,与这样的书对话,与之交友。

建设教育强国，迈出更大步伐①

党的十九大报告提出，建设教育强国是中华民族伟大复兴的基础工程。今年的政府工作报告提出，发展公平而有质量的教育。作为一名在高等教育战线工作了54年的老教师，我看到今年全国两会在落实"推动城乡义务教育一体化发展""优化高等教育结构"等方面提出了很多好做法，在政策制定等方面迈出了更大步伐，真正将提高教育质量作为新时代教育发展的主线。

我认为，新时代的高等教育要始终坚持内涵发展，严格控制高校招生规模；坚持教学科研平衡发展，确保教育质量成为高校建设永恒主题；给广大教师一个更加宁静的治学与育人环境；更加重视"立德树人"原则，确立正确、健康的办学方向。

在各种高校教师评聘中做到公平合理，克服重理轻文倾向，尊重人文学科自身积累时间长、创新艰难的特点，真正规避以理工思维、经济思维要求人文学科学者等不合规律的做法，给人文学科与人文学者更好的发展空间。我建议，在人才评聘中应该放宽人文学者的年龄，鼓励人文学者的创新性研究，做到文献整理与理论创新并进，采取措施适当支持一批虽然退休但仍在一线奋战的老一代学者。

---

① 原载《光明日报》2018年3月18日11版。

　　在基础教育领域，要认真贯彻"普及高中阶段教育"要求，为我国实现产业转型和建设社会主义现代化强国打下良好的素质教育基础，使我国在未来的国际竞争中有更强的后劲。

　　作为一名生态文明与生态美学的研究者，我特别关注今年全国两会上代表委员提出的有关环境保护方面的好建议。比如，如何解决我国垃圾分类问题，严防电池等有毒垃圾造成严重环境污染；如何在环保督察中采取更加严格的措施，对明知故犯者给予重罚严惩。同时，在全社会广泛开展生态环境保护教育，使生态环境教育进课堂、进社区。我希望今后能看到相关方面的立法，这有利于国家长治久安，走向富强美丽。

第 四 编

人 生 忆 往

漳　水　情[①]

　　离开故乡已经 43 年了，许多地点、物事均已淡忘，唯有绕城而流的那条河却深深地刻在记忆中。此河叫漳河，源于皖南山区的崇山峻岭之中，流入青戈江，再流入长江。因在古代典籍中难以找到出处，可知其是条无名小河。但它不仅以其清澈的河水滋润着方圆几十里的农田和人民，而且有着古老而苦难的历史。沿河有黄盖渡、小乔墓、周瑜点将台等古迹。这片土地几千年来历经兵匪水旱灾害，漳河就是历史的见证。我就是喝这条河的水长大的，它同我有着特别的情缘。每想起漳河那汩汩而流的声音，我就想起我最亲的亲人——大舅母。想起她那在漳河边洗衣捶衣提水的形象。漳河所包含的历史苦难与平凡伟大又似乎在一定程度上同大舅母相似。

　　据说西方人都有两个母亲——生母和教母。我虽为地道的中国人，但也有两个母亲——生母和养母。养母就是我的大舅母。我的家在皖南山区，并出生在战火纷飞的皖南事变前后。为了躲避皖南事变后的政治迫害，母亲在我一岁多一点时就离家南去，将我寄养在大舅母家。一直到我 12 岁，离开故乡外出上学。在这十余年中，我同大舅母朝夕为伴、相依为命。我从不称呼她

①原载《作家报》1996 年 4 月 27 日，署名"凡人"。

舅母,而称呼她妈妈,她也就是我的亲爱的妈妈。

大舅母是个苦命的人、旧礼教的牺牲者。她 17 岁嫁给我大舅,婚后不久,大舅就得了旧时代的绝症——痨病。23 岁,大舅母守寡。在旧时代,寡妇再嫁是不光彩的事情,何况在我外祖父家那样的大家族,更是不可能。因此,我的大舅母一直守寡 60 余年,到 80 岁故去。作为家中长媳,她承担着最苦、最累、最重要的家务劳动:洗衣做饭,养鸡养鸭,种菜提水……每天天不亮起床,直到入夜,还在豆油灯下为全家十几口人纳鞋做衣。她吃的是最差的饭,都是自种的青菜,自制的咸菜,甚至连南瓜梗都炒作菜吃,有时也以红红的辣椒酱下饭。生活与精神的重担在大舅母的外形上留下深深的印记。大舅母有着南方妇女少有的高挑身材,但却瘦骨嶙峋,三十几岁即已满头白发。而且,一次高烧之后,她突然耳朵聋了,说话也不灵便,口齿不清。她的许多话得由我"翻译"给别人听,别人的话也常由我对她耳边大声转达。有人说,世界上最真挚最深沉的爱是亲子之爱。这可以说是普通规律,但在我大舅母身上却未得到验证。我的大舅母自己没有生养过孩子,而且有着如此悲凄的经历,但她却忍受着巨大痛苦将自己伟大母爱无私地奉献给了别人的孩子——我的母亲、小姨、表哥、表妹和我。她先后照顾或领养过我上面说过的两代五个孩子,尤其是对我,更是给予了刻骨铭心的母爱深情。她经常对人夸我听话、贴心,并举我三岁时她生病在床我却晓得端水给她喝的例子。其实,这是一次舅母的一次历经生死的大限。她因劳累过度,突然高烧,几天几夜,昏迷不醒。据她自己后来说,昏迷中已经见到了死去多年的大舅和她最要好的妯娌明珠,还有列祖列宗。舅母本想摆脱尘世的苦难,随大舅一同到阴间。但大舅他们都不同意,这样才有她后来的"还阳"。当时,我只有三岁,看见舅母昏睡发

烧,在旁边焦急啼哭,忽然,看见舅母干裂的嘴唇嚅动,轻微发出
"水"的声音,于是我慌忙端了一碗水慢慢送到舅母唇边,并大声
喊叫"妈"。舅母喝了几口水,睁开了眼睛,看见我在旁边啼哭,伸
出枯瘦的双手,搂紧我大哭。舅母苏醒,但也从此落下了耳聋口
讷的毛病。舅母对这次经历十分看重,仿佛是因我的呼喊她才从
阴间转来,而转来的任务就是抚养我长大成人。将我们紧密相连
的还有件事。我们俩从不谈起,但都内心明白。那时,我已经 6
岁了,稍知事理。一天夜深,我早已入睡,突然在梦中依稀听见在
遥远的地方有一种嘤嘤的啼哭声。朦胧中我睁开眼睛,突然发现
月光中舅母坐在床边,脖子上套着绳索。巨大的恐惧朝我袭来,
我哇地大喊一声"妈",扑到舅母怀中,搂抱着舅母啼哭不止。就
这样,我们娘俩一直相抱哭泣到天明。从此,舅母对我更亲了一
层。起初,我并不完全明白到底发生了什么。后来,我才懂得,舅
母受不了孤苦伶仃生活的煎熬欲寻短见,但见我无人抚养,不忍
离去。从此,我也知道了舅母内心有多苦。舅母对故去的大舅的
思念已经形成一种幻觉。她时不时对我说,昨晚你大舅回来了,
他趿着拖鞋在走廊里走来走去,一夜未停,还坐在摇椅上摇来摇
去。说得我毛骨悚然,夜难入睡。有时故意不睡,也想听听大舅
回来的声音,但毫无动静。这一切似乎只有舅母才能感受到。她
为自己制造了一种特有的阴阳相通的"世界"。我的可怜的舅母!
此后,我更亲近舅母了,试以自己稚子的爱抚平她流血的伤口。
我从小多病,几次死里逃生,而每次又都是舅母把我从死亡线上
夺回。我三岁得了一种俗称"水鼓涨"的病,腹中积水,其大如鼓,
奄奄一息。舅母守在一旁日夜守护喂药喂水,夜不合眼,焦愁不
堪。后来,请到当地一位颇有名气的老中医诊治。老中医见状不
愿下药。舅母百般哀求,几乎下跪,老中医才说下思念帖药一试。

舅母煎药后喂我喝下,结果尿了一盆尿,肚子消肿,身体也渐康复。五六岁时的一个春节,我又突然高烧,昏迷不醒,滴水不进,生命垂危。据算命先生掐算,是一只乌鸦在我头上拉了一泡尿,中了霉气所致,因此必须驱走霉气,消灾避难。先是烧香求佛,舅母到城里地藏王庙中长跪不起,许下心愿,求下签卦,然后将燃尽的香灰带回给我喝下。后又请来神婆禳灾,写了"天灵灵,地灵灵"的帖子到处张贴。又用黑布裹着一碗米在我头上比画,再沿着我玩过的地方叫魂。有神婆说我是被狗吓着了。于是,她绝不叫任何狗类靠近家门。但这些办法均不奏效。此时有人提醒,何不请西医大夫打针。这对旧时代迷信色彩很浓的妇女来说是很不容易的。但舅母却去请了当地有名的西医大夫,并从有限的家用中拿出相当大的款项给我注射了一支盘尼西林。从此,我才退烧清醒,有了今天这条命。

六岁光景,舅母就把我送到当地最有名的乐育小学读书。那时,我因体弱,也因娇惯,每天上学都是舅母背我去。现在想来,舅母那瘦削的肩背,如何能背得动我。我每天做完功课,又都是舅母替我收拾书包,第二天,我拿上就上学,六七年如一日,日日如此。到三年级以后,学校就有了晚自习。每次下晚自习,舅母怕我害怕,都要到大门口迎我,灶膛内尚留余烬的草灰中总有几块滚热喷香可口的地瓜给我作夜宵充饥。但舅母对我的要求却是严格的。她尽管不识字,但却经常到校向教师了解我的学习表现情况,及时同教师配合给我教育。特别使我难忘的是,那时我们有习字课,我很羡慕一种羊毫小楷笔,写起字来又舒服又漂亮,但我却凑不够买笔的钱。于是,有一次在毛笔店里,乘店主不注意就顺手拿了一支。舅母在给我收拾书包时发现了这支笔,就盘问我笔的来历。我从未见舅母这样震怒过。我怕遭到责怪,不愿交待清楚。她竟拿起鸡掸帚朝我打来，并罚我跪在地上。我只得从实交代。舅母领着我，拿着笔，找到店主，向人家说明了这件事，给了笔钱，又反复道歉。因为都是街坊，店主起初不愿要钱，但我舅母还是执意付账。这事使我终生记住，要诚实做人，不收不义之财。在日常生活中，舅母对我的疼爱处处可见。记得我常同舅母去买砻糠烧火。舅母和我，一老一小抬了一个装砻糠的大筐。舅母在后，我在前，艰难地朝前行进。她总是把筐绳朝后拉，由她多负担一点。我一旦感觉肩子轻松，就朝后看，发现箩筐已经靠近舅母，使她伶仃小脚无法迈开。于是我就将筐绳朝前拉。我们母子就这样前后拉着走回家中。

12岁，我考取了外地更大的城市的一所中学，同时也回到生母身边。从此，就离开了漳河边那对我有着深厚养育之恩的舅母。8年后，我已读大学，才回到故乡，探望舅母。一路上，我深怀探母的激情，恨不得马上回到舅母身边。在汽车里，首先看到的就是那日思夜想的漳河。一看到漳河，我就想起，有多少次我陪舅母到河边洗衣。她的瘦弱的手臂在河边的青石上捶打洗濯一大筐衣服。那有节奏的捶衣声仿佛在我耳边回响。洗濯完毕，舅母又吃力地提着竹筐艰难地走回家中。又有多少次，舅母到河边提水。那瘦削的身躯，被沉重的水桶压得向一边倾斜……这一幕幕场景都浮现眼前。就这样边走边想，我回到了故乡。当我走进熟悉的老屋，跨进后院，呈现我眼前的是一排排挂在绳上的洗过的衣被，而舅母正在晾晒。越过一排排白色衣被，我看到白被下伶仃的小脚，白被上方微风吹乱的银丝和更见瘦削苍白的面庞。这就是给我无限深爱的舅母，我的妈妈！一股热流冲击我的胸间，只喊了一声"妈"，泪水就模糊了我的双眼。舅母啊，舅母！您在漳河洗濯了多少衣被，又从漳河提出了多少桶水！

　　1985年秋,我突然接表哥电报,说舅母已经故去。我立即赶回奔丧。舅母的葬礼由她照看过的几个孩子——我母亲、小姨、表妹和我参加。在最后的告别仪式上,我望着静卧在棺木中的舅母,这位平凡的女性,终于走完了自己八十多年的旅程。这八十多年真是历经艰辛苦难,但奇怪的是静卧中的舅母却是分外安详。我想,舅母是个极其善良的人,她决不愿以悲苦的面庞来给后辈以压抑。同时,我想,也许舅母已完成了列祖列宗和大舅交代给她的抚育后辈的任务而欣然归去。她可以了却自己的心愿,在冥冥之中与大舅"团聚"了。人称:大悲即无悲,我似乎已少了许多早年对舅母凄苦身世的悲哀,化作一种同舅母一起超脱重负的轻松,但心仍是沉沉的。我在悼词中写了这样一句:"舅母虽然没有亲生的孩子,但却将自己伟大的母爱奉献给了我们,她就是我们亲爱的妈妈。"我长跪舅母灵前,只将自己默默的哀思与一掬思念之泪献给长眠的舅母。这难道能报答舅母的恩德于万一吗?!但我的舅母来到人间,只为奉献,只为吃苦,而从不图回报。亲爱的舅母,我的妈妈,但愿您真的能休息了。

　　舅母故去已经10年了,她就安葬在生于斯、劳作于斯的漳河畔。舅母虽已仙逝,但漳河水仍在不息地流淌。我何时能回到漳河边,在舅母坟前放一束鲜花,同时也同漳河一起回忆这位平凡而伟大的女性的母爱深情。

雪　祭①

　　我参加过许许多多葬礼，从旧时代的乡绅到新时代的部长、教授和工人。在旧时代，人们信奉阴阳轮回，主张阴间的待遇应与阳世的地位相等。因此，不仅封建帝王、达官显贵大修陵墓，有隆重的葬礼，豪华的陪葬品，就是乡间的富人们也都在葬礼上大尽挥霍之能事。

　　记得在我8岁那年，本县一位乡绅去世。其灵堂极尽豪华，在三进大屋中摆满了灵幡、挽幛和祭品，两旁装饰着描绘主人在阴间做官的图画，几乎比阳世更风光、更威风。当然也更凶残，有的图画描绘对人犯采取下油锅、烧烙铁、割舌头等可怕的刑罚，看得我毛骨悚然，晚间恶梦联翩。待到发丧，更是连绵好几里，纸扎的祭品应有尽有，从纸马、纸人到八抬大轿、豪华的住房……给我记忆深刻的是，那乡绅的儿子在发丧那天，竟然将许多真的钱币同冥币一起，付之一炬，以此显示其豪富。新时代，葬礼简化多了，早已没什么阴阳轮回之类说法，只在寄托人们的哀思，但也都有一定的仪式和必要的供奉，起码要敬献花圈、花篮之类。但在我参加的葬礼中，唯有一次是没有任何仪式与供奉的，那就是我的乡亲，朱奶奶的葬礼。

---

①原载《大众日报》文艺副刊《丰收》2000年7月14日，署名"凡人"。

　　那是 1948 年冬天，天特别特别的冷。就在进入年关的腊月，雪花纷飞，狂风怒号。朱奶奶在河边洗衣，突发"血崩症"，晕倒河中，被冰冷的河水卷走，最后在好几里外的河湾处找到尸体。因家贫无法发丧，只能以草席裹尸，在荒岗掩埋。这就是旧时代一位劳动妇女的葬礼。

　　朱奶奶同我家比邻而居。她家的草房正对着我家后院。她家的菜园又同我家后院相挨。她家十分穷困。朱老爹本来是一名裁缝，给人缝衣，维持家计。但眼睛突然昏暗，几近失明，无法再做裁缝，别的活计也没法做。朱老爹百念俱灰，突然信起耶稣教来，每天进城祷告，百事不问。朱奶奶的大儿子正值壮年，本能养家，但又被抓了壮丁，一去不回。女儿荷英，因有残疾，嫁到山里，家里穷得常以山芋糊维持生活，一年难得有几次回家。二儿子朱涛年幼，靠自己卖油条赚点学费，勉强念书。最后只靠朱奶奶以其辛勤的劳动，维持整个家庭。朱奶奶种了几畦菜地，常挑着各种蔬菜上街去卖，换得一点口粮度日。后来，菜地收入太少，又给人洗衣被，多挣一点补贴家用。入冬后，菜地毫无收入，唯有洗衣被一条生路。正好进入腊月，许多人家忙年，要拆洗衣被，活计倒不少。所以，入冬后，朱奶奶洗衣的活反而较前更忙。反正干一天有一天的钱，不干就没有饭吃。朱奶奶其实只是一位中年妇女，四十多岁。但艰苦的岁月，悲凄的命运，却使她老人家过早地衰老。她早已满头白发，脸上布满了皱纹，背也佝偻着，我们这些孩子都喊她朱奶奶。听大人们说，朱奶奶患有妇女病，常常流血不止，但因贫穷无钱医治，又要劳作养家。因此，朱奶奶的脸色老是灰黄灰黄的。

　　朱奶奶是个慈祥善良的人，尽管同我非亲非故，但却有着特殊的亲密关系。在我童稚的心中，从来都把朱奶奶看作自己的长辈,自己的亲人。朱奶奶的儿子朱涛是我最要好的同学。朱涛长我一岁,但却膀大腰粗,每当有人欺负我,他都挺身而出,有时甚至为了我被人打得头破血流。我和朱涛形影不离,情同手足。朱奶奶对我非常疼爱。夏天的早晨,我起床后走到朱奶奶菜园中,朱奶奶都在劳作,或施肥,或浇水,或整理菜畦。但我每次去,她都对我倍加关怀。有时,送给我一个她亲手编好的小笼子,里面放着一只发出叫声的蝈蝈,有时给我一只知了,拿在手里会发出悦耳的鸣声,有时则给我几只煮熟的嫩苞米或者十分甜香的玉米饼子……总之,我从朱奶奶那儿得到过难以计数的慈爱。特别是,朱奶奶家是我最安全的避难所。我有时淘气,惹怒了家里大人,总要受到责罚。常常躲在朱奶奶家半天,等大人们怒气消了后,才回到家,就逃脱了惩罚。记得有一次,我同小朋友们在河边玩耍,大家在独木桥上飞快地行走,以显示自己"勇敢"。等轮到我走时,因不慎掉进河中,浑身湿透。被人救上岸后,天已擦黑,但我却不敢回家,只好同朱涛一起到了朱奶奶家。朱奶奶烧了热水给我洗澡,让我喝了酸辣汤以防着凉,并把我湿透的衣服洗干净,在火上烤干。晚上回家,一点也看不出落水的痕迹,总算躲过了责罚。

特别使我难忘的是,朱奶奶的女儿荷英姐为了救护我而致残,被迫下嫁山里。那是一年冬天,年仅15岁的荷英姐,领着我们许多小孩在院子里踢毽子。突然,跑来一只疯狗,睁着血红的眼睛,拖着舌头,朝我扑来。我跌倒在地,害怕极了。眼看疯狗就要咬住我,我大哭起来。这时,荷英姐冲到我面前,将我护住,赤手空拳迎向疯狗。疯狗一下就咬住了她的腿,薄薄的棉裤马上渗出了血水,但荷英姐没有后退,仍坚持着,忍受着巨大的痛苦与恐惧同疯狗搏斗。直到大人们闻讯赶来,将疯狗赶走。这时荷英姐疼得跌倒在地，朱奶奶抱起荷英姐回到家中，用淘米水洗伤口，又用草药敷。尽管如此，荷英姐还是连发了好几天高烧，昏迷不醒，服了好几副中药后，总算保住了性命，但却落下了腿跛嗓哑的毛病。后来，只好嫁到山里一个很穷的农民家中。这件事发生后，我家十分过意不去，向朱奶奶反复道歉，表示谢意。朱奶奶却慈祥地摸着我的头说："荷英是姐姐，应该保护弟弟。"说得那么坦诚，那么自然。现在看来，这是一种多么善良的品格，多么博大的胸怀啊！此后，我同朱奶奶更亲了一层。特别是荷英姐嫁走后，我似乎朦胧地感到自己有一种应尽的责任，那就是尽量填补荷英姐的位置，给朱奶奶以慰藉。因此，我几乎是每天都在朱奶奶身边。我同朱奶奶已经产生了一种类似母子的难舍的依依之情。

1948年冬季的一个午后，下着纷纷扬扬的鹅毛大雪，刮着狂风。雪不是飘飘而下，而是被风吹得一团一团旋转，搅得人难以睁眼。房檐上早已挂上了长长的冰凌子，真是滴水成冰啊！这时，朱涛推门而入，告诉我朱奶奶洗衣未回，我真是犹如一盆冰水浇头，心紧紧地收缩起来。我什么也不顾地同朱涛冲进暴风雪中，互相搀扶着，一步步地朝河边走去。走到河边朱奶奶洗衣处，只见装满衣被的竹筐无声地伫立着，青石板上还有未洗净的衣服，雪地里有一摊红红的血水，朱奶奶却渺无人影。我们已预感到不祥的事情发生了。两个十岁左右的孩子，迎着风雪，向着河中大喊："妈妈！""朱奶奶！"但在怒吼的风雪中，我们的声音显得那么微弱，甚至连一点回响都没有。我们沿着河岸，踩着没膝深的雪，迎着狂风，一步步向下游走着、喊着。没有了寒冷，没有了劳累，只有一个心思，希望以我们执着的稚子之爱唤回慈祥的朱奶奶。我们嗓子哑了，我们的视线模糊了，但我们仍在走着喊着，跌倒了再爬起来。在这风的世界，我们一定要寻回这爱的世界。

终于，在乡亲们的帮助下，在下游的河湾处找到了朱奶奶，把她捞起，用草席包裹，草草地埋在河边荒岗。

风未停，雪未霁。在茫茫的白雪中，又增加了一座新坟。我们亲爱的朱奶奶就静静地安卧其中。送葬的人寥寥无几，除朱涛在坟前供了一碗朱奶奶已有好几个月没有吃过的干米饭，其他什么祭品都没有。当然，更不用说什么乐队送葬了。一位劳动妇女的一生，就这样简单地，十分凄凉地画上了句号。但在我幼小的心中却突然感到：老天无情人有情。尽管这暴风雪夺去了朱奶奶的生命，但我们作为朱奶奶的亲人不是也可以把这暴风雪作为朱奶奶的祭礼吗？你看，这茫茫的白雪，就是大地为朱奶奶披的孝衣！这纷纷扬扬的雪片，就是上天为朱奶奶送的纸钱！这吼叫的狂风，就是神灵为朱奶奶鸣奏的哀乐！这是一场特殊的雪的祭礼，是我终生难忘的雪祭！

再见，维多利亚①

转眼间，在维多利亚市已经生活了两个多月了，这是我在国外生活时间最长的地方。还有 3 个星期，我们就要离开这里了，真有依依惜别之情。可以说，到维多利亚市是我自己的选择。本来，像我们这种年纪的人外出，应该找一个有自己亲人或特别熟的人的地方，但在维多利亚，我既无亲人也无熟人，只是久闻其风光秀丽之大名。我们到维市，是通过山东老乡、维多利亚大学林教授介绍而来的，可以说举目无亲，除了靠自己，就是靠新结交的朋友。当然，我们非常幸运的是，有我们山大外办的小夏与小周夫妇作为后盾，因为他们在温哥华使馆工作。但毕竟隔了一个海峡，具体生活问题的处理还得靠我们自己。我们好像有点历险的味道，对周围的一切都有一种陌生感和些微的恐惧感。对此，一开始真有点担心。但两个多月的时间过去了，维多利亚以及我们在维多利亚的生活却给我们留下了难忘的印象。

维多利亚是一座美丽的花园城市，它作为城市的概念与中国是完全不一样的。我们中国城市主要就是街道和商场，高楼大厦，城市外面则是田园。维多利亚作为典型的西方城市，则是围绕着市中心，周边还有若干小的居住区。我们就住在离市中心还

①原载《大地》2006 年第 16 期，收入本书时据作者原稿有增补。

有十多公里的叫"高登哈德"的居住区。一座座独立的小房，星罗棋布，每座房都环绕着一座小的花园。没有一座房子是重样的，各有特色。维市是世界著名的花园城市，是公认的"最适合人类居住的地方"。当然，也是著名的旅游胜地。它的纬度大约与我国的哈尔滨相同，但却因特殊的太平洋环流，使其具有四季常青的美誉。冬季的平均气温大约在摄氏4—5度。因此，即使是冬季，也还有常青的针叶林与青青的草地，红红的"圣诞果"挂满枝头，月季、桃花与一些不知名的小花也间隙着开放，不时还点缀着一蓬蓬白色的芦苇，真的一点也没有冬季肃杀的感觉，倒仍然是一片生机。

维市位于加拿大西南的维多利亚岛最南端，人口32万。它与温哥华隔着一个乔治亚海峡，两处大约需要一个半小时的航程，这也成为维市的旅游项目之一。据友人相告，这是加拿大有意不修跨海大桥和隧道而保留的项目。因为这样，不仅提高了就业率，而且保证了维市的治安。据说，整个维市，大的治安案件一年也就是一起。因为，一方面由于交通原因，犯罪分子到岛上不便利。即使作了案，也基本上逃不出去。所以，整个维市可以说是"夜不闭户，路不拾遗"。我们没有看见一家安装防盗门，我们的房东有时晚上大门都没有关好。有一天，我们从外面回来，因为忘了带钥匙，便将背包放在门口，出去溜达，以便等房东回来。四十多分钟后回来，东西仍然放在门口，安然无恙。维市只有旱季与雨季两个季节，每年的4月至10月为旱季，10月至第二年的4月为雨季。我们来此，正值雨季，几乎每天晚上下雨，但第二天却又天晴。这里人口稀少，整个维多利亚岛与我国台湾一样大，但人口却只有70万，仅维市就占了32万，因此到处保留着自然的原生态，大片大片的森林，河流湖泊，天是湛蓝湛蓝的，特别的洁净,几乎每一处地方都如油画。人与动物自由和谐地相处,不仅到处都有维市特有的红嘴白色海鸥,还有各种其他鸟类,松鼠、野兔与野鸭也到处可见。有时,野鹿还会走进人们的院子,或在路上出没。这里的空气特别清新,水也洁净,自来水即可饮用,而且特别甘洌。

　　维市始建于 1862 年,迄今也就 100 多年历史,但却给人一种古朴的感觉。街道基本保持原样,没有大的改变,市中心几乎每处都保留着历史的痕迹。主要景点大都围绕内港展开,在政府大道四周。首先映入眼帘的是古朴的议会大厦,典型的英国风格,1879 年完工。与其相对的女王饭店,是年轻的建筑师法兰西斯·罗顿贝利所造。议会大厦主楼五层,并有两座卫楼,典雅庄重,每周对外开放几天,并有世界主要语言文字的介绍材料。女王饭店则是英式生活方式的反映,连带其周边的小街,飘着淡淡的咖啡香的小店与慢悠悠品味咖啡的人们,仿佛使人感到历史倒退到 19 世纪的欧洲。位于主街道道格拉斯街上的雷鸟公园是加拿大原土著民印第安文化的象征,那里耸立着被黑格尔称为象征艺术的印第安图腾和矮矮的木屋。

　　有人说,到维多利亚不去宝翠花园,等于没到维多利亚。这仿佛我们山东人说没到灵岩寺就等于没到泰山一样。许多朋友见我们面的第一句话就问:到宝翠花园去过没有? 宝翠花园距城 21 公里,1921 年才完全建成。它原本是商人布查德开采石灰石以便烧水泥的工场,热爱园艺的布查德太太后来在采石场上有计划地广植花木,逐步将其建成为著名的园林。花园由英式、日式、意式、隐蔽式、春之序曲与星池园林六个主题花园组成,到处繁花似锦,绿草茵茵,流水潺潺。据说,现在每年有几百万人来参观,旅游收入每年几千万美元。由一个采石场发展到旅游胜地,真是化腐朽为神奇，不仅反映了创意者的经济头脑，而且也充分表现了对生活的热爱和环保意识。那天，小夏、小周专门从温哥华赶来陪我们参观宝翠花园。虽是雨季，又将近傍晚，但园内有胜景，仍给我们留下了深刻的印象。近日，因为我们准备离开维市，又由新结识的张先生开车带我们到维市的道格拉斯与托尔米两座山去参观。那天，风特别大。张先生夫妇搀着我们，勉强爬到山顶。在托尔米山顶，张先生告诉我，下面就是维市的水库，主要储存雨水，净化后用作维市的自来水。道格拉斯山虽然不高，但山顶却有一个特设的方位图，标志着由山顶到温哥华等著名地点的直线距离，颇有创意。那天我们来到维市海滨时，正值狂风大作。但这时，有一个景象吸引了我们。那就是海鸥居然能迎着这么大的风顶风飞翔，它那搏击飓风的雄姿真的令人感动，我的老伴立即将这个情景抓拍下来。

再就是，加拿大还有一个特有的奇观，即每年10月到12月的鲑鱼（通常所说的三文鱼）从海上回流产卵。11月12日，正好是星期六，山大在此做博士后的小单约我们去参观这一奇观。他开车带我们来到离维市30多公里的一个峡谷处，名为金溪省属公园。走进深深的峡谷，四周全是原始森林，下面则是潺潺的小溪。这条小溪通向大海，鲑鱼就由此游入小溪，产下它的卵。整个产卵的过程颇为悲壮，雌鱼到小溪里的一处，然后用身体撞击泥土，直到撞出一个小坑。此时，鲑鱼已经是遍体鳞伤，但就是为了这个有利于自己的子女繁育的小坑，它们付出昂贵代价也在所不惜。然后，雌鱼就静静地待在坑边，慢慢地将卵产下，但它并不离开，而是守在旁边保护自己的子女，而雄鱼则守在雌鱼旁边保护雌鱼，它们就这样一直到死。我们看到，整个小溪到处都是完成产卵任务后死去的鲑鱼尸体，数量之多颇为惊人，海鸟与熊每年此时都是增补食物的最好机会。据说，每头熊在这个时候能猛长 10 多公斤。这真是一出动物亲子之爱与爱情之共弦的悲壮无比的悲剧，感人万分。据小夏说，温哥华也有类似的奇观，看来只有在加拿大才能看到这种奇特而惊人的场面。

维多利亚之美更在于这个城市人民的友好与高素养。你在马路上碰到的任何人，都会主动地向你问好，你有什么事情需要别人帮助，会很快地得到肯定的回应。有一次，我们到唐人街附近的地方找一位朋友，当我将地图打开查看时，立即有一位男子从很远的停车场走过来主动为我们指路。那天，我们从唐人街返回，一时找不到直通我们住处的 28 路车站，询问在另一个车站准备乘车的一位行人，他立即起来陪我们走过一条马路，送我们到 28 路车站，然后自己走回原来乘车车站。在公共汽车上，人们对老人、残疾人与带孩子的妇女都特别关照。只要有一个人没有坐稳，没有下好车，汽车绝对不会开动。维市对狗的管理也很到位，这是香港等城市都无法相比的。我住处的左右两家邻居各养了一条狗，有一天上午，左边邻居家的黄狗在随主人出来时对我狂叫，扑了过来。下午，右边邻居家的黑狗又对我狂叫，也扑了过来。当然，都没有造成伤害，但已经够让我提心吊胆的了。我将这个情况对房东琳说了，后来就再没有发生类似情况，所有在马路上溜狗的人都将狗牵在手上。我还听说，所有的养狗者都要进养狗学校，进行必要的培训和教育，并有明确的法规。这些事情听起来真的很感人，但在维市却极为普通平常，充分反映了加拿大社会的文明程度，说明现代化应该首先是人的现代化，是人的素质的提高。维多利亚是个安静的城市，从没有看到人与人的争吵与斗殴，所听到的社会矛盾也不是很尖锐。据说，这与加拿大所实行的政策有关。我们所看到的，这是一个比较成熟的社会，采取了许多政策来调剂人们的收入。例如，它采取高税收政策，收入越高税越多，而所有的购物都要交税。另一方面，对于弱者、贫者，则有许多倾斜政策。只要在加拿大住满 10 年的年过 65 岁的老人都有不少于 500 加元的补助，而单身老人则有接近 1000加元的补助。在住房等方面，对于老者、贫者、弱者也有许多倾斜政策。所有的工职人员在养老与医疗保险方面都有非常好的保障政策。因此，这个社会的人们心态比较平和，大家都对自己的现状比较满意，而且比较能清楚地看到自己的未来。我觉得，这些都是值得我们学习与参考的。

　　这次，我利用这个难得的机会基本完成了从国内带来的两个项目的通稿工作，看了几本重要的原著，写了几篇文章，而且也思考了一些问题。当然，一下子从国内的繁忙中突然转到这么安静的环境，一开始还真的不太习惯，现在看来，有这么一段休整的时间真的太必要了。另外，非常重要的是，让我有机会多少体验了一个留学生的生活。我虽然早在 1987 年担任山大教务长时就主管全校教师的出国派出，但我自己却从未真正体验过留学生活。而且，今年我已经 65 岁了，这次是作为普通访问学者来到维多利亚。从生活到工作，到出行、乘车、购物、打电话，到银行取款等，许多在家里都不成问题的事情都要自己去办理，或者找朋友帮助办理，这真的不仅是一种锻炼，而且也是一种全新的体会。当我背着双肩包在费尔维超市买完菜走在费尔逊马路上之时，我真的体会了一个普通留学生和访问学者的生活，同那万千艰苦奋斗的海外学子的心靠得更近了。这是我一生中一次难得的体验，将会对我今后的人生都会发生影响。这也是我对维市这 3 个月怀恋的重要原因。

　　当然，更重要的是怀恋这三个月中在维市结交的新朋友。维市有多少华人,我们没有统计,据说有 2 万华人。我们这次在自己的接触范围内了解了这里的一个比较大的华人社交圈子。这个圈子是以 20 世纪 80 年代初到维多利亚留学的几位女士为其核心的。其中,屠女士是 20 世纪 80 年代初在维大社会学专业学习的,毕业后留在这里的政府部门工作,后来她的丈夫何先生也来了。他们自己开了一个建筑类的公司,买下市内一座占地十多亩、面积 500 平方米的有 100 年历史的花园洋房。据说,这座房子曾经是一个贵族建筑,后来送给自己的女儿。现在,他们将这座建筑买下来,准备进行开发,但需要政府批准。目前,他们将这座建筑作为以中国人为主,也包括部分西人的举行"派对"的场所。我们一共参加了两次,一次是以为何先生的母亲过生日为名义举行的"派对"。参加的人员有 50 多人,主要是何家准备的食品,参加者也自带一些食品。自助式晚餐后,就是舞会与卡拉 OK。卡拉 OK 唱的大都是《十五的月亮》《少年壮志不愁》《涛声依旧》《军港之夜》《大海啊,故乡》等国内流行的歌曲,明显反映出这些人的故国之思。第二次是元旦的晚上,大约有 70 多人在小屠家聚会。这次有 3 个活动单元,一个是舞会,一个是卡拉 OK,再一个是几个学习钢琴的孩子进行钢琴演奏。大家都非常投入,气氛热烈。再就是,与小屠家相临的一位叫"李"的西人,他母亲 96 岁生日,我们被邀参加。这次没有晚餐,只是晚会,但也有点心与饮料招待,比较西式,唱了好多首西人祝福生日的歌,甚至还唱了加拿大国歌,然后就是舞会。这位 96 岁的老太太发表了两次表示感谢大家的讲话。有人以为西人不注重家庭,其实是不完全对的。西人对子女的教育和要求与中国人有很多差异,但他们同样是重视家庭的。这位母亲的孩子们都对老太太很好,在生日聚会上,他的儿子——李专门请母亲一起跳了一曲舞。李的兄弟姐妹们也都来祝福。这位李是一个很大的超市的主管,他在小屠家的晚会上认识了我们,就邀请我们。老太太对我们也特别友好。我们还有幸认识了在维市非常有名的陈博士。这位陈博士1966年获得美国印地安那大学生物化学博士学位,1974年被选为英国牛津皇家显微学会终身研究员。同时,他也是造诣颇深的神学家与哲学家,对于中国传统文化情有独钟。他曾著有《中庸辩证法》、《中庸经济学》与《英译老子道德经》等著作多种。他于1983年在维多利亚创办了一所以弘扬中国传统文化为宗旨的"加拿大中华学院",以自己的微薄财产与信誉发展中医、经贸等专业,吸纳中加青年,研究中国传统医学与现代经济,为中加两国特别是中国培养了许多有用之才。这次,他专门邀请我参加他为国内湖北武汉市干部培训班所作的有关中西文化比较的演讲。演讲中,他的爱国情怀时时溢于言表。特别是,那天陈博士已患重感冒,但却不顾疾病为国内学员讲课,真的令人感动。在我们走前,我与老伴又专门到他的住处看他。逼仄的住处与极为简单的生活,对于年轻人来说都难承受,但这却是一位年已76岁的老人长年的生活条件。就是在这样的条件下,他20多年来为祖国培养了人才,现在仍在为国内的干部培训操心,真的令我们再次感动。这次,除了负责帮助我们安排的林教授外,还有许多中国朋友给我们无私的帮助。莫里森学院的孙老师几次请我们到家里吃饭,包括请我们吃圣诞火鸡,又帮助我妻子买衣服。山大在维大的几位留学生,其实原本在学校时并不认识,来后才认识的,但他们更是将我看作他们的老师和长辈,帮助我做了许多事情。甚至第一次见面的孙老师的亲戚张先生和姚女士,也是一见如故,利用假期开车陪我们参观。因此,我们感到恋恋不舍的是维多利亚的朋友们,特别是那些作为同胞的华人朋友们。我们都是炎黄子弟,都是喝着黄河与长江的水长大的,有着共同的文化的根。他们虽然在异国他乡扎下了根,但他们不还仍然是有着一颗跳动着的中国心吗?人们常说,萍水相逢。真的,由于偶然的机缘将我们带到维多利亚这片土地上,使我们与这么多华裔的外国朋友相聚,但也许这就是我们的最后一次,也许许多匆匆见过的人是唯一的一次相逢。但我们衷心地祝愿他们永远怀着一颗十分难得的中国心在维多利亚这片美丽的土地生根发芽,幸福安康。再见,美丽的维多利亚;再见,善良的同胞们、朋友们! 愿维多利亚早升的太阳给我们可爱的祖国带来和平,也愿它又带着祖国的祝福温暖万千海外赤子的心。

我 与 海 大[①]

　　有人曾以山海相连来比喻山大与海大的关系,这是非常确切的。山大与海大本是同根相生,是真正血脉相连的兄弟院校。1924年,私立青岛大学成立。1932年国立山东大学与私立青岛大学合并,在青岛成立山东大学。解放前的山东大学生物学科,即包含有以曾呈奎教授领衔的海洋生物系,以后又建立海洋系。1958年,山东大学奉命迁校济南,但将海洋系、水产系、地质系,以及一部分其他基础课程与公共课程的教师留在青岛,并于1959年成立青岛海洋学院。1988年改名青岛海洋大学,最近又改名为中国海洋大学。所以,山大与海大真的是兄弟情深。我1959年报考山东大学之时,就以为山东大学在青岛,接到报到通知,才知道已经搬到济南,内心颇为遗憾。

　　1992年8月22日,我奉命调到青岛海洋大学担任党委书记,算是解决了我没有在青岛上学的遗憾。我到海大后,一开始被安排住在鱼山路5号校区的小红楼内,后又安排到小红楼后边的排房居住。从1992年8月22日到1994年5月上旬,整整在青岛海洋大学工作与生活了将近两年,与海洋大学以及海大的许多干部教师结下了深厚的友谊。海洋大学首先是一所学科特色非常鲜

---

①原载《中国海洋大学报》2007年8月7日。

明的综合性重点高校，它的海洋学科与水产学科的科研教学水平在全国高校中名列前茅，但它同时包含理学、工学、农学、文学、医学、经济学、管理学与法学等多个学科。有人曾经有这样一种比喻，那就是如果说全国海洋科技力量的一半在青岛，那么青岛海洋科技力量的一半则在海大。所以，海大的确是我国海洋与水产学科科研与教学的重镇，是一所以其学科特色在海内外享有盛誉的著名高校。

　　青岛海洋大学校址本身就是著名的风景区。它的总校鱼山路 5 号校园，背靠美丽的八关山，面向碧波荡漾的青岛湾，校内起伏有势，树木葱茏。特别是每年 5 月，樱花盛开之时，那校园内主道两侧盛开的樱花，繁花似锦，煞是喜人。校舍原为德式建筑，现仍保留原貌。花岗岩的墙壁，红色砖瓦覆顶，窗户饰以美丽的彩色浮雕，映现出某种异国情调。特别是在办公楼靠主道一侧的带有尖顶的楼房，充分表现了哥特式建筑的特点，成为许多学习绘画的学生来此进行素描的摹本，也成为建筑工作者的研究对象。如果爬到八关山顶，可以俯瞰汇泉湾与整个海大绮丽的风景。校园因是 1924 年私立青岛大学与 1932 年国立山东大学旧址，因此保留有闻一多、老舍、梁实秋、沈从文等文化名人的旧居。著名的"一多楼"仍以其古朴的原貌耸立于内，以其楼前沉思中的闻一多先生雕像等吸引着诸多学子和外界宾客。海大是一所保留着历史的高校。而其麦岛校区则位于青岛东部新开发的青岛风景区，从其校门直下就是风光秀丽的海滨。校区内，一座座崭新的建筑依山而建，蓝天红瓦碧海，别有一番情趣。因此，海洋大学是一所美丽的高校，以其山光海色的秀丽及历史文化的悠久而在中国名校中独树一帜。我虽然只在海大校内住了两年，但其美丽秀丽的身影却永远铭刻我的心中。在我任职期间，在青岛市委与市政府以及有关部门的大力支持配合下，特别是俞正声书记的大力关怀下，圆满解决了校内八关山部分土地的归属问题，使海大校园更加完整。

海大更是一所不断奋进的高校，从单独的体量与规模来看，海大是不占优势的，但却以其鲜明的学科特色蜚声国内外，走特色办学之路是它一贯的办学宗旨。在当时那样困难的条件下，经过难以想象的艰苦努力，终于建成新的3800吨的"东方红"2号海洋综合调查船，为海洋科研创造了极好的平台。海大的奋进还表现在，它能迅速而充分地抓住机遇，寻求自己的发展之路。记得我在海大工作的两年，正是中国高校在国家经济社会发展中谋求自身发展、拉开档次的特殊时期。海大很早就提出学科强校之路，提出要以其海洋、水产学科优势与建设海上山东和建设青岛科技城的宏大的省市发展规模规划相衔接，利用"211工程"建设这个契机，终于跻身于全国"211工程"高校，后又成为"985工程"高校。海大还以其全校整体性的科研积极性而使我惊叹不已，也以其与地方经济社会发展计划的紧密结合而使我感动。海大的教师对于从中央、教育部到省、市、地、县各种科研项目的争取的积极性空前高涨。我在短短的时间内曾跟着有关领导和科研人员，到过北京、海南、东营和省水利、电力设计院，常常是刚过正月初五，大家就已出发。有时，在炎热的夏天，却要离开凉爽的青岛跑到闷热的内地搞合作科研。

海大正因其同青岛密切相关，所以海大人具有青岛人一样的热情豪爽的风度，而又因其海洋学科自身的艰难，所以有着一种团结一致患难与共的性格。这里基本上没有某些个体知识分子孤傲的陋习。我在海大两年，曾得到校领导、老教授、广大干部、同学、普通工人师傅的热情关怀。大家对我工作的支持本身就使我深为感动，而对我生活上的关心也使我难忘。曾有普通老师给当时单身的我送过热汤热饭，也有工人师傅亲自帮我制作盖锅的锅盖，更有德高望重的老先生给我提出过十分中肯的建议……

我在海大工作两年的重要感受之一，就是海大与山大 1958年要是不分开，那么不仅对两校，而且对中国教育事业都是再好不过的事情。因为分的结果是使海大的海洋、水产学科的发展在一定程度上欠缺了其他基础学科的支撑，而山大则不仅失掉了原有的海洋、水产特色，而其文科也失去了吸引人才的优良环境。由此说明，教育的发展还应更多遵循其自身规律，外界的干预应该是愈少愈好。2000 年上半年探讨山东合校方案时，曾有海大与山大合并之方案提出，但终因跨地合校动作幅度太大而未获批准。许多海大、山大老人恢复 58 年前原山大建制的想法成为永远的梦境。

我虽然离开海大 13 年了，但仍情系海大。我曾在炎热的济南梦见过青岛凉爽的夏夜，也曾在香港浅水湾与加拿大维多利亚岛对那里的人说，青岛海大比这里更加美丽。我离开山大到海大，山大就是我的母校；离开海大到山大，则海大又成为我的母校。我以曾作为海大人而自豪，我也衷心地祝福我的母校海大更加兴旺发达，更加美丽迷人。

我的大学生活

　　首先我要感谢文学院与李鲁宁老师让我给大家讲一下我在山大50年的体会,使我有一个回顾总结的机会,也使我有一个将山大所给予我的爱与教育传递给我的师弟师妹的机会。

　　我1959年秋天到山大,转眼间马上就要近50年了。我刚刚到山大时只有18岁,因为北方寒冷,母亲专门给我做了一个棉袄,外面是一个粉红的面子。所以,穿在身上同学们给我开玩笑,问我是不是女孩子。再就是,因为人显得小,我们有一个调干的师姐祖敏有一次晚自习在教室里问我:小鬼,你今年多大了? 我说:18。她说:我36岁,正好是你的一倍。但50年后的今天,我已经是一个脸上写满沧桑的老人了。感到时间过得真快。但愈是随着时间的推移,我愈发感到山大所给予我的教育帮助之深。最近,美国奥巴马当选总统,人们都在说教育改变人生,这也许是真理。因此,我也要说山大对我的教育改变了我的人生,使我懂得如何做人,如何做学问,过一种平凡但有意义的生活。我从来都以自己为山大中文系的学生与教师而自豪。因为,我们有非常好的传统,非常好的教师,非常好的校风。山大中文系是我们每一个师生的美好的精神家园。下面,我就分学习期间与教学期间介绍一下山大所给予我的教育与关爱。

　　首先讲一下学习期间山大所给予我的教育。我使用了三个关键词：大爱、素质、艰苦。首先讲"大爱"。所谓"大爱"是一种教育的爱，学校的爱，师长的爱，同学的爱，具有某种超越性。孔子说"有教无类"，就是讲的教育之爱的超越性，学校教育的平等性，非功利性，不分贫富、男女、美丑、城乡、老幼，在学校教育中都应享受平等的权力，获得同样的"爱"。这种"大爱"是一所成熟高校的标志，也是名校的标志。蔡元培就任北大校长提出"学术自由，兼容并包"就是高校"大爱"的表现。山大作为一所百年老校，与北大一脉相承。山大青岛建校时的杨振声校长就是蔡元培推荐的。因此，山大与北大一样，对于广大学生的"大爱"是其优良传统之一。山大的历任校长都以学生作为学校的主体，倡导为学生服务，一切为了学生。实际上，如果没有学生就没有学校，也就没有教授、院长、主任、校长。这是历任山大校长的办学理念，也是山大所有员工的工作理念。在这里，我给大家讲两个故事。一个是我校解放前赵太侔校长的故事。赵校长是早期留美生，著名戏剧专家，山东实验剧院的创办人。他曾两度出任山大校长，并曾经担任过国民党教育部的高教司长，也是国民党的省党部委员。政治信仰在当时当然是倾向于国民党的。当时，山大中文系的老校友、著名文学研究家徐中玉先生应聘到山大中文系任教，他当时倾向进步，支持学生进步活动，被青岛国民党警备司令部密报给国民党教育部部长朱家骅，后将徐中玉列入黑名单。赵校长将密令给徐先生看了，让他赶紧离开，免得遭遇不测，并表示他到内地任何院校就职，都可以帮忙介绍。徐先生后来离开，到了上海沪江大学，避免了危险。应该讲，赵校长这件事表明了山大的一种超越性的"大爱"。建国后，著名教育家成仿吾曾经担任山大校长接近20年。他是爱护学生的典范，力倡高校与教职工要为学生服务。他在陕北工大期间，就被同学们称为"成妈妈"。我1959

年来校后见到的第一位校领导就是成校长。那时,我们住在现在洪楼校区——当时老校的二号楼。我们刚刚报到的晚上,成校长就到了我们宿舍,一间屋一间屋地看,问同学们习惯不习惯,亲自摸大家的被子,问大家冷不冷。每次开学前的教学检查,成校长都亲自参加,而且必然要到学生食堂检查,看看饭菜的质量,卫生不卫生等,关怀备至。文革中,成校长受到冲击和批判。一次批判成校长的会上,有一个学生念了一句毛主席诗词《七律·冬云》"独有英雄驱虎豹,更无豪杰怕熊罴",将其中的"熊罴"念成了"熊罢"。成校长低着头挨批判,听到念了白字,习惯性地抬起头来纠正道"罴"。那个造反的学生很狼狈,只好喊"打倒成仿吾",但下面却哄堂大笑。这是成校长在极为困难条件下仍然不忘自己育人职责的表现。我自己1964年毕业后只是一名普通的青年教师,曾经有幸与成校长住在一个大的家属院里。那时,文革还没有结束。成校长的处境还没有根本改变,但成校长每次在散步时看到我们都要停下来与我们聊天,关心地询问我们的生活与工作情况,关怀备至。1977年,"四人帮"倒台后,成校长调到中央党校,我被借到教育部临时帮助工作。成校长听说后还让人捎信,让我到他家吃水饺,非常感人。再说我们中文系,当时的系主任是章茂桐先生,他是老山大毕业生,也是老革命,非常严肃,但对教师学生非常关爱。1964年我毕业后,原本分配到外事部门工作。因为分配过程中出了点问题,章主任立即表示让我留校,并准备派我到武汉大学刘绥松先生那里进修。其实,那时我就是一名普通的学生。正是由于章主任将我留校,才有我与山大的50年的缘分。后来,"文革"还没有结束,学校机关要调我去做文字工作。章主任告诉我后,我表示不愿意去,章主任就派我出差,躲过了调动,才使我能够在业务工作中坚持下来。再就是,我的老师狄其骢先生所给予我的关爱。1995年,我担任山大的党委书记,非常繁忙,因此想放弃业务工作,不再招研究生了。狄老师直接找到我,对我说,你做行政工作是有时间限制的,但业务工作却是终生的,你一旦不做行政工作了,又做什么呢?于是狄老师决定让我与他一起带研究生,他可以多上点课,多带学生,为我多分担一些。正是狄老师的鼓励,才使我在业务工作中坚持下来,才有我2000年7月离开行政岗位后在业务上的重新发挥作用。这只是几个例子,应该说我们每个人都有经受这种特有的"大爱"的感受。这是一种特殊的校园文化,是一种文化的与人类之爱的传承。我常想,我们受惠于山大,受惠于我的师长,我就有责任将这种大爱传承下去。当然,与我们的师辈相比,我们做的还很不够,但我们不断地以此激励自己。

第二个关键词是"素质"。山大作为一所百年老校,非常强调基本素质的培养。当然,现在关于素质的提法很多,但我们那时的提法是"三基":基本知识、基本理论与基本技能。这在我们上学与工作时提得非常响亮,我认为,目前仍然有其价值和意义。山大中文系非常强调对于学生三基的培养。所谓"基本知识",就是指文化知识与专业知识。文化知识是指外语、逻辑与历史等基本文化课程。专业知识指中外古今文学史与语言知识。我们完全可以自豪地说,我们山大中文系在基本知识的培养上与所有第一流大学比都是毫不逊色的。在古代文学史方面,我们有冯、陆、高、萧四大名家;现代文学史方面,我们的高、刘、孙、韩四位著名学者;在语言方面,我们有"二殷";在文艺学方面,有华岗与吕莹。他们在全国都是第一流的。这些先生对我们的感染熏陶是非常大的。当时,高亨先生给我们上《左传》与《诗经》两门课,那时高先生已经60多岁,而且有头疼病,所以,学校同意他每次只上一节课,可是同学们非常愿意听高先生讲课,于是想出一个办法,那就是每次都在下课后问先生一个问题,让先生解答,先生常常一讲就是一个小时,而且先生特别喜欢学生提问题,问题提的越好先生越高兴,越愿意解答。有一次,我向先生提出《邶风·柏舟》中"静夜思之,不能奋飞"中"奋飞"二字如何解,先生先写出甲骨文中"奋"字,实为一只鸡在飞,然后又结合诗意讲解,整整讲了一小时。应该说,我们中文系注重基本知识的传统是一以贯之的。高兰先生是现代文学研究家与著名的诗人,他给我们讲现代文学史的抗战文学时结合自己在当时重庆的文学活动进行讲解,并朗诵自己的作品《哭亡女苏菲》给我们以深深的感染与熏陶。第二个是"基本理论",主要指马克思主义的基本理论。我们当时,除了马克思主义政治课,还有文艺学、马列文论、美学、中国古代文论等。基本理论是看问题的视角,也是人文学科科学研究的立场、观点与方法,非常重要。解放后,我们山大由于华岗校长的带领,对于马克思主义理论是非常注重与强调的。建国后的人文学科领域几次大的讨论,都从山大发起。例如,历史分期讨论、农民战争问题、《长生殿》中爱情的性质问题以及《红楼梦》研究的讨论等等。而且,我们的《文史哲》是全国领风气之先的刊物。《红楼梦》讨论以及李希凡、蓝翎的文章就是在山大中文系老师的支持下发表的。现在排除政治因素来看,李希凡他们运用马克思主义历史唯物主义考察《红楼梦》,应该讲是有相当的学术价值的。重视理论是山大文科,包括中文系的特点,一直延续到现在。第三个"基本"是"基本技能",包括独立研究能力、表达能力与社会交往能力等。独立研究能力的培养山大是很重视的,我们每门课都有作业,而且不是一次,每个学年都有学年论文,毕业有毕业论文,还有毕业答辩。对于独立研究能力的训练是很严格的。在表达能力上,山大中文系特别强调论文写作与口头表达。在文字表达上,中文系的师长给我们树立了榜样。一开始,作为学生写文章都有学生腔,花里胡哨的。后来,有一次,陆侃如先生给我们上古代文论选,讲陆机的《文赋》。在此前不久,我们看到陆先生在《文艺报》发表的研究陆机的文章,真的朴素无华,与先生讲课时一样。我们才知道原来文字的表达关键在研究的深度与内在的逻辑,而不在外在文字的花里胡哨。当然,还有一个社会交往能力。因为我们山大的学生常常下乡,所以社会工作能力较强。我毕业后曾经带领学生到曲阜搞“四清”,那时我也就是 23 岁,当时我不仅与另外一个老师带领三个年级,而且我还在一个生产小队负责。与我们一起的有北京一个著名高校的毕业班的学生,与我们山大学生比起来,他对于农村太陌生了,显得很呆板。

第三个关键词是“艰苦”。我们山大的重要传统就是学生的艰苦奋斗精神特别强,特别能够吃苦,任劳任怨。因此,许多单位非常喜欢山大的学生。原因是我们山大非常重视对于学生的艰苦奋斗的教育。我们 1959 年进校时,新校刚刚开始建设,校园是一片荒地,到处是乱石。现在的校园是以我们同学为主在劳动课以及课外开出来的,文史楼也是我们参加建设的。小树林是我们好几届同学开荒培土植树营造出来的。我们参加过济南崛山植树、卧虎山水库修建、齐河救灾、花园庄抗洪、东郊农田建设,还参加过蓬莱的公社史写作,我们还经历了 1959 年到 1962 年的三年生活困难等等。所以,我们的同学特别能够吃苦。这种吃苦耐劳的精神成为山大的优良传统。

下面我讲一下我在山大的教师生活。我使用两个关键词:创新与规范。首先是“创新”,所谓科学研究,其本质就是创新,学问的本质也是创新。“创新”恰恰是山大特别是山大中文系的特点所在。中文系的老师告诉我们,所谓"创新"就是做到"三新",新材料、新观点、新角度。没有这三新,你的文章就没有价值,某种程度上就是学术废品。当然,创新是要冒风险的。我们的前辈在创新方面给我们树立了榜样。例如,高亨先生研究《诗经》,对于"风雅颂"提出"雅者,夏也"的观点,认为所谓"雅"实际上是夏地的民歌,一改"雅"为贵族歌曲的定见,也使《诗经》在总体上恢复了民歌的性质。高先生的研究是有充分的文字学与地理学基础的,难以推翻。再如,"文革"后期的 1976 年,陆侃如先生自身的问题还没有结论,但却在刚刚恢复的《文史哲》上发表长篇论文与刘大杰先生商榷。刘先生当时受"文革"中"批儒评法"的错误思潮影响,以"批儒评法"的观点来写文学史,陆先生不同意这种观点,就以杜甫为例,认真地考订了 1500 多首杜诗,说明儒法之争不是杜诗的主要内容,杜甫也不是法家。再如,萧涤非先生是著名的杜甫研究专家,但"文革"中郭沫若先生却在某种特定的氛围中出版《李白与杜甫》一书,采取"抑杜扬李"的立场,并对包括萧先生在内的杜诗研究专家点名批评。但萧先生始终未改变自己的看法,并在郭老仍然处于高位时发表文章反驳。在这些先辈前贤的影响下,我个人也努力在学术工作中追求创新。我的一位老师曾经对我说,一个学者 50 岁以后不要改变自己的研究方向。这个意见基本上是对的,因为频繁地改变研究方向,肯定很难有研究的积累与深度。这样的教训是不少的。我完全回到业务岗位已经将近 60 岁了,业务怎么做呢? 我考虑到现在正处于非常重要的转型期,从国际上来说正在从现代走向后现代,从国内来说也面临着由计划经济到市场经济以及由工业文明到生态文明的转型。从美学理论的角度说,将美学完全局限在艺术哲学以及单纯强调主体性即人类中心主义的理论明显已经难以完全适应时代要求,理论的与时俱进的品格要求我毅然选择生态美学的研究方向。从 2001 年 11 月至今,尽管遇到许多困难和阻力,但我始终坚持这一方向,不断完善自己。我常想,自己实际上也是在进行一种探索,即便失败了,也是为后人留下教训。总之,努力创新应该成为我们终生追求的目标。

　　另一个关键词就是"规范"。所谓规范,也是山大中文系这个具有百年历史的老专业的优良传统。"规范"包括经过严格的有规范的训练与遵循学术规范两个方面。我们中文系历来强调严格而规范的训练,就是科学研究中如何从已知到未知,从掌握材料到形成观点的创造性劳动的过程。我个人的最严格的科研训练是改革开放后,七七级同学入学时,需要开设西方美学史课程,当时教研室主任狄老师让我准备开课,本来准备我到复旦大学去听蒋孔阳先生的课,但由于联系中的差错,没有能够及时去,于是狄先生就鼓励我自己备课。因为,我自己从来没有听过这门课,而且基本上是哲学专业的内容居多,比较繁难,参考材料缺乏。特别是德国古典美学,正如李泽厚先生所说,黑格尔是每一句都明白,但看完后对于这一段到底讲什么却不明白。至于康德,则是每一句都不懂,要理解康德,必须反复读他的著作联系思考。为了弄明白这些理论家的美学,我整整用了两年的时间刻苦钻研,终于在七七级的最后一个学期开出了这门课。当时,山大是全国较少的开这门课的学校。1983 年,我就在讲稿的基础上出版了《西方美学简论》一书,这是自己经过的比较刻苦严格的一次科研训练。再一个方面,就是要严格地遵循学术规范。这个规范要求这样四条:第一,坚持马克思主义的指导与有关方针政策;第二,一定要有充分的文献资料支持,绝不能做无米之炊;第三,要有强烈的法制意识和学术道德观念,不能抄袭剽窃,侵犯知识产权,所有直接引用与释义引用均应注明出处;第四,写作认真,严防错讹。这四条就是学术工作的"方向、真实、道德与完善"四原则。我个人曾经在这方面有过惨痛的教训,那就是1963年我们在蓬莱写南旺人民公社史,其中有一篇是别的同学写的,老师让我改写。当时已经离开蓬莱回到济南,所以就没有到实地核实材料。结果,书稿出来后与事实有出入,给该单位工作造成了不良后果,非常痛心。这就是违背真实原则所造成的恶果。

我已经在山大生活工作了将近50年,要说的话应该是很多。可以说,山大塑造了我的人生,给了我许多。对于所有帮助关爱过我的师长与同人,我都怀着感恩之心。我想,在自己未来的日子里,还应该努力工作,为我的母校山大贡献自己微薄的力量。但我毕竟是接近70岁的老人了,山大与山大中文系的未来还会更加辉煌,但这个辉煌要依靠在座的同学去创造。我坚信,在座的同学会做得更好,山大的明天也一定会更好。

（2009年10月在山东大学文学院迎新晚会上的讲话）

二律背反的成像：魏玛小城①

德国魏玛是从事美学研究的学者心向往之的地方，因为它是德国古典美学的故乡，是著名的古典主义文化重镇。2010 年 3 月，我应邀到欧洲讲学，有幸游历了魏玛。这座春意盎然的小城给我留下了深刻的印象，诚如丹麦童话作家安徒生所说，"魏玛不是一座有公园的城市，而是一座有城市的公园"。魏玛之所以闻名于世，除了精致的风景、遍地的古迹外，还与两位文化巨人长达十年的深厚友谊密切相关。

歌、席二人继承了康德的不同侧面

待办理好住宿手续，我直奔著名的剧院广场，那里屹立着歌德与席勒的纪念像，二者并排而立，目光远视。1794—1805 年，歌德与席勒共住魏玛，结下了可贵的友谊，而他们长达十年的合作也为德国古典美学的诞生与发展做出了巨大贡献。

众所周知，德国古典美学的开山之祖是居住在当时的东普鲁士哥尼斯堡的康德。康德于 1790 年在著名的《判断力批判》中提出极具德国特色并影响深远的美学命题：美是无目的的合目的性

---

①原载《中国社会科学报》2012 年 8 月 15 日第 B04 版。

的形式，并将其总结为一种特有的美学与艺术思维模式——二律背反。黑格尔曾说，康德讲出了关于美的第一句合理的话。诚然，二律背反的提出成就了美的必要前提，但德国古典美学的进一步发展却是在魏玛，是歌德与席勒两位文化巨人继承、发展了康德的学说，同时以其美学智慧滋养了黑格尔。

　　歌、席二人深受康德影响。歌德曾说，他一生中最愉快的时刻都应该归功于阅读康德的《判断力批判》，而席勒更是明确地在《美育书简》中声明自己是康德哲学与美学的继承人。歌德和席勒是从不同侧面继承了康德：歌德侧重延续了康德的无目的的形式，而席勒则侧重继承了康德的合目的性的愿望；歌德倾向于现实主义与古代传统，而席勒则倾向于浪漫主义与未来期望。

德国古典美学发展在魏玛

　　歌、席二人充满传奇色彩的友谊诞生于魏玛并非偶然，正是魏玛特有的文化氛围为自由对话创造了机会。1871年之前，德国没有统一，各诸侯小国林立，呈现四分五裂的态势。1547年建立的萨克森——魏玛公国在当时是一个国力薄弱的小国，无力争雄，于是其历代邦君都将注意力集中在发展文化艺术上，并特意邀请文坛初露才华的歌德为其枢密大臣，执掌文坛。正是这样的政治背景与文化氛围包容了当时德国学术界与文坛争论不休的现实主义与浪漫主义、古代传统与现代文化、理性精神与感性精神的共存共生。

　　1794—1805年是歌、席二人互相汲取营养的十年，也是理性与感性、现实与浪漫的德国古典美学精神蓬勃发展的十年。歌德对于这十年总结道："古典诗和浪漫诗的概念现在已经传遍全世界,引起许多争执与分歧。这个概念起源于席勒与我两人。我主张诗应采取从客观世界出发的原则,认为只有这种创作方法才可取,但是席勒却用完全主观的方法去写作,认为只有他那种创作方法才是正确的。出于为自己辩护的目的,席勒写了一篇论文,题为《论素朴的诗和感伤的诗》……施莱格尔兄弟抓住这个看法把它加以发挥,因此它就在世界传遍了,目前人人都在谈古典主义和浪漫主义,这是五十年前没有人想得到的区别。"

歌德在争论中提出著名的"美的特征说",而席勒的"素朴的诗与感伤的诗的统一"就是这一论争的成果,是魏玛时代美学成果的见证,也是德国美学走向成熟的前兆。著名美学史家鲍桑葵指出:"正是靠了歌德和席勒以及他们的朋友和同代人毕生的努力——靠了把受到抽象性限制的康德的审美判断发展为一种随着人类的生活和意识而发展的客观的具体内容——才最后把近代美学的资料准备就绪,可以合并到近代美学问题的答案中去。"这里所谓"近代美学"就是指黑格尔的以"美是理念的感性显现"为标志的德国古典美学,由此说明主要因魏玛时期歌德与席勒十年的争论与合作才产生了真正的近代黑格尔美学,魏玛成为名副其实的德国古典美学的故乡。黑格尔本人也曾对歌德与席勒对于自己美学思想的影响作了充分的说明。

美学是民族精神与生活方式的表征

美学是民族精神与生活方式的表征。通过游历魏玛的另一个文化遗址——包豪斯博物馆,我深深感受到这句话的真谛。坐落在 Geschwister Scholl 街上的包豪斯博物馆展出着包豪斯设计学院师生 250 多件作品、文献资料及照片。包豪斯设计学院是

1919年4月成立的一所艺术学校,其特点是将工艺与美学加以统一,打破了创作室与车间、工匠与艺术家之间的界限,它的办学宗旨即"取消工匠与艺术家之间的等级差异,再也不要用它树起妄自尊大的藩篱"。这是德国古典美学在新时代的延伸,其核心还是二律背反,不过是一种新的"工艺与美学"的二律背反,其工艺与美学相统一的规律不断被实践所证明。这是德国古典美学在工业经济与市场经济时代的新发展,也是其新贡献。

　　翌日早晨,在薄薄的雾霭中我离开魏玛前往柏林,但我的脑海里不断萦绕着这座小城所给予我的特殊感受。我想美学真的是一种民族精神的表征,魏玛的历史与氛围已经向我倾诉了德国古典美学所赖以生长的文化与生活土壤。

难忘中文系七九级

七九级的同学告诉我，今年是他们毕业 30 周年纪念，让我写一篇纪念文章。我当然乐意，因为我与中文系七九级延续了 34 年的亦师亦友的情谊，真的非常宝贵。我早已进入古稀之年，回首往事，感到宽慰的事情之一，就是今生当了教师。我曾经有过一年的公务员经历，当时我的一位老学生给我捎信，让我赶快回到学校，因为公务员不适合我。我听从了这个建议，果然正确，因为我回到了适合自己的教师岗位。教师真的是清贫的，一位真正的教师其实只有工资的收入，而且不是高收入，所以，有解放前闻一多先生治印养家的故事。我在多年前也发生过家里那个摇晃的床居然被一位朋友坐塌的事情。但教师又是富有的，他的富有就在于他有学生，师生的情谊是永恒的、纯洁的、超脱的。我与中文系七九级的亦师亦友的情谊就延续了 34 年之久，想来令人感动。

1979 年，我接手了中文系七九级的《文学原理》课。此前我已经给好几个年级讲过这个课，所以自己没有什么负担。但一给七九级上课，却使我愕然，因为同学们并不太喜欢我的讲课。在讲课的过程中，有一位同学给我在作业中夹了一张字条，说我上课时满堂灌。我真的吓了一跳，因为我历来教学效果还是不错的，怎么回事呢？一了解才知道，自己犯了经验主义的错误。我以往上课的对象是有实践经验的学生,而从七九级开始则是以应届学生为主,以往的那种讲法就不适应了,多数同学只有十八九岁,对于抽象的理论课难以接受。为此,我除了严格要求同学,让他们逐步习惯大学,特别是文科理论课之外,就重新备课,将课讲得更加形象生动,也因此与七九级结下了深厚的友谊。在他们毕业之前,我又给七九级开设了《西方美学》课,两次上课使我们师生情谊更深,相互也更加了解,我当时甚至能够叫出七九级所有同学的名字。同学们也开始喜欢我的课程,记得离校好多年后,一位并不是做学术工作的七九级同学见到我居然说道"曾老师,不到顶点"。原来这是德国美学家莱辛在名著《拉奥孔》中说道雕塑作为美的艺术在人物表现中应该是刻画最富有包孕的"不到顶点的那一顷刻"。所以,"不到顶点"就成了古典空间艺术的一条规则。这即是一条美学规则。其实,在做人方面,它也是一种人生规训,教育我们永远不能自满,永远将自己的人生看作"不到顶点"。时隔二十多年,还有同学能记得这个美学原则,我真的很高兴。可以说,是七九级同学让我享受了教师工作的快乐,也是他们让我记住教学和工作都要从对象出发,也是他们让我知道了每一次上课都是一次新的开始,让我养成了更加认真的工作习惯。

七九级毕业后,我与他们的友谊继续着,留在山大的七九级同学对我关爱有加。2000年我从行政岗位退下来后转到教师岗位,那时七九级同学周广璜在出版社工作,由他提议策划帮助我出版了《美学之思》一书,朴素而精美。因为我选择了由传统认识论到当代存在论的转型,而且将我开始做的生态美学列入其中,反映尚好,给了我信心,标志着我的新的学术生命的开始。我从内心感谢广璜,他帮助我出的这本书给我一个新的开始,一个新的出发。七九级同学赵平海毕业后一直在山大机关工作,我做过学校的副校长、党委书记和校长,但平海从未为自己的事情找过我,但我从行政岗位退下后他却极为关心,因为我与老伴进入老年,病痛开始不断光顾,而且我家又住得远,但平海常常看望,我们住院他都要具体安排,不时看望,感到特别亲切温暖。七九级同学郑训佐一直留在文学院古典组工作,对我也是十分亲切关怀。他现在已经是著名书法家,但我有时为了我们学科的工作在某些学术前辈纪念活动时要写一些字画相送,训佐从来都是高质量无偿提供精品,使我感动;孙基林已经是著名的诗评家,在他调到威海分校工作时,专门到我家与我话别,深情邀请我到分校讲课与休息。校外的同学的行动也使我十分感动。史遵衡在当了济宁市委副书记后,居然自己跳到水中救起落水的妇女,并且主动报名到新疆带队,差点受伤甚至牺牲;郭运德曾经担任过中宣部的文艺局领导职务,但他带着自己一家到烟台旅游却完全是自费没有惊动当地宣传部门。当我问他此事时,他认为是非常正常的普通事情。这些同学其实是用他们的行动对我的教育,所以教学相长其实一直延续到今天,一定还会还要延续下去,只是现在是同学用他们的言行在给我教育。在校外工作的同学对我的关心,也是使我终身感动。记得1987年,我的老母亲参加老干部旅游在乐山发生车祸,医院已经下病危通知,我从济南转道北京飞成都,在北京住一夜,是许觉明给我找的住处并送我到机场;1998年我到香港访问,有一天山大的老朋友柯先生请我们山大一行吃饭,突然在饭桌上看到一位熟悉的面孔,原来是七九级的王思东,他正在香港工作,听说我参加晚上聚会,专程安排来看我的;2003年我与老伴到杭州参加一个学术会议,杭州的沈达和张子仁专门看我们,请我们吃饭,还送我到机场,在候机室给我要了杯很好的龙井茶,茶香的余味一直伴我到济南;2009年我应邀参加河南少林寺的机锋答辩和讲座，事后支兴复与杜春景夫妇等河南的校友邀我到郑州小住。小杜从上学时的带着两个小辫的腼腆女孩已经成长为成熟的干部，他们对我们的食宿安排得无微不至，使我感动。盛清宪召集了郑州的校友与我们见面，非常亲切；今年6月，我老伴突然血尿，住院治疗后还需继续补养，史遵衡介绍了一名中医为我老伴治病，并一直带着我们到医院，一带就是十天；今年5月，我重回海大，受到山大中文系同学的热情接待，尤其是七九级的王秀云与傅根清对我更是照顾备至，小傅给我拍的照片充满深情，是我在青岛的永远的纪念；我在与于晓明住在一个宿舍区时经常的相遇，晓明对我的关心也难忘怀。其他如吴卫华、王炜、张伟、张艳华、孙培遥、谢永红、张永臣……每一位同学都有亲切美好的记忆。

时光荏苒，34年过去了，但难忘七九级，难忘他们从上学开始直到现在，乃至未来所给予我的关爱。衷心地祝愿七九级同学在进入中年之时在收获成功之外，更要收获健康、平安与幸福。

（2013年9月20日）

对狄其骢教授的回忆^①

俗话说"师恩难忘"，狄其骢教授就是我的恩师益友。

狄其骢教授是我国著名的文艺理论家，他以学术严谨扎实而著称，在马克思主义文论、文艺理论基本问题研究、比较文学研究与文艺心理学研究等多个方面均有建树。他严谨治学、坚持真理、敢于直言，从不随声附和，是一位当今少有的原则性很强的学者。他是我们山大文艺学学科的重要学术带头人。他1997年的过早逝世是我们山大文艺学学科的重大损失。随着时间的流逝，每当在学科发展中碰到难题之时，我就不免想到要是狄老师在世就好了。但这是永远的不可能了。狄老师就是这样在其64岁学术正处于发展巅峰之时过早地离开了我们。

早在20世纪90年代初期，医生就曾发现在狄老师的膀胱中长有一个小小的东西，在北京手术后，大夫说并无妨碍，但要注意观察。后来再未发现问题，我们大家都放心了，以为这件事情就像烟云似的过去了。岂不知，1996年深秋，狄老师发现咽食困难，到医院一查即确诊为贲门癌。这是一种长在非常麻烦部位的癌病，因为联结肺胃，开刀与治疗都较困难。然后就联系手术，狄老师的学生们都忙着给他找最好的大夫，进行着术前的准备。手术

---

① 原载《山东大学报》2017年12月27日第6版。

是顺利地进行了,但动手术的大夫却并不乐观,告诉我们已有扩散,但他已尽量将癌变部分割去。过了一段时间,狄老师回家养病了,情绪很好,我几次看他,春节也去给他拜年,我们谈了许多问题,我在心里对狄老师的康复是乐观的。谁知,春节还没有过完,就接到狄老师又犯病的电话。我立即赶到狄老师家,将狄老师送到省立二院。那时突然感到狄老师下地走路有困难,心里犯嘀咕,不知是何原因。住院后,检查治疗,病情时好时坏,但总体上是朝严重的方向发展。直到有一天,我得知狄老师下肢瘫痪的消息,到病房去看狄老师时,看到狄老师躺在床上,下面插着管子。他看到我,对我轻轻地说了句"下肢瘫痪了,小便有血了"。我只能无声地点了一下头。这是狄老师第二次发病后给我说过的最重要,也是最完整的一句话。此后,每次去看他,他都只点头,说"来啦!"就不再说话了,眼睛定定地望着远方。我知道狄老师此时内心的痛苦,我希望他能把这种痛苦发放出来,但他就是这种不愿以自己的痛苦加重别人负担的人。五月份,我们与狄老师的儿子小弟商量,将他的片子送到北京找专家看过,诊断与山东省相同,宣告不治。有一天,我又去看他,这时狄老师更加虚弱,每次说话都要剧烈咳嗽。看我去突然挺身而起,要对我说话,但连续不断地咳嗽,却使他憋红了脸。我忙扶他躺下,然后对他说:"狄老师,你好好休息,不要说了,我知道,你是不放心你现在带的博士生的毕业和修课问题,你放心好了,我们一定会安排好的。"听到这里狄老师才不说话了。也就是说,他一直到去世之前所关心的还是自己的学生。1997年6月3日晚,系里通知我狄老师病情严重。我立即赶到医院,这时中文系的许多老师都在狄老师病房的里外,有许多女同志都在哭泣。狄老师一再出现危急,终经抢救无效而永远地离开了我们。

　　狄老师去世后，我想了许多许多。他的去世，不仅对我们文艺学学科是一个重要损失，而且对我本人来说也是一个重大损失。

　　我和狄老师的关系真的是不同寻常。我1959年入学时，狄老师是我们的年级主任，并且给我们开文学概论课。那时候，狄老师才26岁左右，长的清癯潇洒，两眼有神，语言是带有浓重吴音的普通话，讲课慢条斯理，非常清晰。那时狄老师的爱人荣老师在北大工作，因此狄老师时常请我们同学到他家做客，请我们吃糖，吃水饺。我记得非常清楚，我们临毕业时，许多同学聚在狄老师家吃的水饺。后来，我们得知早在1957年，也就是狄老师刚毕业时他就参与了全国性的形象思维讨论，并在当时的重要刊物《新建设》上发表重要文章，产生很大影响。我大学毕业后留在文艺理论教研室与狄老师又成了同事。"文革"中，我和狄老师一起参加过两次大的活动。一次是1968年5—6月间我们一起在青岛四方机厂参加劳动，接受"再教育"。也就是将我们与一些同学一起分到拆车车间，拆那些淘汰了的火车车厢。这是一种很重很脏的活。我们每天都是一头土、一脸灰、一身汗。狄老师比我岁数大，但每次狄老师都要关照我注意安全，因为工地上到处是铁钉铁皮，很容易将手脚弄破，甚至导致破伤风病。再一次是1975年前后，狄老师与我一起被安排到淄博洪山煤矿给子弟中学的老师辅导中学教科书。当时中学教科书中收了"样板戏"的有关篇目，老师们尽管会唱，但作为文学的戏剧该如何讲却不会，于是由我们从戏剧的一般知识入手去给他们辅导。都是上的大课，有时好几百人听，窗台上都趴着看热闹的人。听课的人里面有大学毕业生，有师范生，还有只有小学程度的转业军人。我们师徒二人分别上去讲，真的像唱大戏一般，还要讲得切题还要讲得大家懂。每讲完一次课，我们都累得像骨头散了架似的，但吃了饭休息，第二天又要换一个点，都是自己背着包乘车前往，我们就这样奔波了二十几天。"四人帮"打倒后，我们又都在教研室工作，是狄老师力主我从西方美学入手进入美学与文艺学研究之路的，也是他鼓励我挑起了西方美学课的重担。他常常以简洁的语言，一下子明快地指出我业务工作的不足。当我写完一篇比较美学的论文请他审阅时，他说你将一个人的长处和另一个的短处进行比较，这怎么行呢？这真是一下子打到我学术工作中带有某种偏向性、片面性、缺乏科学性的痛处。他还批评过我学术工作中其他的一些缺点。到现在常常想起，都引为警戒。但在实际的业务工作中，狄老师对我却是全力支持的。1987年，我当时46岁，还算是"文革"后的年轻教师，因为1977级、1978级留校的青年教师还没有完全成长起来，我就在包括狄老师在内的许多师辈的支持下，晋升为教授。1995年，我当时担任学校党委书记，承担着繁重的党务行政工作担子。我有些不堪重负，一度产生放弃业务的想法，狄老师找我谈话，从文艺学学科今后的发展和我个人今后的发展考虑，要求我无论如何要坚持将业务搞下去。他鼓励我参加文艺学学科培养博士生工作，甚至对我说，你忙就少上一点课，我多上一点课，我们共同把培养任务完成。狄老师的鼓励与支持使我坚持了业务工作，也使我能一直走到今天。不仅如此，狄老师对我的生活也是无微不至的关怀。1970年，我妻子生小孩，我们与狄老师一起都住在三号楼三楼。狄老师与荣老师非常关心我们，经常做了菜给我们送来。就连我在青岛工作的两年，狄老师与荣老师也不断地给我留在济南的孩子送食品，关怀备至。我常想，如果没有狄老师的关怀、支持与帮助，我的业务的路与生活的路一定会比现在走得更加困难。

狄老师是一个非常严肃、很有职业操守的学者。在学术活动中,他与一切虚假自诩、互相吹捧等不良风气绝不为伍,对一些腐败现象深恶痛绝。我因做了多年行政工作,对有些错误行为常常见怪不怪,甚至加以姑息,狄老师都不以为然,尽管没有对我直接批评,但也要明确表明自己的态度。在评价某些学术著作和成果时,狄老师既无"左"的打棍子行为,也从不庸俗吹捧,而常常是肯定成绩的同时,直言不讳地指出缺点。用语的直截了当,常使当事者难以接受。这并不是说,狄老师的批评过分,而是当前的社会与学术风气中这种直言批评的话几乎没有,所以难以为人接受。狄老师有很高的理论水平与敏锐的洞察能力,他对人对事的评价,常常一语中的。现在狄老师已去世多年,再回想起他说过的许多话都觉得特别深刻,仿佛有先见之明。狄老师的业务造诣达到很高的水平。他不仅早年在形象思维问题上发表不同凡响的见解,其后在马克思主义文艺理论体系的建构上也自成一说,而且早就力倡文艺学作为人文学科的特质。他所主编的教材《文艺学新论》几乎包括了当前文艺学研究的所有最新成果,直到现在仍在使用,并被同行所称许。他的比较文学研究突出其理论建构,使之建立在更坚固的根基之上。他的科研工作不仅有创新,而且平实全面从不偏颇。在 20 世纪 90 年代初期,"文艺主体性问题"的讨论中,狄老师没有跟随当时的批判潮流,而是全面分析、充分阐述,至今仍有其价值。狄老师的学术工作,既坚持马克思主义指导的方向性,更坚持学术工作的科学性。他不是共产党员,但在理论工作的马克思主义指导方面从未动摇。但他又决不跟风,而是努力地坚持自己的学术研究之路。在狄老师去世前的一段时间,应该是其学术上走上更加成熟并逐步收获的季节,我们曾经经历了动荡的十年"文革"和一系列政治运动与生产劳动,只在 1978 年改革开放后,才得以静下心来做业务工作。在"实事求是、解放思想"的思想路线指导下，我国人文社会科学迎来从未有过的大好发展机遇，狄老师以其聪明睿智与勤奋刻苦，逐步进入学术研究的新的境界，他曾计划要做许多事情。他曾系统地给研究生讲授过"文艺学研究方法"，试图从新的视角对文艺研究加以突破，他还曾讲过"文艺心理学专题"，对突破传统的文艺心理学模式有着一系列创意。这些课程，凡是听过课的同学都反映深刻新颖、极富创见。他曾希望自己的学生进行"语言学文艺学研究""中国传统气论文艺思想研究""西方当代美学家研究"等，说明他在这些方面都有新的想法并试图加以突破。但可恶的病患却使这一切成为永久的遗憾。

我常常想，从表面上看，我曾有过的和现有的行政职务和学术职务比狄老师多得多，但从实际上说我的水平比狄老师差了一大段，而且永难企及。我很后悔，当年没有更多地向狄老师请教，没有更多地听他阐释自己的见解，现在只能反复地咀嚼狄老师说过的话与做过的事，从中吸取精神的营养。

狄老师虽然已经离开我们了，但他的事业和精神是永存的。我们作为他的学生将永远铭记他。

我与山大的半世纪情缘

——与《青年园》记者的采访谈话

一、情　缘

记者(以下简称"记"):1949年新中国成立时,您年仅8岁,当时的景象您还有印象吗?

曾繁仁(以下简称"曾"):1949年新中国成立时我只有8岁,是安徽皖南一个县城的小学二年级学生。那时,我们在课堂上听到的是老师讲的斯诺在《西行漫记》中记述的有关红军的神奇故事,看到的是解放军严明的纪律,到处是"解放区的天是明朗的天"的歌声。我们的心中充满着对于未来的美好憧憬。

记:您什么时候开始了解山东大学(以下简称山大)的? 当年您报考学校时,为什么选择了山大? 当时的山大是什么景象? 您觉得那时候的山大学生生活和现在的学生生活最大的区别在哪儿?

曾:我是1959年从上海位育中学高中毕业选择报考学校时开始了解山大的。那时,据我们中学老师的介绍,山大坐落在美丽的青岛,山大中文系有着"冯陆高萧"等一批著名的教授。于是我报考了山大。但接到录取通知时才知道原来山大已经于1958年搬迁到济南。我是1959年8月下旬从上海到山大来学习的。

一开始在现在的洪楼校区报到，就是原来的山东农学院。后来开始转移到现在的利农庄校区。那时的利农庄校区只有刚刚建成的三座宿舍楼，墙壁还带着湿漉漉的水滴。当时教学楼还没有建成，没有教室，我们都在刚刚建好的食堂里上课，教室是临时改装的，非常简陋。当时也没有暖气，真的是滴水成冰啊。我们从1959年9月份开始就是一边上课，一边搬迁和建校。我们宿舍里的双人床和所有的家具都是我们自己搬来的，而新校最早的文史楼也是我们参加建设的。现在大家都非常怀念的"小树林"也是我们那时参加栽种的。原来在女生楼前还有一片树林，后来因为建设的需要被砍掉了，变成了花坛，非常可惜。那时的学生生活与现在的学生生活的最大区别就是那时非常非常的艰苦，但那时的学生却非常有理想，充满朝气。现在的学生生活条件好多了，现在的学生也有现在学生的理想与追求，都是我们祖国的未来与希望所在。

记：从您求学山大到现在，您与山大的关系可以用很多称谓来表达，学生、教师、校长等，在这些不同的角色中，您一定有很多不同的感受吧？您能从这些不同的角色体会谈谈山大这些年来的发展吗？

曾：山大真正的发展是改革开放30年以来的事情。当时我1959年来山大时学校只有不到3000名学生的规模，直到20世纪80年代一直保持这样的规模。记得成仿吾校长1959年访问德国回来在老校操场给大家做访德报告，他提出的办学理想是像柏林大学那样达到万人的规模，当时规划学校的面积是从老校一直到新校，这些土地都经过政府同意划拨给了山大。但由于从1960年开始的"三年自然灾害"，这样的规划成为泡影，已经划拨的土地又被种上庄稼，而且后来还在上面建设了历城县城。"文革"当

山大新校是个没有建成的校区，没有围墙，四面是农田与粪场，学生
吃饭都在露天，蹲在地上吃饭。从20世纪80年代开始扩招，逐步
达到接近1万名学生。直到2000年合校后，才开始大规模扩招。
目前由于合校与扩招学校，已经达到5万—6万学生的规模，好几
个校区，学科门类也相对比较齐全，成为一个大型的大学，学校的建
设也有了很大的改善，逐步向一所现代化大学迈进。

二、纵　览

记：细细数来，您与山大结缘已有50载，算是老知己、老朋友
了。综观山大发展，你觉得山大都经历了哪些关键的阶段？有哪
些重大事件对山大的变革与发展起到了实质性的推动作用？

曾：50年来，我想对于山大发展影响最大的还是山大1958年
从青岛搬迁到济南。其好处是济南作为省会城市在文化与政治
资源上比青岛好。但遗留的问题是，由于济南特有的地理劣势使
得山大海洋特色的彻底丧失与文史见长的逐步式微。"文革"中，
山大曾经被"一分为三"，也就是理科留下兴办所谓军事化的山东
科技大学，生物学合并到山东农学院，文科合并到曲阜师大，组建
新的山东大学。这样就实际上肢解了山大，其后果是导致大量人
才的流失，使得文科在改革开放的新形势下不能得到及时的恢复，
后果的严重是不言而喻的。1961年在周恩来总理的直接关怀下，
山大才得以恢复原建制。再就是2000年的合校，这次与以往的体
制改革不同，对于山大来说原来的改革都是减量，只有这次是增量。
合校后，学校的学科更加齐全，学生数增长，而且三校也有一个互补
的效果。但如何保持原有的优良传统，如何在这样的特大型大学中
不使管理弱化，真正办出特色，却是需要长期探索的。

三、见　证

记：60 年的春华秋实，伴着我们祖国的成长之路，山大的发展也是风雨兼程，一路成长，您觉得 60 年前后，山大最大的变化是什么？

曾：60 年后最大的变化就是上面我已经讲的规模较前空前增大，由原来的 3000 人规模发展到目前的 5—6 万人的规模，真的是以前所不敢想象的。

记：在这 60 年中，您觉得山大的综合发展、综合排名及声誉情况如何？

曾：60 年来山大一直以基础学科见长作为自己的特色，她的知名度也是在这方面，目前还是这样的态势。但现在学校正在利用工科和技术学科的力量加强学校服务于社会的功能，我想这样的自觉性会有良好的成效的，但山大的基础学科优势还是应该继续保持的。

记：您一直致力于当代美育理论及其实践模式的创新建构，是中国生态美学研究的泰斗级人物，您曾提出高校要培养"学会审美生存的一代新人"，那曾老师觉得山大现在的人才培养是否做到了这一点？ 看 60 年前后，您觉得山大的人才培养在理念和实践上有何发展变化？

曾：山大的办学传统是当时建校时开始形成的，那就是一种强化人文教育，强调"兼容并包，自由发展"的传统。50 年前，我入校时学校将这种传统概括为"三基"，即基本理论、基本技能与基本知识。我觉得强调"三基"效果也很好。目前学校还是继承了这样的传统，但在新的历史条件下有了新的发展，强调了"三种经历"、"素质教育"和现代化与国际化等内容,应该说更加具有时代的特色。

记:上个世纪 30 年代的山大是一个辉煌时期,名师集聚,闻一多、沈从文、梁实秋、老舍、洪深、张煦、王淦昌、童第周等一批专家学者在山大任教,师资阵营整齐,其时的山大成为学界仰重的国内知名高等学府。您 1964 年大学毕业之后就留校任教,如今已有 45 年,以您的亲身感受,山大的师资队伍又有何发展?

曾:60 年来山大的师资队伍发生了根本的变化,数量增加,学历层次空前提高,而且具有海外经历的人才不断增加。这是可喜的现象。当然,现在山大没有像以前那样有那么多大师。但是现在岂止是一个山大,别的高校也没有当年那样多的大师啊。这可能就是大家议论的"钱学森难题"吧,这个难题可能要经过几代人的努力才能得到弥补。

记:最近,学术问题成为各高校关注的焦点。今年,我校提出了"学术振兴行动计划",力求在未来五年实现学术事业的跨越式发展。结合您的研究和工作,您觉得山大几十年来的学术情况如何?您如何理解这一振兴计划?

曾:当前学校提出"学术振兴计划"是一个非常好的事情,广大教师深受鼓舞。"将学科建设作为学校各项事业发展的龙头",这是历代山大人的办学理念。现在有"211"项目与"985"项目的支持,学校领导发展学科的自觉性又空前高涨,这就为学科的发展提供了良好的条件。我觉得,学科建设在某种程度上就是队伍的建设,关键是要有一支高水平的学术队伍,特别是高水平的学科带头人;再就是必须要办出特色,在全面提高水平的前提下有几个学科独领风骚,处于全国乃至全世界的领先水平。这样,我们山大才能成为一个人们能够记住的高校。目前,学校领导提出学科建设上要办出特色,争创世界一流,我认为就是这样的意思。

记:在您求学期间,山大的学科变化还是挺大的,逐渐从文史见长的优势中向社会科学领域开拓,可以说是正在得到不断的完善。您能谈谈那时候的学科建设情况吗? 相比之下,50年后的今天,您觉得又有何不同之处?

曾:我求学期间正值1959—1964年,那时学校主要任务是人才培养,由于"大跃进"与"大炼钢铁"的影响,当时教学成为最基本的任务,成校长提出的最重要的要求是"稳定教学秩序"。当然,山大作为一个知名高校还是有着自己的学科建设传统的,那就是探索创新的传统。山大的传统是"陈言务去,力求创新"。我们的老师教育我们在科研上绝对不能重复别人,一定要有自己的新意,讲自己的话。我认为,自觉的学科建设应该是从1986年3月开始的,邓小平提出"在新技术领域中国应该有自己的一席之地",这就是著名的"863"计划。此后,就是1995年我国开始推行"211"工程,将学科建设放到了学校所有工作的前列。再后就是著名的"985"计划。山大在这些方面没有懈怠过,都是努力跟上的。

记:咱们学校历来重视国际交流与合作,也提倡学生有"海外学习经历",曾教授上学时接触过留学生吗? 同窗好友毕业之后有去国外深造的吗? 您觉得这种国际交流对学校发展和学生成长有何影响?

曾:国际学术交流是学校办学实力与水平的标志,但这也是有条件的。在我上学的时候,由于国外势力对于我国的经济与政治封锁,我们无法对外开展学术交流,但那时与社会主义国家还是有交流的。山大最早实行学术交流的学科就是中文学科,我们中文系那时就有越南与朝鲜的留学生。我们的同学中也有到苏联留学的。但数量很少，无法与现在相比。

四、山大发展寄语

记：您曾于 1998—2000 年这个世纪之交的时段出任山东大学校长，在这个时段，您看到了山大千年的转变，向后遥望百年是 1901 年的官立山东大学堂，向前展望是 2001 年山东大学、山东医科大学、山东工业大学三校合并，新山东大学的诞生。对这位相伴相知了 50 年的老朋友，你如何看她未来的发展？您对她未来的发展有什么希望？

曾：我曾经有幸在山大担任校长，这是我的光荣。山大伴随了我的一生，我想，作为一位望七之人，我将永远会是山大的一员，不会有别的选择与变化。这可以说是我与山大的一种缘分，这种缘分是非常宝贵的，值得珍惜的。我从来都为自己是一个"山大人"而感到骄傲。因此，山大的建设发展是我最重要的期望与精神寄托。目前，山大的发展应该说遇到了好的机遇，这表现在中国改革开放将发展教育放到了战略高度，而山东省又将山大的发展放到全省经济社会发展的重点地位。学校的建设呈现长江后浪推前浪的态势，目前的学校领导是新的一代高校管理者，他们会抓住机遇乘势而上的。我对山大的发展与前景充满信心，作为一名老山大人，无论是过去、现在还是将来，我都会为山大的发展尽自己的绵薄之力。

（2009 年 11 月 23 日）

附　录
透过生态美学寻求"诗意地栖居"

——曾繁仁教授的学术人生

　　如果说起 21 世纪美学在中国进入本土化创新时期的成就，中国生态美学的兴起无疑是其中突出的亮点之一。扎根于中国特色社会主义建设的土壤，生态美学的创生顺应了时代的发展和社会的变革，尤其是党的十八大以来，生态文明建设被纳入"五位一体"的总体布局，中国生态美学研究更加具有现实意义和社会价值。作为中国生态美学的主要奠基人和推动者，山东大学终身教授曾繁仁见证了该学科的成长，他为祖国现代化建设取得的伟大成就感到欣喜，尤其关注党中央围绕生态文明建设提出的一系列理念与举措。在他看来，进入新时代，中国生态美学会有更大的发展空间。

在艰苦求学中燃起对美学的兴趣

　　1941 年出生的曾繁仁，少年时长在红旗下，青年时参加社会主义建设，中年后迎来祖国改革开放的春风。回忆起来，他感慨道，能与祖国一起成长，这是时代赋予他的幸运。少年时期，耳濡目染马克思主义哲学，激发了曾繁仁探寻人生意义、世界本质、宇宙本源等一系列哲学问题的思考，塑造了他此后所秉持的人文主义情怀。

之后五年的大学生活，是他最有收获也最艰苦的时期。1959年，曾繁仁考入山东大学中文系，这一时期的山东大学中文系大师云集，著名的"冯陆高萧"代表了当时文学研究的高峰，为新中国培养了一批优秀学子。曾繁仁回忆说："其中高亨先生求异与求新的治学精神，以及陆侃如先生深厚的文学修养与深入浅出的文风，对我影响都非常大，可以说是受益终身。"在诸多课程中，给他们讲授"历代文论"的孙昌熙先生激起了曾繁仁对文艺理论的兴趣。"孙先生善于发掘文学作品中的微言大义，治学非常用功，毕生笔耕不辍，常常组织学术讨论会，尤为鼓励、偏爱学生的发言。"在曾繁仁的印象中，那时同学们有着强烈的求知欲，系里学术氛围浓厚，这与这些名师们对学术的追求与对学生的厚爱、鼓励、指导是分不开的。

曾繁仁求学时期正逢我国学术史上著名的第一次"美学大讨论"，当时山东大学中文系的讨论氛围尤为浓厚。"让我印象特别深刻的是，一些高年级学生积极参加学术讨论，手里捧着大部头的马克思、恩格斯著作等经典，引经据典，阐述马克思关于美的经典论述等理论，甚至与老师展开讨论，这种风采与氛围真是令人羡慕。"

当时，山东大学正值初迁济南建校时期，办学条件十分艰苦。吃着腌咸菜、窝窝头，住在刚建成还没暖气的宿舍，来自南方的曾繁仁之前从没吃过这样的苦，"当时从上海入学来了15个人，在如此恶劣的条件下个别同学因病而休学"。曾繁仁坚持了下来，"虽然苦，但是也从没想过放弃"。他坦言，"这样的艰苦是国家建设初期艰难的缩影，却也锻炼了我们那一代山大人吃苦耐劳的品性"。

从马克思主义哲学中汲取思想营养

最初吸引曾繁仁的是马克思主义美学。20世纪50年代,马克思的《1844年经济学哲学手稿》刚刚译介到国内,便引起广泛关注和学习的热潮,"其中马克思最早提出了'美是人的本质力量的对象化'这个命题"。在曾繁仁看来,马克思对美的本质的理解,为我们提供了理解美学的钥匙,他深刻把握了艺术、审美与人类劳动之间的本质关系。此外,马克思更富有洞见地观察到艺术与经济发展之间的不平衡关系,从而与马克思主义"经济基础决定上层建筑"理论形成良性互补。

曾繁仁的美学研究从马克思主义哲学中汲取了丰富的思想资源。在此后承担"西方美学"教学课程后,他深入整个西方美学史,更加感受到马克思对此前西方美学思想的继承与创造性发展。"亚里士多德的《诗学》、康德的《判断力批判》与黑格尔的《美学》等西方经典论著都对马克思主义美学的形成做出了自己的贡献。这些西方美学论著成为学习马克思主义美学的重要思想资料。"

时至20世纪90年代前后,曾繁仁担任山东大学的校务行政工作,却并没有因此疏于学术,对学术问题的思考有了更现实的关切。此时,我国稳步推进改革开放已初见成效,但传统工业经济发展造成的生态环境恶化问题也悄然显露,曾繁仁较早地关注到这一现象。"西方200多年的现代化是以牺牲生态环境为代价,这是前车之鉴,中国的现代化建设是否必然要步其后尘?美学可以给出怎样的反思?"曾繁仁认识到,西方的工业文明是以"人类中心主义"为其理论底色,在审美领域同样得到体现,比如康德将"审美"定义为"无目的的合目的性的形式"，有其理论的局限性。恩格斯在其《自然辩证法》中曾对"人类中心主义"过度贬抑自然并将人与自然对立的倾向提出过批评，马克思则在《1844年经济学哲学手稿》中以辩证法的原则对"人类中心主义"进行扬弃，发展出人文主义和自然主义相结合的理念，曾繁仁认为这就是一种生态人文主义。

中国生态美学是生态文明
时代精神的精华

在对传统美学的反思中，曾繁仁接触到海德格尔的哲学思想，并从中受到启发。海德格尔在《物》这篇文章中借鉴道家思想提出了"天地神人四方游戏"这个重要观点，"这种存在论哲学既破除了传统哲学将人与自然、主观与客观、身体与精神二分对立，也将人文性、审美性与生态性统一起来"。借鉴欧陆现象学生态美学与英美分析哲学的环境美学的思想资源，并立足中国现实，曾繁仁提出了"生态存在论美学"。他认为，"在后现代语境下，以崭新的生态世界观为指导，以探索人与自然的审美关系为出发点，涉及人与社会、人与宇宙以及人与自身等多重审美关系，最后落脚到改善人类当下的非美的存在状态，建立起一种符合生态规律的审美的存在状态"。

进入 21 世纪以来，生态美学在中国发展迅猛。在曾繁仁看来，这是时代发展使然，由工业文明到生态文明的文明形态更替是非常重大的经济社会转型，在文化上就是从传统的"人类中心主义"转向生态人文主义，在美学上就是由传统的主体论美学转向生态存在论美学。

　　党的十八大以来,以习近平同志为核心的党中央对生态文明建设高度重视。曾繁仁认为,中国生态文明建设体现了深刻的生态美学思想。尊重自然、顺应自然、保护自然、保护优先作为生态文明建设的基本原则,极大地发展了 1972 年斯德哥尔摩国际环境会议提出的"人与自然共生,环保与发展双赢"理念。五年多以来的实践证明,生态文明建设是时代发展的要求,从理论到实践,从倡导到行动,切切实实取得了显著的成就。

　　哲学是时代精神的精华,而美学则是哲学的重要表征。生态文明建设也必将推动中国美学发展进入新时代。曾繁仁不仅对未来中国生态文明建设的推进抱有信心,也对中国生态美学的拓展充满期待。生态文明建设为中国美学开拓了新境界,也提出了一系列新的时代课题,比如对人与自然关系的理解,"美丽中国"被纳入社会主义现代化强国目标,意味着将美学引向对人类的生命与生存的思考。那也是海德格尔所向往的人类"诗意地栖居",最终实现的是"审美的生存"。

　　年轻时驻足西方美学的研究,在思考生态美学时,曾繁仁开始更多地关注中国本土传统生态审美智慧。对此,他充满了信心:"未来生态美学进一步发展的重要课题之一就是'中国话语'的建设,中国古典美学体现为以古代哲学中'天人合一'为文化基点,以'生生不息'为基本内涵的'生生美学',挖掘中国本土生态美学资源,需要当代学者在中西互证、互应与交流的对话中,建设具有明显的中国文化元素与中国文化之根又能够为世界学者所理解的美学形态。"

（作者:张清俐,原载《中国社会科学报》
2018 年 9 月 3 日第 8 版）

山东大学中文专刊目录

《杨振声文集》

《黄孝纾文集》

《萧涤非文集》

《殷孟伦文集》

《高兰文集》

《殷焕先文集》

《刘泮溪文集》

《孙昌熙文集》

《关德栋文集》

《牟世金文集》

《袁世硕文集》

《刘乃昌文集》

《钱曾怡文集》

《葛本仪文集》

《董治安文集》

《张可礼文集》

《郭延礼文集》

《曾繁仁学术文集》

《中国诗史》(陆侃如、冯沅君)

《诗经考索》(王洲明)

《出土文献与先秦著述史研究》(高新华)

《战国至汉初的黄老思想研究》(高新华)

《蔡伦造纸与纸的早期应用》(刘光裕)

《刘光裕编辑学论集》

《挚虞及其掖文章流别集业研究》(徐昌盛)

《王小舒文集》

《苏轼诗文评点研究》(樊庆彦)

《中国小说互文与通变研究》(李桂奎)

《中国当代戏曲论争史述》(刘方政)

《中国电影新生代的轨迹探寻》(丁晋)

《莫言小说叙事学》(张学军)

《景石斋训诂存稿》(路广正)

《古汉字通解 500 例》(徐超)

《战国至汉初简帛人物名号整理研究》(王辉)

《瑶语方言历史比较研究》(刘文)

《石学蠹探》(叶国良)

《因明通识》(姜宝昌)